AF508902

MANUEL

DE

L'IRRIGATEUR.

PARIS. — IMPRIMERIE DE W. REMQUET ET Cⁱᵉ,

Rue Garancière, 5, derrière St.-Sulpice.

MANUEL

DE

L'IRRIGATEUR

PAR

FÉLIX VILLEROY, ET ADAM MULLER,

Cultivateur à Rittershof.   Cultivateur à Gerhardsbrunn.

SUIVI DU

CODE DES IRRIGATIONS

PAR BERTIN,

AVOCAT A LA COUR D'APPEL DE PARIS.

Qui a du foin a du pain.

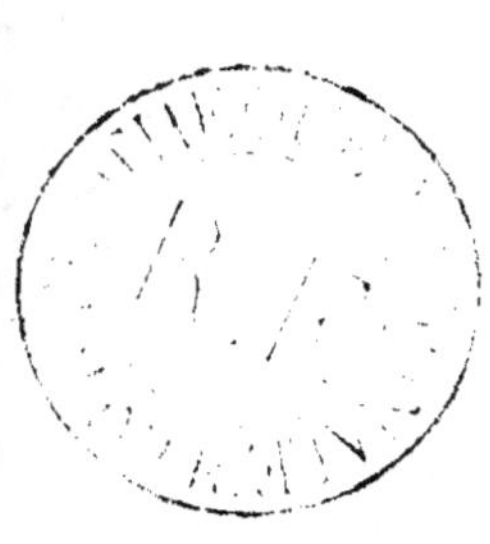

PARIS.

DUSACQ, LIBRAIRIE AGRICOLE DE LA MAISON RUSTIQUE,

RUE JACOB, N° 26,

et chez tous les libraires de la France et de l'Étranger.

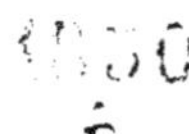

MANUEL

DE

L'IRRIGATEUR.

PREMIÈRE PARTIE.

De l'eau et de son action sur les diverses natures de sol.

CHAPITRE PREMIER.

Notions générales.

C'est une vérité reconnue en agriculture que les récoltes sont toujours en rapport direct avec l'engrais que le cultivateur peut y consacrer.

Ce n'est pas la plus grande surface cultivée qui donne le plus grand bénéfice net, mais le terrain le mieux cultivé et surtout le mieux fumé.

Il résulte de ce principe qu'une petite propriété, bien cultivée et surtout très bien fumée, offre un bénéfice net plus élevé qu'une grande propriété où le même travail et la même quantité d'engrais se trouvent répartis sur une beaucoup plus grande étendue de terres.

Le fumier est la base de la prospérité agricole.

Avec une suffisante quantité d'engrais, le cultivateur peut faire produire à la terre la plus ingrate de riches récoltes et transformer les sols les plus arides en terrains fertiles.

De tous les engrais, il n'en est point qui surpasse en valeur et en importance le fumier d'étable, et qui convienne mieux à toutes les expositions, à tous les terrains, à toutes les plantes et à tous les modes de culture.

Quoiqu'on se serve comme engrais de substances d'une action plus énergique que le fumier d'étable, elles ne sont cependant employées que pour le remplacer ou augmenter son action. Ces engrais n'existent pas en assez grande quantité pour rendre le fumier d'étable superflu et, en général, à peu d'exceptions près, la culture serait chez nous impossible sans le fumier d'étable.

De même que le produit d'une exploitation ou d'une récolte ne dépend pas de l'étendue du terrain, mais bien de la culture et de la quantité d'engrais mise en terre, de même la plus grande quantité de fumier n'est pas produite par le plus grand nombre de bêtes, mais par la plus grande quantité de fourrage consommé.

Les bêtes ne produisent rien par elles-mêmes; elles ne peuvent que transformer en fumier le fourrage qu'on leur donne. Une partie de ce fourrage est assimilée par les bêtes pour leur entretien; l'autre, rendue sous forme d'excrémens, est ce que nous nommons fumier.

Plus la nourriture donnée aux bêtes est substantielle, plus le fumier contient de principes fertilisans.

Une bête maigre fait moins de fumier et il est inférieur

en qualité à celui d'une bête grasse. Cette différence est telle qu'une bête bien nourrie peut produire deux fois autant de fumier qu'une bête mal nourrie. Si donc la prospérité d'une exploitation agricole dépend de la masse d'engrais qu'elle produit, et que cette masse d'engrais dépende de la quantité de fourrage consommé, il en résulte que c'est la plus grande quantité de fourrage consommé dans l'exploitation qui en assure laprospérité matérielle.

Partout où l'on produit beaucoup et de bon fourrage, on produit également beaucoup de fumier de bonne qualité; et partout où il y a du fumier en suffisante quantité, on obtient de riches et abondantes récoltes.

Le proverbe dit avec raison : *Qui a du foin a du pain.* En général on peut juger de l'énergie d'une exploitation agricole par l'étendue de la culture fourragère sur laquelle elle est basée, et son progrès dans la production du fourrage peut être considéré comme un progrès dans l'ensemble de l'exploitation.

Malgré l'extension qu'on a donnée aux prairies artificielles et malgré la perfection à laquelle on est arrivé dans la culture des racines et autres plantes fourragères, les prairies arrosées occupent cependant toujours le premier rang. Elles ne consomment pas de fumier et elles en produisent au contraire beaucoup. S'il est vrai qu'avec un terrain convenable aux prairies artificielles on peut se passer de prairies naturelles, celles-ci sont cependant toujours d'une incontestable utilité, et elles contribuent puissamment à la réussite des plantes fourragères que produit le sol soumis à la charrue.

Les prairies naturelles, qui ne demandent ni engrais ni frais de culture, ont toujours une grande valeur en agriculture. Aussi croyons-nous être utile à l'agriculture

1.

française (*) en réunissant tous les enseignemens épars dans un grand nombre d'ouvrages allemands et anglais, et en y ajoutant les résultats de notre propre expérience sur la création des prairies naturelles et les soins à leur donner pour en obtenir le plus grand produit.

La Providence, dans sa bonté, en donnant l'eau au cultivateur, a mis à sa disposition le moyen d'augmenter à l'infini ses récoltes. Toutes les plantes ont besoin d'eau pour leur développement. Les gaz qui forment l'eau, l'oxygène et l'hydrogène, sont aussi la base des matières dont sont formées les plantes. Les plantes vertes contiennent jusqu'à 75 pour 100 de leur poids en eau. L'eau est une richesse inappréciable pour le cultivateur, non-seulement parce qu'elle entre chimiquement par sa composition dans le système organique, mais parce qu'elle contient toujours en dissolution des matières étrangères qui servent d'engrais aux plantes. L'eau dépose ces matières ou bien elle les rend assimilables aux plantes.

Presque toutes les eaux de sources contiennent de l'acide carbonique et fournissent par là aux plantes une partie du carbone dont elles ont besoin.

Outre l'acide carbonique, l'eau contient souvent du soufre, de la chaux et divers sels. Une grande partie de ces sels, sinon tous, sont décomposés et absorbés par les plantes dont ils hâtent l'accroissement.

Les ruisseaux, les rivières, les fleuves, et aussi la plupart des sources, entraînent des parcelles de terre très fines qu'elles déposent ensuite sous la forme d'un limon fertile.

L'eau des pluies lave les rues, les chemins, les champs,

______

(*) Celui-là a bien mérité de la patrie, qui trouve moyen de faire pousser deux brins d'herbe, là où il n'en poussait auparavant qu'un.

CATON.

et elle se charge d'une quantité de principes fertilisans qu'elle entraîne dans les ruisseaux, de ceux-ci aux rivières et aux fleuves, et enfin à la mer, si la main habile du cultivateur ne sait pas arrêter ces engrais et s'en emparer pour leur faire produire de l'herbe et des grains. Les terres ainsi entraînées à la mer forment une masse que l'imagination a peine à se représenter, et de grands changemens ont déjà eu lieu à la surface du globe par l'action continuelle et imperceptible de l'eau sur les montagnes.

D'après les calculs de Rinnel, le Gange dépose par heure, à son embouchure, 2,509,056,000 pieds cubes de vase, le Nil, 14,784,000, et le Mississipi, 800,000.

Telle est la cause du rétrécissement de l'embouchure des fleuves, des ensablemens et de la formation des îles dont les hommes prennent possession pour en tirer de riches récoltes dès qu'elles sont suffisamment élevées au-dessus de la surface des eaux. Le Delta, à l'embouchure du Nil, est un des points les plus fertiles du globe.

Tous les fleuves ne transportent pas d'aussi énormes masses de vase que le Gange, le Nil et le Mississipi, mais tous pourtant mènent à la mer une plus ou moins grande quantité de terre fertile qu'ils enlèvent à l'agriculture, travaillant ainsi à apporter à la surface de notre planète des changemens dont pourront profiter les générations futures, mais qui ne sont pas toujours à l'avantage de la génération actuelle.

Les sommets et les revers des montagnes soumis à la culture, ou que d'autres causes empêchent de se gazonner, sont continuellement lavés par les pluies qui entraînent les parties les plus fertiles, et ils deviennent entièrement nus et stériles si la nature n'y a pas amoncelé une masse inépuisable de terre végétale, ou si les pertes ne sont pas réparées par le travail des hommes et par les engrais.

Les terrains de formation récente, à l'embouchure des fleuves, donnent souvent lieu à des émanations malfaisantes dont les funestes influences se font sentir au loin sur les hommes et sur les animaux. La nature, dans ses vastes combinaisons, prépare ainsi des champs fertiles pour les générations à venir, et la culture peut dès aujourd'hui prévenir en grande partie le mal et profiter de celui qu'elle ne peut empêcher, en couvrant d'arbres les pentes rapides et en utilisant pour l'irrigation des prés les eaux qui descendent des montagnes.

En plantant en bois les sommets et les pentes des montagnes, on prévient l'enlèvement des terres, et les eaux employées à l'irrigation déposent les parties fertilisantes dont elles sont chargées.

Dans le Nord, on n'emploie l'eau qu'à l'irrigation des prés, rarement à celle des terres en culture.

Dans le Midi, sous les zones brûlantes de l'Afrique et de l'Asie, on emploie l'eau pour toutes les cultures. On l'emploie pour les céréales, pour la vigne, pour toutes les plantes qui ont besoin d'un degré d'humidité qu'elles ne peuvent tirer de l'atmosphère.

Le riz, qui est un des produits les plus importans des pays chauds, demande de fréquentes et abondantes irrigations : c'est une condition indispensable de sa réussite. On dit qu'il doit avoir la tête au soleil et le pied dans l'eau.

Le besoin d'irriguer, dans les pays chauds, s'est fait sentir chez les peuples les plus anciens, et on retrouve de grands travaux exécutés pour les irrigations dans les temps les plus reculés. Ceux qui nous sont le mieux connus sont ceux des Égyptiens qui nous ont été transmis par les livres de Moïse et par les écrivains profanes.

De la Haute-Abyssinie, près des côtes orientales de l'Afrique, descendent deux chaînes de montagnes parallèlement à la mer Rouge et jusque près des rivages de la Méditerranée. Entre ces deux chaînes coule le fleuve du Nil. Depuis sa source jusque vers le milieu de son cours, il décrit une infinité de courbes, resserré entre de hautes montagnes, puis il débouche dans une vaste plaine qu'il inonde régulièrement chaque année. Cette plaine, célèbre dans les temps les plus anciens par sa culture, par les sciences et les arts qui y florissaient, c'est l'Égypte.

L'Égypte est entourée de montagnes nues et stériles, et au-delà de cette ceinture sont les sables brûlans du désert. Excepté sur les côtes de la Méditerranée, la pluie y est très rare. D'abondantes rosées y suppléent en partie; cependant, sans les débordemens du Nil, toutes les plantes seraient bientôt brûlées par le soleil.

Dans l'Abyssinie, comme en général dans tous les pays situés entre les tropiques, des pluies abondantes tombent depuis le mois de mai jusqu'au mois de septembre. Le fleuve, enflé par les eaux qui lui arrivent de toutes parts, s'élève à une grande hauteur, et, lorsqu'il s'échappe des montagnes, il se répand sur les campagnes de l'Égypte.

Sur un terrain en pente, les débordemens font beaucoup de dégâts; ils entraînent la terre végétale, et un instant suffit souvent pour détruire ce que l'industrie des hommes a établi avec beaucoup de temps et de travail.

L'inondation est au contraire un bienfait pour les plaines unies de l'Égypte : l'eau abreuve complétement la terre, en lui assurant pour longtemps l'humidité nécessaire à la végétation des plantes, et elle la laisse couverte d'un limon fertile.

Le débordement du Nil commence dans le mois d'août et dure jusque vers la fin d'octobre. Après que l'eau s'est retirée, on ne voit rien qu'un sol de vase noire, sur lequel se développe pendant l'hiver une végétation telle qu'il n'en existe point de semblable en Europe, et qui couvre toute l'Égypte de riches prairies et d'abondantes récoltes de tout genre. Lorsque l'été ramène la sécheresse, on fait la moisson et on attend le bienfait d'une nouvelle inondation.

Abandonnées à elles-mêmes, les eaux du Nil n'auraient pas couvert toutes les terres de l'Égypte jusqu'au pied des montagnes ; aussi d'immenses travaux avaient-ils été entrepris par les anciens Égyptiens, pour conduire les eaux sur les parties les plus éloignées, pour ralentir leur cours et les retenir jusqu'à ce qu'elles eussent déposé le limon dont elles étaient chargées.

Les Égyptiens n'ont pas été le seul peuple de l'antiquité qui ait su mettre ainsi à profit l'eau pour fertiliser la terre. Dans le pays où s'élevaient autrefois Ninive et Babylone, on trouve encore des restes d'aqueducs, de tunnels et de canaux, qui font l'étonnement des voyageurs, et qui prouvent que les eaux de l'Euphrate et du Tigre étaient aussi utilisées pour l'agriculture.

Dans la Chine, où la culture reste stationnaire depuis des milliers d'années, les voyageurs ont dès longtemps observé le soin avec lequel les eaux sont employées à l'irrigation, et l'habileté avec laquelle les travaux sont dirigés.

D'Égypte, l'art des irrigations passa en Grèce, mais il n'y atteignit pas la perfection à laquelle arrivèrent les Grecs sous tant d'autres rapports. Les jeunes gens étaient élevés pour la vie publique. Ils cultivaient les beaux-arts, et l'agriculture était abandonnée aux esclaves. Cependant le culte des dieux, des troupeaux, des sources et des rivières, et les cérémonies qui s'y rattachaient, prouvent que l'irrigation des prés et des champs était une des occupations les plus importantes des cultivateurs.

Dans la Perse, qui, sous un ciel brûlant, doit en grande partie sa fertilité aux eaux, on appréciait aussi l'importance des irrigations. On y retrouve des lois qui existaient longtemps avant que la Grèce fût florissante et qui exemptaient d'impôt, pendant un certain nombre d'années, les terres arrosées avec des soins particuliers.

De la Grèce, la civilisation, les sciences et les beaux-arts passèrent en Italie. Les Romains apprirent en même temps à faire usage des eaux pour les irrigations. Ce fait est prouvé par les débris de canaux qu'on retrouve chez eux, et surtout par le témoignage des auteurs qui ont écrit sur l'agriculture.

Dans les plaines du Milanais, les Romains employaient les eaux de l'Adige et du Pô à l'irrigation des terres. Ils faisaient déborder ces fleuves au moyen d'écluses et de digues. Ce fait est prouvé par une inscription qui se trouve sur une table de marbre à la porte romaine de Milan.

Les peuples du Nord, les Goths et les Vandales, qui envahirent l'empire romain et qui plus tard se fixèrent sous le beau ciel de l'Italie, détruisirent avec fureur les temples et autres monumens, mais, chose remarquable, ils respectèrent toutes les constructions destinées à l'agriculture. Parmi ces constructions se trouvaient les digues et les aqueducs, qui ne furent pas seulement respectés, mais qui furent encore entretenus par ces barbares. Plus tard, après le rétablissement de la paix, ils creusèrent eux-mêmes des canaux, comme le prouvent ceux qui existent encore dans le midi de la France et dont la construction date de cette époque.

La domination arabe, qui s'étendit avec une grande rapidité dans le vııı⁰ siècle sur les côtes du nord de l'Afrique et sur les pays du midi de l'Europe, se signala en Espagne par les progrès qu'elle fit faire à l'agriculture, et surtout par les travaux exécutés pour l'irrigation, travaux qui en partie subsistent et servent encore aujourd'hui.

Ces conquérans qui venaient de l'Égypte, de la Phénicie et de l'Arabie, où l'irrigation était pratiquée de temps immémorial, ne manquèrent pas de l'introduire dans les nouveaux pays où ils se fixèrent.

De tous les monumens relatifs à la conduite des eaux que nous a laissés le moyen âge, les plus considérables sont certainement les deux canaux de la Lombardie creusés à la fin du xıı⁰ siècle. Ils servent non-seulement à la navigation, mais aussi à l'irrigation de plus de 100,000 hectares de terres sablonneuses, que l'eau transforme en de riches prairies et en champs fertiles.

Les croisades conduisirent les peuples de l'Occident dans les pays où l'irrigation était pratiquée avec activité et intelligence depuis les époques les plus reculées. Les observations que firent les croisés et les connaissances qu'ils acquirent ne furent pas perdues pour leur pays, lorsqu'ils y furent de retour.

Dans l'antiquité et le moyen âge, l'irrigation et les constructions qui y avaient rapport ne reposaient que sur la pratique et l'observation ; dans les temps modernes tout a été soumis aux règles sévères du calcul. La pratique, qui dans de semblables entreprises devait amener de fréquentes erreurs, fut depuis éclairée par la science, et l'on put travailler avec une entière certitude des résultats. Les progrès des sciences et des arts activèrent aussi les métiers ; partout on perfectionna, on fit des découvertes, et l'hydraulique en particulier ne resta pas en arrière.

Sur beaucoup de points de l'Europe de nouveaux canaux furent creusés pour faire profiter l'agriculture des propriétés fertilisantes de l'eau, et la pratique des irrigations s'étendit de plus en plus dans le nord de l'Europe. Quoiqu'on ait déjà fait beaucoup, il reste encore beaucoup à faire. D'immenses trésors d'engrais sont tous les jours entraînés à la mer par les fleuves, et lors même que les eaux sont employées à l'irrigation, on est encore bien loin d'en tirer tout le profit qu'on peut en obtenir.

Dans ce court exposé, on a pu remarquer que les hommes ont été, dès les temps les plus reculés, amenés par la nature et par la nécessité à arroser leurs prés et leurs champs ; que même les conquérans les plus sauvages ont su non-seulement apprécier ce qui avait été fait pour l'irrigation, mais qu'ils ont su l'apprécier assez pour devenir eux-mêmes irrigateurs. Nous voyons en outre que les progrès de la culture marchent toujours de front avec la liberté des nations et avec les arts et les sciences. Aujourd'hui, on trouve l'art d'arroser les prés chez tous les peuples civilisés. Il a surtout fait des progrès dans certaines parties de l'Allemagne et en Angle-terre, quoiqu'on reproche aux Anglais de négliger les prés naturels depuis qu'ils ont porté la culture de la terre à un si haut point de perfection.

La France possède des départemens qui, pour l'irrigation, ne le cèdent pas à l'Allemagne et à l'Angleterre, et cependant on peut dire qu'en général, sous ce rapport, la France est en arrière de l'Allemagne.

Le pays de Siegen a conquis une grande réputation pour l'irrigation. Encouragée et protégée par le duc de Nassau, l'irrigation est devenue un art dans le pays de Siegen, et lorsqu'on parle en Allemagne de l'art d'arroser les prairies, on l'entend toujours tel qu'il est pratiqué sur les bords de la Sieg. Le nivellement du sol, la manière de le disposer, l'emploi de l'eau, en un mot tous les travaux sont soumis à des règles qui font de l'irrigation une véritable science. Nous la ferons successivement connaître dans tous ses détails.

CHAPITRE II.

De l'eau.

Toute l'eau qui se trouve dans l'atmosphère retombe sur la terre en forme de pluie, de neige, de grêle, de rosée ou de brouillard.

La perméabilité de la surface du globe permet l'infiltration de l'eau, qui s'enfonce jusqu'à ce qu'elle rencontre des couches imperméables, d'argile ou de glaise, ou des rochers, etc. Ces couches ont ordinairement une inclinaison. L'eau suit la pente des couches qu'elle ne peut percer, jusqu'à ce que la pression ou toute autre cause la fasse sortir à la surface de la terre, sous la forme de sources. Ces sources réunies forment les ruisseaux ; plusieurs ruisseaux deviennent des rivières, qui à leur tour forment les fleuves dont les eaux s'écoulent dans la mer. L'eau forme une chaîne sans fin. Elle s'élève de la mer sous forme de vapeurs, retombe sur la terre, et de là retourne de nouveau à la mer.

Toute l'eau dont on peut disposer pour l'irrigation ne peut donc être que de l'eau de pluie, de source, de ruisseau, de rivière ou de fleuve.

§ Iᵉʳ. — De l'eau de pluie.

Il n'y a qu'une petite partie de l'eau qui tombe sous forme de pluie qui puisse être absorbée par la terre. L'excédant coule à la surface du sol pour arriver au ruisseau ou à la rivière vers laquelle la pente du terrain la conduit. L'eau de pluie, au moment où elle tombe, est plus pure que toutes les autres eaux, mais en parcourant ensuite la surface du sol elle entraîne une grande quantité de matières fertilisantes qu'elle rencontre sur son passage. En faisant couler sur un pré ces eaux, qui ont déjà parcouru un certain espace, elles sont soumises à une sorte de filtration, et elles déposent une grande partie des matières fertilisantes qu'elles contiennent. C'est de cette manière que l'irrigation devient un si excellent moyen d'améliorer les prés. Les qualités fertili-

santes de l'eau de pluie varient selon la nature des terres
sur lesquelles elle a passé. On regarde comme la meilleure celle qui a coulé sur un sol calcaire ; comme moins
bonne celle qui a passé sur un sol glaiseux, parce qu'elle
dépose sur les prés une couche de vase qui devient nuisible à la croissance de l'herbe lorsqu'il survient un
temps sec peu après l'irrigation. L'eau qui a traversé
un sol sablonneux produit également de très bons effets,
pourvu que le sable soit mélangé d'argile ; mais il arrive souvent que ces eaux charrient une grande quantité
de sable qui ne convient que sur des prés tourbeux ou
marécageux, tandis qu'il est nuisible sur d'autres.

L'eau de pluie a deux grands inconvéniens, d'abord
son irrégularité, puis la grande quantité de corps étrangers qu'elle entraîne avec elle par les orages ou les
fortes pluies. Pour remédier à ces inconvéniens, il y a
des cas où l'on peut sans de grands frais, par exemple
dans des ravins ou entre des montagnes, établir des réservoirs où l'eau dépose les matières étrangères dont
elle est chargée, et dans lesquels on peut la conserver
jusqu'à ce que le moment favorable pour arroser soit arrivé. De temps à autre on retire de ces réservoirs la vase
qui s'y est déposée, et elle fournit un bon engrais après
qu'elle est restée quelque temps exposée aux influences
de l'atmosphère.

L'eau qui provient de la fonte des neiges doit être
aussi considérée comme eau de pluie, mais elle est sans
action sur la végétation, à cause de sa température trop
basse. Elle ne devient fertilisante qu'autant qu'elle peut
se réchauffer dans des réservoirs, ou bien lorsqu'elle
est chargée de vase qu'elle dépose sur les prés ; mais
ordinairement cela n'a pas lieu, parce que la terre est

gelée à l'époque de la fonte des neiges, et que l'eau coule à sa surface sans pouvoir lui enlever une partie des engrais qu'elle contient. Pour ne pas perdre le peu d'action que peut avoir cette eau de neige, on la fait passer sur des portions de prés couvertes de mousse ou marécageuses. Elle les améliore en détruisant la mousse et en déposant les parties terreuses dont elle est chargée.

§ **II.** — **De l'eau de source.**

L'eau des sources a des propriétés variées qui se manifestent surtout par les diverses manières dont elle agit sur la végétation de l'herbe. Ces propriétés proviennent de la nature de la terre au milieu de laquelle l'eau s'amasse ou qu'elle traverse avant de sourdir à la surface du sol. L'eau qui traverse des couches calcaires ou des couches de craie a une action remarquable sur la végétation de l'herbe. Celle qui sort d'un sol sablonneux ou qui traverse des roches de sable est dans le même cas. L'eau des sources des forêts a une action nuisible à cause du tan et des autres matières végétales et acides qu'elle contient. Les sources qui sortent d'un marais sont dans le même cas.

La température de l'eau de source varie beaucoup. Il y a des sources dont l'eau gèle en hiver, tandis que l'eau d'autres sources ne gèle jamais et fait même fondre la glace sur laquelle elle passe.

L'eau qui a une température élevée vaut toujours mieux que celle qui est froide. Cette dernière devrait séjourner dans des réservoirs pour changer de nature et de température avant d'être employée à l'irrigation. La meilleure preuve des qualités de l'eau d'une source se trouve sur ses bords ou sur les bords du ruisseau qu'elle forme. Si on y remarque une herbe de bonne qualité et d'une vigoureuse végétation, l'eau est de bonne nature ; si, au contraire, elle fait croître des plantes aigres et de mauvaise qualité, l'eau doit subir la préparation précédemment indiquée, pour pouvoir être employée à l'irrigation.

La bonne eau de source produit ordinairement du cresson dans le ruisseau par lequel elle s'écoule. On y remarque en outre une substance verte, filamenteuse et ressemblant à de la soie. Si au contraire, il y a au fond des rigoles un dépôt jaunâtre qui a l'apparence de flocons de neige et que sa surface soit brillante comme si on y avait versé de l'huile, cette eau est tout à fait de mauvaise qualité et ne peut servir a l'irrigation. On augmente infiniment l'action fertilisante de l'eau en la réunissant dans un réservoir où l'on fait couler les eaux de la cour et les urines des étables. Des prés, situés dans le voisinage immédiat et au-dessous de la ferme, acquièrent ainsi une fertilité extraordinaire. Pour les prés plus éloignés, on peut conduire l'urine avec un tonneau et la mêler ainsi à l'eau du réservoir, ou, si l'on a un autre emploi plus avantageux de l'urine, on arrive aux mêmes résultats en jetant dans le réservoir quelques voitures de fumier. Ces moyens d'engraisser l'eau destinée aux arrosemens ne doivent être employés que quand on est sûr que la totalité de l'eau profite au terrain auquel elle est destinée.

Les réservoirs présentent encore l'avantage qu'on peut utiliser l'eau de la plus faible source et arroser proportionnellement une bien plus grande étendue ; car il

arrive souvent qu'un petit filet d'eau est entièrement absorbé avant d'arriver à l'endroit où on voudrait l'employer.

Cette manière d'arroser les prés est surtout en usage
dans les Vosges où les fermes, disséminées sur les revers des montagnes, sont bâties ordinairement dans
le voisinage d'une source. Les sources sont très communes dans ces montagnes, mais en général elles sont
faibles.

Toutes les eaux de la ferme et des usines sont réunies
dans un réservoir avec l'eau de la source. Lorsque le
réservoir est plein, on l'ouvre et on arrose. Comme la
pente de ces prés de montagnes est souvent très rapide,
l'eau n'a pas le temps de pénétrer complétement le sol
ni de déposer toutes les parties fertilisantes dont elle est
chargée.

Pour en tirer tout le parti possible, après que l'eau a
parcouru un certain espace, on la recueille dans des rigoles qui la conduisent à un autre réservoir d'où elle
ressort après y avoir séjourné quelque temps, pour être
employée de nouveau à l'irrigation.

Il arrive souvent que la même eau est employée plusieurs fois par le même propriétaire et qu'elle traverse
plusieurs propriétés avant d'arriver au bas de la montagne, où seulement elle est livrée à son cours naturel.

La même méthode est pratiquée dans plusieurs cantons de la Suisse. On réunit toutes les eaux de pluie et
de sources, et, comme les réservoirs sont souvent éloignés de l'habitation et qu'on ne peut pas toujours savoir
quand ils sont pleins, on a inventé un mécanisme qui
les ouvre quand ils sont remplis et les referme quand

ils sont vides. Schwerz donne le dessin et l'explication
de cet appareil (*fig.* 1) :

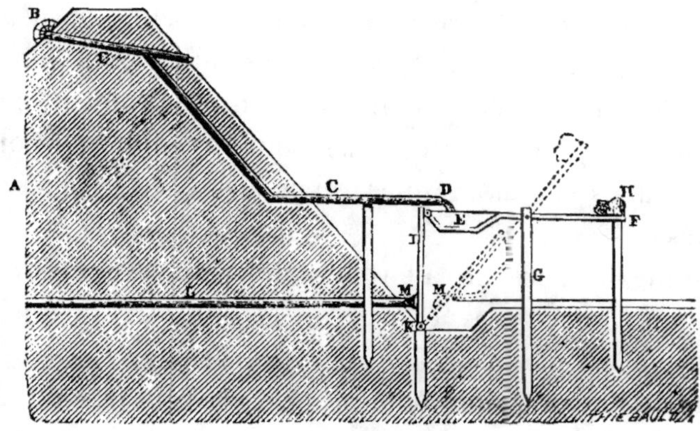

Fig. 1.

a représente la digue qui forme le réservoir d'eau ; *b,*
le point jusqu'où l'eau peut monter.

Lorsque l'eau est arrivée à cette hauteur, elle entre
dans les tuyaux *c,* par lesquels, jusqu'au point *d,* elle
arrive dans une cuiller *e* dont le manche s'étend jusqu'au
point *f,* sur lequel il repose ; *g* représente un fort pieu
au haut duquel il y a une entaille ou deux pieux moins
forts placés près l'un de l'autre, et entre lesquels passe
le manche de la cuiller, fixé par une cheville en fer ; *h,*
pierre qui fait contrepoids à la cuiller ; *i,* planche étroite,
mobile dans la charnière *k.* Cette planche est garnie
d'un tampon en cuir ou en linge *m,* destiné à boucher
le conduit *l* par la pression qu'exerce la cuiller sur la
planche.

Lorsque, le réservoir étant plein, l'eau entre dans les
tuyaux *c* et tombe dans la cuiller, celle-ci devient plus
lourde que la pierre *k* qui lui fait contrepoids et s'abaisse.
Par suite de ce mouvement, la planche et le tampon

sont éloignés de l'ouverture du conduit, et l'eau s'écoule dans les rigoles d'irrigation.

Lorsque le réservoir est vide, la cuiller remonte, la planche reprend sa position perpendiculaire, et le tampon bouche de nouveau l'ouverture *l*. Les lignes ponctuées représentent la position de la cuiller lorsqu'elle est abaissée et celle de la planche.

Les progrès qu'ont faits dans ces derniers temps les sciences naturelles ont donné les moyens de créer des sources artificielles et d'obtenir souvent beaucoup d'eau dans des endroits où auparavant il n'y en avait pas du tout. On a donné à ces sources artificielles le nom de puits artésiens (*), et elles s'obtiennent en forant la terre à une profondeur plus ou moins grande. Pour obtenir de l'eau par le forage, il faut qu'il existe sous terre un réservoir qui manque d'écoulement naturel, ou qu'il y ait un cours d'eau souterrain dont l'issue soit plus élevée que l'ouverture qu'on perce ; il faut en outre que la pression de l'eau soit assez forte pour la faire monter. Ces conditions se trouvent ordinairement réunies dans de grandes plaines où il n'y a pas de sources à la surface du sol, mais qui contiennent des eaux souterraines descendant des montagnes environnantes. Ordinairement l'eau se trouve alors contenue entre deux couches imperméables, et elle jaillit à la surface du sol quand on a percé la couche supérieure. Il arrive fréquemment que les réservoirs d'eau sont à une grande profondeur, et que, par suite, les forages deviennent très coûteux.

Pour creuser avec succès un puits artésien, il faut

______

(*) *Voir* le mémoire de M. Barral sur les puits artésiens, 1ʳᵉ série, t. IV, p. 514, et t. VI, p. 206.

2.

posséder des connaissances géologiques et bien connaître la formation des montagnes qui environnent le lieu où l'on veut percer. On ne peut donc recommander aux cultivateurs le forage des puits artésiens qu'autant qu'ils pourront avoir la certitude que le réservoir d'eau n'est pas à une trop grande profondeur et que les frais ne seront pas trop considérables.

Outre les connaissances géologiques qui peuvent donner la certitude qu'il existe des réservoirs ou des cours d'eau souterrains, il y a des signes extérieurs qui indiquent la présence de l'eau sous la surface du sol : ce sont des plantes qui ne croissent que dans les terrains humides, des amphibies, des insectes qui recherchent les lieux frais et humides, enfin l'émanation de vapeurs qu'on ne trouve que dans les endroits où il y a des eaux souterraines. Ordinairement les sources qu'on découvre d'après ces indices sont peu considérables et ne sont pas d'une grande importance pour l'irrigation.

Cependant, avant les progrès qu'a faits dans les temps modernes la géologie et avant qu'on connût aussi bien la conformation intérieure du globe, c'était un art que de savoir ainsi reconnaître l'existence des eaux souterraines par l'observation des signes extérieurs, et il y avait des hommes qui y avaient acquis de l'habileté. Plus tard, la superstition s'en mêla, et le métier fut ridiculisé, jusqu'à ce que les progrès de la géologie vinrent le faire tout à fait oublier.

Nous croyons rendre service à beaucoup de nos lecteurs en insérant ce que le *Journal d'agriculture pratique* a publié en avril 1845 et en novembre 1847 sur l'*hydroscopie*.

On définit l'hydroscopie, la prétendue faculté de sentir les émanations des eaux souterraines; ainsi ce mot ne devrait pas s'appliquer à l'abbé Paramelle. Voici l'article du journal :

« L'esprit du dernier siècle, en traitant de superstition tout ce qui, dans les phénomènes mystérieux de notre nature, ne pouvait s'expliquer par les lois de la physique très imparfaite, telle qu'on la connaissait alors, a créé beaucoup de préjugés, en prétendant saper tous les préjugés. L'un des plus répandus consiste à nier purement et simplement le pouvoir que possèdent certains individus de découvrir les sources au moyen de la baguette divinatoire, pouvoir confirmé par des faits de jour en jour plus nombreux et plus concluans.

« Si l'aiguille aimantée s'incline vers le pôle nord, pourquoi la baguette ne s'inclinerait-elle pas vers l'eau souterraine ? Si l'électricité agit avec tant de puissance sur certaines organisations nerveuses, pourquoi ne seraient-elles pas impressionnables par la présence de l'eau renfermée dans le sein de la terre ?

« En ce qui concerne l'agriculture, le moindre filet d'eau vive, bien employé, peut être pour elle d'une si grande valeur que nous voudrions qu'il ne s'en perdît pas la moindre parcelle. Nous regarderions comme très bien dépensé l'argent que des sociétés d'agriculture emploieraient à faire voyager, dans chaque département, les hommes chez qui l'expérience a fait reconnaître le pouvoir de découvrir les sources, à condition toutefois qu'ils seraient payés là seulement où leurs indications seraient suivies d'un résultat positif.

« Dans ce but, nous nous faisons un devoir de publier les faits relatifs à la baguette divinatoire, surtout lorsque son emploi ne saurait être suspect de charlatanisme ni de supercherie. Nous avons connu au village de Brie-sur-Marne, entre Nogent et Neuilly, un vieillard dont on prenait les avis pour creuser les puits dans tous les environs. A Noisy, la propriété de M. Ruffin, greffier du tribunal de commerce de Paris, manquait d'eau; deux puits avaient été ouverts, sans succès, à de grandes profondeurs. Le vieillard de Brie-sur-Marne fut appelé; il montra à M. Ruffin, tout au milieu de la cour, l'endroit où il fallait creuser; il fit plus, il lui mit entre les mains la baguette, coupée sur un pêcher de son jardin; la baguette indiqua la même place; le puits qu'on y creusa contient en toute saison plusieurs mètres d'eau. M. Ruffin, de qui nous tenons ce fait, était auparavant tout-à-fait incrédule; il n'avait fait, en appelant le *sourcier*, que céder aux importunités de son maçon.

« L'*Assureur des récoltes* rapporte plusieurs exemples analogues dont nous laissons, bien entendu, à ce recueil la responsabilité; toutefois, quant à ce qui concerne M. Tourniaire, nous devons ajouter que, dans un voyage en Provence, nous avons entendu à Aix les personnes les plus dignes de foi rapporter les mêmes faits comme témoins oculaires.

« Un argument difficile à rétorquer, c'est que la baguette tourne aussi bien pour ceux qui font ce métier que pour ceux qui n'en tirent ni honneur ni profit. Il y a à Châlon-sur-Saône un négociant, M. Meulien-Chauveau, qui s'est servi récemment de la baguette pour trouver sur sa propriété une très belle nappe d'eau. M. Tourniaire, dont nous venons de parler, est un huissier d'Aix qui devine les eaux, sans en tirer aucun profit; c'est un homme asthmatique, d'un tempérament maladif et souffrant. « Jamais, dit-il, je ne me suis trompé, car « il est impossible que je me trompe. J'éprouve une

« convulsion qui, agissant d'abord sur mes nerfs, se
« prolonge sur la baguette qui se ploie et se tord comme
« la corde à violon à l'approche de l'humidité. Je suis
« tellement dominé par le cours d'eau que je ne puis
« marcher que sur le courant, et je suis la source jus-
« qu'à son origine. J'ai rencontré beaucoup de per-
« sonnes entre les mains desquelles la baguette tourne ;
« s'il y en a si peu, c'est qu'on ne veut pas même prendre
« la peine d'essayer. Quelle que soit la profondeur de
« l'eau, j'éprouve la sensation lorsque je suis sur la
« source. »

« Au mois de novembre 1836, M. Fazy de Mategnin
communiquait à la classe d'agriculture de la Société des
arts de Genève une note sur la baguette divinatoire,
renfermant des faits qui nous semblent présenter tous
les caractères de la certitude ; nous les reproduisons,
quoiqu'ils se rapportent à une époque assez éloignée de
la nôtre ; car ils sont extraits des notes laissées par le
grand-père de M. Fazy de Mategnin, M. Vautier, savant respectable qui s'était occupé de recherches et d'observations sur la baguette divinatoire. Voici comment
il avait été conduit à ces expériences, ainsi qu'il le ra-
conte lui-même :

« Je voulais me procurer de l'eau dans mon jardin, et
« j'avais en conséquence donné ordre de faire venir un
« fontainier de Lausanne pour examiner le local, qui
« me paraissait devoir posséder une source, parce qu'il
« était dominé par une hauteur. Au lieu du fontainier,
« que j'attendais, on me présenta un homme qui passait
« pour très habile dans la découverte des sources ; con-
« duit sur les lieux, il détermina une place où il m'as-
« sura que je trouverais une eau courante à 8 mètres de

« profondeur, se soumettant à ne recevoir de récom-
« pense qu'autant que l'expérience justifierait son as-
« sertion. « D'ailleurs, ajouta-t-il, il n'y a point de char-
« latanisme dans mon procédé, vous pouvez en faire
« l'essai. » Il me présente la baguette, m'indique la ma-
« nière de m'en servir, et sur-le-champ je la vois tour-
« ner dans ma main et ensuite dans celle d'un de mes
« fils, âgé de dix ans. De plusieurs assistans, aucun au-
« tre ne put réussir. « Pour multiplier vos sûretés, ajouta
« le sourcier, je vous invite à consulter, avant de rien
« entreprendre, les personnes pour lesquelles j'ai tra-
« vaillé. » J'écrivis en conséquence à M. C... de S..., à
« Lausanne, qui me répondit qu'ayant été dans l'abso-
« lue nécessité d'établir un puits dans une propriété
« près de la ville, les fontainiers l'avaient prié de faire
« venir le sieur Barrot, homme très expert, qui fixerait
« la place même où il conviendrait de creuser, préten-
« dant qu'il ne s'était jamais trompé. Quoique je n'ajou-
« tasse aucune foi à ce rapport, continuait M. de S.., je
« ne laissai pas que de faire venir l'expert demandé,
« qui fixa à 30 mètres la profondeur de l'eau qu'on de-
« mandait ; aussitôt l'on se mit à l'ouvrage, et déjà on
« dépassait d'un mètre le point déterminé par le sour-
« cier, sans avoir trouvé l'eau. Le sourcier, mandé de
« nouveau, assure que cela n'est pas possible, et qu'il
« ne s'est certainement pas trompé. Sur des instances
« réitérées, il se détermine à descendre à cette grande
« profondeur, quoique âgé de quatre-vingt-deux ans ;
« parvenu au fond du puits, il observe que la baguette
« ne fait aucun mouvement ; il se fait remonter au ni-
« veau du point qu'il avait fixé, il présente sa baguette,
« elle tourne ; l'ordre est donné de percer horizontale-

« ment avec une aiguille, et aussitôt la source se fait
« jour avec une telle promptitude et une si grande
« abondance, qu'elle met les ouvriers en danger ; elle
« n'a pas cessé dès-lors de fournir une eau abondante
« et intarissable. Le moyen indicateur avait donc ré-
« pondu au calcul avec la dernière précision, quoique à
« une profondeur de 30 mètres ; mais en creusant, les
« ouvriers s'étaient un peu écartés de la perpendicu-
« laire, et par cela même de la vraie direction à laquelle
« ils furent ensuite ramenés à l'aide de cet indicateur.

« Je ne fis donc alors aucune difficulté de mettre aussi
« la main à l'œuvre ; à 4 mètres, des indices d'eau se
« firent apercevoir, mais disparurent absolument : on
« ne rencontrait plus que des lits de marne grise et
« bleue, et d'une terre très compacte ; déjà on comptait
« à peu près 8 mètres ; les ouvriers travaillaient gaie-
« ment, ne doutant pas de leur succès prochain ; mais
« ceux qui venaient visiter l'ouvrage ne pouvaient se
« défendre d'un rire moqueur et d'ironie sur leur cré-
« dulité et la mienne. On atteignit le roc, et aussitôt l'on
« vit jaillir d'une fente une eau vive qui depuis lors n'a
« jamais cessé d'avoir son cours.

« L'année suivante, la baguette m'indiqua encore de
« l'eau au midi de ce puits, et coulant dans une direc-
« tion parallèle à la première source ; je la trouvai en
« effet à 6 mètres, coulant sur un lit de gravier, et je
« pus la diriger aussi dans le puits.

« Le même moyen a donné à la commune de Lonnay
« un puits très abondant et intarissable. Le sourcier
« Barrot en avait déterminé la place sur la voie pu-
« blique, à quelque distance d'un excellent puits que
« les sieurs G... avaient eux-mêmes creusé quelques

« années auparavant, et à la conservation duquel ils
« attachaient avec raison le plus grand prix. Alarmés
« de l'entreprise de la commune, et malgré les assu-
« rances que Barrot leur avait données qu'on ne leur
« porterait aucun préjudice, ils s'y opposèrent juridi-
« quement. Sur la demande du gouverneur de la com-
« mune, je fis un nouvel examen du local ; la baguette,
« présentée successivement sur les deux emplacemens,
« me fit voir sur-le-champ deux sources très distinctes,
« suffisamment éloignées l'une de l'autre pour être indé-
« pendantes, et ayant deux points de départ différens et
« deux directions différentes. Rassuré moi-même par
« cette épreuve, j'exhortai les frères G... à se tranquil-
« liser pleinement, je pressai fortement l'exécution de
« l'entreprise, et tout réussit absolument à souhait.

« Je ne parlerai point ici des eaux que la baguette a
« procurées dans les villages voisins, ni des personnes
« entre les mains desquelles elle est indicateur fidèle ;
« qu'il me suffise de dire qu'elle me sert toujours avec
« la plus grande exactitude toutes les fois que je suis
« appelé à faire quelques réparations dont le but est de
« préserver un terrain des eaux plus ou moins profondes
« qui peuvent lui nuire ; j'ai toujours opéré à coup sûr,
« et je suis à même d'assurer qu'il n'est aucune partie
« de mon domaine dont je ne connaisse les diverses
« sources, jusqu'ici inconnues. J'en ai exploré plusieurs :
« je citerai seulement l'examen approfondi que je fis
« d'une de ces sources. Sous un point fixe, la baguette
« me marquait une eau ascendante, qui, formant bientôt
« une patte d'oie, se divisait en trois sources sous la di-
« rection du nord, du levant et du midi. Pour vérifier
« l'expérience, je choisis la branche que je sentais cou-

« ler à l'orient et dans l'endroit le plus commode ; je fis
« sonder sur **3** mètres de longueur et **1** de largeur ;
« après la terre vierge j'avais continuellement un lit de
« marne bleue et de sablon gras. Quoique la source me
« fût indiquée à **7** mètres par la baguette, les indices
« d'eau s'annonçaient déjà à **3** mètres, l'eau remontant
« à travers le sable ; mais ce ne fut réellement qu'à la
« profondeur de **7** mètres que je trouvai le lit de la
« source. Cet essai fut fait sur un plateau élevé au-des-
« sus du village de Lonnay. »

« Tels furent les premiers pas de M. Vautier dans la
science de la baguette ; dès-lors il chercha à se rendre
raison de la cause de ces effets, dont il ne pouvait plus
nier l'existence, et il arriva à poser les conclusions qu'on
va lire.

« I. La baguette peut servir à indiquer la profondeur
des racines d'un arbre ; l'on peut ainsi s'assurer si un
arbre est enté sur franc ou non. (*)

« II. Si le corps est à l'ombre et la baguette au soleil,
elle ne tourne pas ; il faut que le devant du corps soit
aussi au soleil.

« III. Les rapports de l'homme avec le globe de la
terre, le soleil, la lune, sont mis en évidence par la baguette. Pendant le jour elle donne le point fixe de l'étoile
polaire et peut ainsi servir de boussole invariable. Elle
suit la lune dans son mouvement sur l'horizon, le soleil
de même. Il y a plus : au milieu de la nuit, à mesure que

(*) Les notes de M. Vautier sont sur des feuilles numérotées, mais
il en manque plusieurs, et malheureusement celle qui contient les
procédés pour calculer la profondeur des sources est de ce nombre.
Je n'ai là dessus que des données trop peu certaines pour les communiquer.   (*Note de M. Fazy.*)

le soleil descend, le conducteur descend au-dessous de l'horizon dans la même proportion, et remonte d'heure en heure jusqu'au lever du soleil ; un coup d'œil habitué peut ainsi apprécier facilement nuit et jour l'heure qu'il est. Expérience répétée souvent.

« IV. Le mouvement de la baguette exprime fortement les rapports de l'homme à l'homme. Mouvement et suspension par le tact du pied et son éloignement ; mouvement si l'on présente le conducteur sur le côté du cœur, immobilité du côté droit. C'est un moyen de juger de la mort réelle et absolue des personnes asphyxiées, noyées, frappées d'apoplexie ; mouvement du conducteur sur le cerveau et l'épine dorsale, qui abondent en fluide magnétique.

« La hauteur du corps humain peut être déterminée par le conducteur placé sur le cerveau ; idée préjugée d'après la donnée de la profondeur des sources, et vérifiée souvent.

« Les fluides du corps humain agissent sur le conducteur et en particulier sur le fluide lacté ; si le lait se renouvelle promptement et avec abondance, le conducteur en exprime fortement le mouvement et l'abondance électrique : le conducteur n'agit pas dans le cas contraire.

« V. Dispositions magnétiques, cause de l'antipathie machinale que les enfans ont pour certaines personnes, vérifiées par la baguette.

« VI. La baguette de fil de fer monte au soleil pourvu que la tête et le corps y soient exposés ; elle redescend lorsque le corps rentre dans l'ombre ; n'y aurait-il point aussi, par conséquent, une descente de fluide électro-magnétique sur les plantes le soir et pendant la nuit ?

La rosée n'en serait-elle point chargée, ne serait-ce point là la cause de son influence sur la végétation? L'accumulation de ce fluide ne serait-elle pas une explication de l'effet si irritant du serein sur les personnes qui ont le système nerveux délicat?

« VII. Le magnétisme est plus fort dans les bons plants de vigne que dans les mauvais, expérience constatée par la baguette, qui peut même indiquer la différence entre les plants rouges et blancs.

« En cherchant une source, ne jamais se tourner dans la direction du soleil ou du pôle.

« Nous croyons devoir reproduire, au sujet de la découverte des sources, une note pleine de faits constans capables d'ouvrir les yeux aux plus incrédules. Nous y joignons une lettre adressée par M. le préfet du Lot à M. Aubernon, préfet de Versailles ; le nom et l'autorité de M. l'abbé Paramelle, en pareille matière, nous semblent éminemment propres à stimuler l'incurie des propriétaires qui si souvent laissent leurs terres souffrir du manque d'eau, lorsqu'ils ont sous leurs pieds d'abondantes sources qu'il serait si facile d'utiliser.

« M. l'abbé Paramelle communiqua, il y a sept ans,
« à l'administration départementale un mémoire où il
« exposait une théorie au moyen de laquelle il préten-
« dait découvrir des sources souterraines dans toutes
« les localités qui en étaient privées. Ce mémoire fut
« soumis à divers géologues, qui reconnurent en somme
« que les probabilités étaient en faveur du système pro-
« posé. Il en fut rendu compte au conseil général du
« Lot, qui, dans la session de 1829, alloua 600 francs
« pour faire quelques expériences. Au moyen de ce
« crédit, M. Paramelle se transporta dans diverses com-

« munes, indiqua dans chacune, par l'application de
« son procédé, plusieurs points sur lesquels on pouvait
« trouver un cours d'eau, détermina le *maximum* de la
« profondeur à creuser pour atteindre l'eau, et donna
« même jusqu'à la dimension du filet liquide.

« Procès-verbal fut dressé de chaque opération, en
« présence du maire et du conseil municipal, et les ex-
« cavations furent entreprises immédiatement ; partout
« où les fouilles furent poussées à leur terme, sans ren-
« contrer de rocher, l'expérience eut un succès com-
« plet ; là où on trouva le roc à quelques mètres de pro-
« fondeur, et c'est ce qui arriva le plus souvent, on
« s'arrêta, on recula devant une entreprise dont les ré-
« sultats paraissaient négatifs. Cependant M. Paramelle,
« dont la conviction était profonde, fit faire usage de la
« mine dans quelques points commencés, et finit par
« trouver le cours d'eau au point qu'il avait indiqué.

« Ces premiers succès vainquirent les préjugés ; les
« communes qui éprouvaient le plus grand besoin d'une
« eau courante se mirent à creuser, et, en **1833**, il était
« déjà constaté que sur cinquante-et-une excavations
« faites, quarante-huit avaient complétement réussi.

« Depuis, ajoute M. Aubernon, M. Paramelle a été
« appelé par plusieurs départemens où il a toujours ob-
« tenu les résultats les plus satisfaisans. Il serait bien
« à désirer qu'il vînt essayer son système dans le dé-
« partement de Seine-et-Oise, qui a tant souffert de
« la sécheresse de l'année **1842**.

« Aujourd'hui l'expérience a confirmé la réalité du
« pouvoir de M. l'abbé Paramelle pour découvrir les
« sources ; les faits sont tellement nombreux, tellement
« accumulés que le doute n'est plus permis. On évalue

« à près de six mille le nombre des sources découvertes
« par ce savant hydroscope dans plus de trente dépar-
« temens. »

« La circulaire suivante fait connaître à quelles conditions M. Paramelle entreprend l'exploitation d'une
contrée.

« Les personnes qui m'appellent pour leur indiquer
« des sources m'expriment souvent le désir de connaître
« les conditions auxquelles j'opère, les résultats de ma
« théorie, la forme des demandes et dans quel ordre je
« fais mes tournées. Cette lettre a pour objet de les
« satisfaire.

« *Conditions auxquelles les sources sont indiquées.* —
« Arrivé sur les lieux à explorer, j'en fais d'abord l'exa-
« men géologique, je désigne un espace de terrain dans
« lequel est la source, je déclare sa profondeur et son
« volume. Si le propriétaire dit que la source est trop
« éloignée, trop profonde, trop faible, ou qu'elle n'est
« pas dans son fonds, je ne l'indique point, et on ne me
« donne aucune rétribution. Si le propriétaire trouve
« que la source lui convient et en demande l'indication,
« je marque le point précis où elle est, et reçois des
« honoraires qui sont réglés ainsi qu'il suit :

« Dans le département du Lot on me compte, pour
« chaque source que j'indique, 10 francs.

« Dans les six départemens limitrophes, 15 francs.

« Dans les départemens qui sont contigus à ces der-
« niers, **20** francs.

« Les honoraires étant ainsi augmentés de 5 francs
« par département à mesure que je m'éloigne du Lot ;
« dans le département de la Nièvre ils se trouvent fixés
« à **30** francs par source.

« Je m'oblige par écrit envers chaque particulier à
« lui rendre ces honoraires si, au lieu et à la profondeur
« déclarés, il ne se trouve pas une source plus que suf-
« fisante pour tous les besoins de la maison ou des
« maisons à pourvoir d'eau ; néanmoins, ceux qui ne
« creusent pas dans un an, à partir du jour de l'indica-
« tion, perdent le droit de redemander la somme. Les
« honoraires sont remboursés, lorsqu'il y a lieu, par un
« correspondant que j'établis dans chaque arrondisse-
« ment où je fais des indications.

« Les pauvres sont partout servis gratuitement.

« *Sources découvertes.* — Les procès-verbaux qui ont
« été dressés par MM. les maires et qui sont déposés à
« la préfecture du Lot, ainsi que le certificat de M. le
« préfet, dont je suis porteur, constatent que sur trois
« cent trente-huit puits ou fontaines qui ont été creusés
« d'après ma théorie, trois cent cinq ont réussi à mettre
« au jour des sources salubres et abondantes. Diverses
« lettres m'ont annoncé deux cent quatre-vingt-trois au-
« tres réussites ; mais MM. les maires ne les ont pas
« encore constatées par des procès-verbaux ; et dans les
« vingt-neuf départemens que j'ai explorés depuis 1827,
« il en existe un très grand nombre dont personne ne
« m'a donné avis.

« *Forme des demandes.* — Toutes les demandes qu'on
« m'adresse doivent indispensablement faire connaître :
« 1° les nom et prénoms de chaque particulier qui veut
« que je lui indique une source ; 2° sa qualité ou profes-
« sion ; 3° la rue, le numéro, le bourg, village ou ha-
« meau où il habite ; 4° la commune où il habite ; 5° le
« canton où il habite ; 6° le nom de la localité où il veut
« la source (s'il en veut pour plusieurs localités, les

« nommer toutes) ; 7° la commune de cette localité ;
« 8° le canton de cette localité.

« On doit dresser chaque liste de demandeurs, con-
« formément au modèle ci-après, mettre la date au bas,
« y apposer au moins une signature et l'envoyer tou-
« jours à mon domicile, sous l'adresse qui suit : « à
« M. l'abbé Paramelle, à Saint-Céré (Lot). » Dans cer-
« tains départemens, un seul propriétaire se charge de
« recueillir toutes les listes et demandes particulières,
« et de m'envoyer un état général ; dans d'autres, les
« propriétaires d'une ou de plusieurs communes m'a-
« dressent une seule liste ; chaque demandeur se con-
« forme au mode adopté dans sa localité, ou m'écrit
« pour lui seul. Les lettres qui arrivent non affranchies
« ne sont pas reçues.

« *Ordre des tournées.* — Je fais deux tournées par an :
« l'une commence le 1ᵉʳ mars et finit le 30 juin ; l'autre
« commence le 1ᵉʳ septembre et finit le 30 novembre.
« Le département qui se trouve avoir fait le plus de
« demandes, lorsque je pars de Saint-Céré pour une
« tournée, est toujours le premier servi. Avant de me
« mettre en route, je trace, d'après la carte de ce dé-
« partement, un itinéraire dans lequel sont rangées par
« ordre toutes les communes, localités et personnes
« qui vont être visitées. Ceux qui sont inscrits dans cet
« itinéraire sont seuls assurés d'être visités. Durant la
« tournée j'envoie des lettres, portant sur l'adresse le
« mot *sources,* pour prévenir MM. les souscripteurs du
« jour où je pourrai me rendre dans chaque localité.

« Afin de ne pas y manquer, je suis obligé de ne
« m'arrêter en chaque endroit que les momens prévus,
« de ne jamais rétrograder ni dévier considérablement

« pour ceux qui ne viennent faire leurs demandes qu'au
« moment de mon passage.

« Telle est la réponse générale que je fais aux ques-
« tions qu'on m'adresse le plus fréquemment. Puisque
« l'on a jugé à propos de m'appeler dans votre contrée,
« si vous y connaissez d'autres propriétaires qui dé-
« sirent des sources, je vous serai bien obligé de leur
« communiquer la présente lettre, et de vous concerter
« avec ceux qui voudront être inscrits pour m'envoyer
« les demandes avant le.... du mois prochain. Après la
« réception de cette liste, je ne tarderai que le moins
« possible à venir satisfaire ceux qui m'auront appelé.

« L'abbé Paramelle. »

« Ce n'est pas seulement par cette espèce d'instinct
et d'attraction magnétique, à laquelle certains hydroscopes obéissent sans pouvoir s'en rendre compte, que
l'abbé Paramelle a été conduit à cette divination si pré-
cieuse et malheureusement si rare. Séduit dès sa jeu-
nesse par l'attrait que présentent les études géologiques,
né dans un pays où le moindre filet d'eau vive est d'une
valeur inappréciable pour l'agriculture, l'abbé Paramelle doit plus à la science qu'à une sensibilité particulière de son organisme, et il se croit fort en état de
communiquer son savoir dans un temps très court à des
élèves d'une capacité ordinaire. On doit s'étonner que
l'État n'ait pas encore songé à vérifier par l'expérience
la possibilité de cette transmission de la faculté d'hydroscopie. Sans communiquer dans leurs détails ses moyens
d'observation, l'abbé Paramelle ne cache pas les bases
d'après lesquelles il décide que certaines localités ne
peuvent recéler aucune source, si ce n'est à des profondeurs qui rendraient l'arrivée de l'eau à la surface du

sol trop dispendieuse ; ces bases sont purement géologiques. Ainsi, dans le département du Doubs, où il s'est
livré à de nombreuses explorations, sur la demande du
préfet, il a indiqué, de la manière la plus positive et la
plus rationnelle, l'impossibilité de trouver de l'eau dans
certains cantons de l'arrondissement de Pontarlier et les
causes de cette impossibilité.

« Dans les vallées, les terrains qui ont subi des affaissemens partiels ; dans la montagne, les pentes de
plus de 45 degrés ; dans les bancs de rochers, ceux dont
les couches sont inclinées du dehors en dedans, c'est-
à-dire en sens inverse de la pente du terrain ; enfin partout où l'on remarque des traces évidentes de grands
éboulemens, il ne faut pas chercher d'eau.

« Dans ces derniers terrains, dit le savant hydro-
« scope, la nature n'a point placé de sources, comme
« si elle avait prévu que l'eau n'y coulerait pas tran-
« quillement et que son cours y serait continuellement
« interrompu. »

« On ne peut porter à moins de quatre ou cinq millions la valeur des sources déjà mises au jour d'après
les avis de M. l'abbé Paramelle ; mais il est arrivé très
souvent que les propriétaires ou les communes, effrayés
par la dépense à faire pour arriver jusqu'à l'eau lorsqu'un banc de rocher se trouvait sur le passage, ont
renoncé à creuser plus avant, bien que toutes les fois
qu'on n'a point été arrêté par cette considération on ait
obtenu le succès le plus complet. L'hydroscopie aurait
donc enrichi la France d'une vingtaine de millions, fruit
des travaux d'un seul homme, si partout où il a trouvé
de l'eau l'autorité locale lui avait fourni les moyens de
la faire arriver à la surface.

3.

« En ajoutant à la valeur intrinsèque de l'eau l'accroissement du capital foncier des propriétés rurales, par le seul fait de la présence des sources, on arriverait à des chiffres énormes, capables de faire réfléchir les hommes les plus insoucians sur ce moyen si simple et si peu dispendieux d'augmenter la richesse nationale.

« D'autres hydroscopes doivent leurs facultés de reconnaître les sources à un instinct particulier que n'a point développé l'étude. Leur savoir n'en est pas moins précieux, et l'on devrait s'empresser d'en tirer parti. Tout le monde a entendu parler de ce jeune pâtre des Pyrénées, effrayé lui-même de cette sorte de seconde vue, qui lui faisait voir à travers la terre le gîte et la direction des eaux souterraines. Le curé de sa paroisse, auquel il fit part de ses impressions, qu'il attribuait naïvement au diable, redressa ses idées à cet égard, et lui fit regarder comme un bienfait du ciel la faculté d'hydroscopie. Nul doute que cette faculté ne se rencontre dans un grand nombre d'individus qui négligent d'en faire usage, les uns parce qu'elle leur semble à eux-mêmes une illusion, les autres parce qu'ils la perdent promptement par cela seul qu'ils n'en usent point.

« Il appartient aux comices agricoles et aux sociétés d'agriculture de prendre enfin au sérieux l'hydroscopie, fréquemment exploitée par des charlatans, mais appuyée de nos jours par un assez grand nombre de faits positifs pour qu'il ne soit plus permis d'en nier la réalité. Dans toute l'étendue d'un arrondissement, et même d'un département, il est impossible que l'existence d'un homme, hydroscope à un degré quelconque, soit ignorée ; la société ou le comice peuvent toujours, sans aucune difficulté, faire examiner les faits par une commission, et mettre l'hydroscope en demeure de prouver son savoir faire. Si cette marche était suivie d'un commun accord par les sept ou huit cents réunions agricoles de France, et que l'État voulût confier à l'abbé Paramelle un certain nombre d'élèves pour s'assurer si la transmission de l'hydroscopie est possible, la production agricole et la valeur foncière, ces deux bases inébranlables de la fortune publique, croîtraient immédiatement d'un nombre de millions assez important pour influer puissamment sur la condition des populations rurales, et concourir, non pas dans l'avenir, mais immédiatement, à la prospérité du pays.

« Quant à nous, nous saisissons cette occasion de faire remarquer que l'art et l'instinct des hydroscopes, de même que les effets de la baguette divinatoire, ne sont pas les seuls d'entre les faits du domaine de la physique, pressentis, constatés et appliqués par le vulgaire ignorant, niés d'abord péremptoirement, puis ensuite forcément acceptés par la science.

« En examinant de près ce qu'on nomme les préjugés des paysans, nous croyons qu'on y retrouverait, parmi beaucoup d'erreurs, des observations très justes, des notions très exactes, très dignes d'être prises en considération par les savans. »

§ III. — De l'eau des ruisseaux et des rivières.

C'est dans les montagnes que se trouvent ordinairement les sources ; elles sortent ou sur les revers mêmes des montagnes, ou dans d'étroites vallées. Dans de telles localités les irrigations sont nécessairement bornées. Au contraire, les ruisseaux et les rivières coulent généralement dans des vallées plus larges ou dans de grandes plaines, et c'est aussi à leurs eaux qu'on doit les irrigations les plus importantes. Ces eaux varient à l'infini dans leur composition : par les influences atmosphériques, elles perdent les mauvaises qualités que peuvent avoir les eaux de certaines sources. Enfin ces eaux, au moins à différentes époques de l'année, transportent une vase très divisée, qui les rend particulièrement avantageuses pour l'irrigation des prés.

Il y a cependant des ruisseaux pour lesquels nous devons faire l'observation que nous avons déjà faite pour les sources : c'est que les eaux qui traversent des terres incultes, des forêts, des terrains tourbeux se chargent de principes acides et astringens qui les rendent peu propres à favoriser la croissance de l'herbe. Plus mauvaises encore sont les eaux qui sortent des mines, des usines où on travaille les métaux, celles qui ont servi aux tanneurs et aux teinturiers.

Les eaux des ruisseaux qui ont traversé des terres calcaires et qui sont chargées d'un sédiment calcaire sont excellentes pour l'irrigation en automne et en hiver, mais elles ne doivent plus être employées du moment que l'herbe a commencé à pousser, et surtout par les temps secs : le sédiment qu'elles déposent devient alors nuisible à la végétation.

Lorsque les truites, les brochets, les écrevisses se plaisent dans un ruisseau, on peut en conclure que ses eaux sont très bonnes pour l'irrigation, lors même qu'elles n'ont traversé ni fermes, ni villages, lors même qu'elles sortent de forêts et de marais, et qu'elles ne présentent pas les conditions d'après lesquelles on juge que les eaux sont bonnes pour l'irrigation.

On a fait, dans les pays de montagnes, l'observation que les sources qui sortent à l'exposition du nord, sont bien moins favorables à la végétation que celles qui sortent au midi. Il est probable que cette différence tient uniquement à la différence de température de l'eau.

§ IV. — Des moyens d'améliorer les mauvaises eaux.

Toute eau, naturellement mauvaise pour l'irrigation, peut être rendue bonne. La mauvaise eau est trop froide ou bien elle est trop chaude par son séjour prolongé dans un lit qui manque de pente, ou bien elle est chargée de principes nuisibles à la végétation de l'herbe.

On peut améliorer l'eau trop froide en la réunissant dans des réservoirs ou bien en la faisant couler dans de longs fossés, et l'exposant ainsi plus longtemps aux influences de l'air. Par le même moyen, on peut rendre de nouveau propre à l'irrigation de l'eau usée, c'est-à-dire qui a perdu ses principes fertilisans en arrosant des espaces assez étendus pour les lui enlever.

Par eau chaude on ne doit pas entendre celle qui sort de terre à une température élevée : l'eau chaude dont nous voulons parler est celle qui, par défaut de pente, par un séjour prolongé dans des fossés, se corrompt, prend une couleur jaunâtre et dépose un sédiment floconneux couleur de rouille. On corrige ces eaux en leur donnant de la pente et en garnissant de cailloux le fond de leur lit. Par le mouvement rapide et par l'agitation que lui impriment les cailloux, l'eau entre en contact avec l'atmosphère, perd ses mauvaises qualités et devient propre à l'irrigation.

Si la disposition du terrain ne permet pas d'établi

une pente régulière suffisante, on doit chercher à atteindre le même résultat, l'agitation de l'eau, en établissant des chutes.

Si l'eau est maigre, on peut lui communiquer les principes fertilisans qui lui manquent, en formant dans son lit, avec des lattes, une caisse qu'on remplit de tous les engrais dont on peut disposer. Patzig, qui conseille ce moyen, dit qu'un mélange de fumier de moutons avec un peu de chaux produit, ainsi employé, des résultats étonnans. « En outre, ajoute le même auteur, il n'y a pas de ferme où il ne meure quelque bête; on ne doit en enterrer aucune, mais on doit les jeter toutes dans ce coffre : il en résultera pour les prés les plus heureux effets. Bientôt on remarquera à la surface de l'eau une huile d'un bleu obscur qui se dépose sur le gazon et donne à la végétation une activité extraordinaire. La puissance de dissolution de l'eau courante est grande, plus grande qu'on ne croit.

En la mêlant avec de bonne eau de source ou de ruisseau, de l'eau gâtée peut être sensiblement améliorée. De l'eau qui entraîne avec elle des substances nuisibles à la végétation doit être purifiée avant d'être mise sur les prés. Dans les cas ordinaires il suffit d'établir des réservoirs dans lesquels l'eau dépose toutes les parties étrangères qu'elle contient, et dont elle ressort par un canal pratiqué à la partie supérieure de la digue. De temps à autre on vide ces réservoirs, et la vase qu'on en tire devient encore, après avoir été exposée à l'air, un engrais pour les prés marécageux.

Il est surtout difficile de purifier l'eau qui vient des bocards et celle qui a servi à laver le minerai. Schenck propose pour cela d'établir un grand bassin, formé de huit compartimens par lesquels l'eau coule, passant lentement de l'un dans l'autre. Avant d'arriver dans le bassin, l'eau passe par une caisse percée de trous et dans laquelle sont arrêtées les parties les plus grossières ; les conduits qui communiquent d'un compartiment à l'autre sont garnis d'un petit fagot d'épines qui aide encore à purifier l'eau. Enfin, la disposition est telle que l'eau ne s'écoule pas en ligne droite, mais décrit une courbe en passant d'un compartiment dans l'autre.

Quoique l'établissement d'un semblable appareil entraîne nécessairement des frais, on y trouvera cependant de l'avantage s'il procure de bonne eau avec laquelle on puisse arroser une certaine étendue de prés.

Il peut encore arriver qu'une eau agisse favorablement sur un certain sol, tandis qu'elle ne convient pas à un autre. Ainsi, de l'eau qui provient d'un terrain tourbeux peut être avantageusement employée sur des sols d'argile, de sable ou de gravier, qui ont une forte pente. De même, de l'eau trouble et chargée de vase améliorera des prés tourbeux, mais ne pourrait que nuire à des prés dont le sol, uni et solide, est couvert d'un bon gazon, tandis que la première eau ne conviendrait pas du tout à des prés tourbeux.

§ **V.** — **Action de l'eau sur les diverses natures de sols.**

Partout où il y a de l'eau, on peut créer un pré et obtenir de l'herbe. Comme dit le proverbe : *l'eau fait l'herbe.* Quoique l'eau produise de l'herbe sur tous les terrains, son action est pourtant soumise à des variations qui dépendent de la composition du sol sur lequel on la fait passer.

L'eau nourrit les plantes, elle stimule la végétation, elle dissout, elle protége l'herbe contre les influences atmosphériques. Enfin elle délivre le pré de beaucoup d'ennemis, tant du règne animal que du règne végétal.

1. — *L'eau nourrit les plantes.* — Considérée comme *engrais*, l'eau contient des parties minérales, ou végétales, ou animales; quelquefois les trois ensemble. L'eau très chargée engraisse un pré qu'elle inonde, par le dépôt qu'elle y laisse; mais l'eau de source, la plus limpide en apparence, contient aussi des principes fertilisans, et le mouvement est nécessaire pour qu'elle s'en dépouille et qu'ils profitent à l'herbe. Ce qui paraît prouver ce fait, c'est que l'action fertilisante de l'eau est beaucoup plus sensible sur un pré qui a une forte pente que sur un autre qui en a peu. Dans ce dernier cas, l'eau coule lentement, elle ne dépose que les substances les plus grossières qu'elle contient; tandis que les plus fines, les plus favorables à la végétation, sont entraînées parce qu'il n'y a pas un frottement assez considérable pour les séparer.

On peut remédier au manque de pente en augmentant la quantité de l'eau; cette seule augmentation de quantité imprime à l'eau un mouvement plus rapide.

Si, faute de pente, l'eau séjourne en petite quantité sur un pré, une partie est absorbée par la terre, une partie s'évapore, et elle ne produit que peu ou point d'effet. Si elle séjourne en quantité trop considérable pour pouvoir être absorbée ou évaporée, il se forme des acides qui font périr les bonnes plantes et favorisent la végétation des mauvaises.

Si l'on remarque au bord des rigoles une herbe abondante et touffue, tandis qu'elle est maigre un peu plus

loin, c'est une preuve que l'irrigation est mal dirigée.
En donnant plus de pente au terrain, la même quantité
d'eau étendra son action fertilisante aux parties plus
éloignées de la rigole. Cependant la végétation est toujours plus vigoureuse au bord des rigoles; l'eau, à mesure qu'elle avance, semble se dépouiller de ses principes fertilisans, et le terrain doit être disposé de manière
à ce qu'on n'arrose pas à la fois, par la même eau, une
trop grande étendue.

On s'est peu occupé d'étudier les changemens qu'é-
prouve l'eau qui sert à l'irrigation; voici à cet égard le
seul fait que nous connaissions; nous le trouvons con-
signé dans un journal allemand : *Allgemeine Zeitschrift
für Landwirthschaft und verwandte Gegenstände, Redakteur
Herberger, Kaiserslautern,* **1843.** « D'après l'analyse faite
en Angleterre d'eau servant à l'irrigation d'un pré, on
a trouvé qu'avant l'irrigation, cette eau contenait par
gallon **10** grains de sel ordinaire et **4** gr. de carbonate
de chaux, et après l'irrigation on n'a plus trouvé que
5 gr. de sel et **2** gr. de chaux, de manière que par son
emploi à l'irrigation, cette eau avait perdu la moitié des
principes minéraux qu'elle contenait. » Il serait intéressant de réitérer cette expérience en mesurant la distance parcourue par l'eau, la hauteur à laquelle elle
couvre le sol, en observant la nature du sol, la température, etc.; cherchant à reconnaître par quelles causes
l'eau, que l'on dit usée par l'irrigation, retrouve une
partie de son efficacité lorsqu'on la réunit dans un nouveau canal, pour la faire couler sur un second plan.

Si l'on n'a à sa disposition qu'une petite quantité d'eau,
comme cela a lieu ordinairement avec les sources, on
ne saurait donner trop de pente au terrain. Les effets de

l'eau semblent alors se multiplier et ils s'étendent beaucoup plus loin.

Un fait facile à observer, c'est que l'eau d'une petite source qui suit une rigole, depuis le haut d'une montagne jusqu'en bas, marque toute la longueur de sa course par une bande verte d'une herbe vigoureuse et abondante.

Si, avec peu d'eau, la pente du terrain ne peut pas être trop considérable, il n'en est pas de même avec beaucoup d'eau, et il faut observer une proportion convenable en réglant la quantité d'eau et la pente. Beaucoup d'eau coulant avec une grande rapidité entraîne non-seulement les parties fertilisantes, mais aussi la terre végétale, et met à nu les racines de l'herbe.

Les effets que produit le passage rapide de l'eau sur la surface du pré ne sont pas aussi sensibles pour l'eau des ruisseaux et des rivières que pour celles des sources. Dans l'eau limpide des sources il existe une combinaison chimique, tandis que dans les autres les principes fertilisans qu'elles contiennent n'y sont mêlés que mécaniquement.

2. — *L'eau stimule la végétation.* — On a remarqué que, dans les prés arrosés, les pores qui couvrent la surface inférieure des feuilles sont plus grands que dans les mêmes plantes des prés non arrosés. On en a conclu que les premières possèdent une plus grande faculté d'absorption, que l'irrigation active la vie des plantes et les met en état d'absorber une plus grande quantité des gaz de l'atmosphère.

3. — *L'eau est un dissolvant.* — Sans un degré suffisant d'humidité la fermentation ne peut avoir lieu et les engrais ne se décomposent pas. On ne peut donc re-

fuser à l'eau la propriété de dissoudre et de décomposer.

Dans le sol le plus riche, les plantes languissent si l'humidité suffisante leur manque, et elles périssent si la sécheresse devient complète. L'eau agit encore mécaniquement; elle divise et dissout les engrais qui sont à la surface du sol, elle les met en état de le pénétrer et d'arriver ainsi jusqu'aux racines des plantes.

4. — *L'eau protége et conserve les plantes.* — Elle les protége contre les chaleurs et contre le froid. Aussi longtemps que l'eau coule sur un pré, elle y maintient la même température. Si même la gelée a surpris les plantes, on peut en prévenir les fâcheux effets en les arrosant avant qu'elles soient dégelées.

Enfin l'eau est un puissant moyen *de délivrer les prés d'insectes et d'animaux nuisibles*, tels que les souris, les taupes, les courtilières, etc. De même l'irrigation bien dirigée détruit la bruyère sur un pré sec, et dans un pré humide et froid elle fait périr la mousse, les joncs et autres mauvaises plantes. Nous disons l'irrigation bien dirigée, car une mauvaise irrigation et le séjour de l'eau favorisent la végétation de ces plantes nuisibles ou même les font naître.

Ces différens effets de l'eau sont diversement modifiés selon la nature du sol qu'elle arrose.

Aucun sol ne se prête mieux à l'irrigation que le sable. Quoiqu'il soit infertile de sa nature, si on peut lui donner l'humidité suffisante, on peut aussi transformer le sable aride en bons prés; et partout où cette opération est praticable, elle est la meilleure spéculation que puisse faire un cultivateur. Si le sable est mêlé d'argile, même dans une faible proportion, de manière seulement qu'il ait quelque consistance, on peut sans plus de précaution le soumettre à l'irrigation. Si l'on n'a que du sable pur, dans lequel on enfonce en marchant, il faut, après lui avoir donné la forme convenable, le laisser reposer pendant un an, afin qu'il se tasse et acquière quelque solidité. Il faut ensuite le couvrir de gazon avant d'y risquer l'irrigation. Sans cette précaution l'eau s'infiltre et reparaît, dans les rigoles d'écoulement, oxydée et gâtée. On ne doit pas craindre de faire des frais pour recouvrir le sable de gazon; par là on s'assure une récolte dès la première année. Ce gazon peut être de la plus mauvaise qualité : il suffit qu'il serve à fixer le sable, et bientôt l'irrigation le fera changer de nature et le couvrira de la meilleure herbe. On peut aussi se passer de gazon en recouvrant le sable d'une couche de terre argileuse ou de compost, qui lui donnera bientôt la consistance nécessaire.

Dans les commencemens, le sable a besoin d'une forte quantité d'eau ; et l'eau trouble, telle qu'elle est ordinairement après les fortes pluies, est celle qui lui convient le mieux.

Lorsqu'une fois le sol est bien consolidé et couvert d'herbe, il se contente d'une beaucoup moindre quantité d'eau.

Le sol formé par moitié de sable et d'argile est celui dont on obtient les meilleurs prés. Il produit des récoltes non-seulement abondantes, mais aussi de très bonne qualité. Il exige pour l'irrigation moins d'eau que le sable, et toutes les eaux qui ne sont pas mauvaises de leur nature lui conviennent. Au lieu de le recouvrir de gazon, on peut très bien l'ensemencer; et le cultivateur a ainsi le moyen d'obtenir les plantes qu'il considère comme les meilleures.

La glaise convient peu aux prés. Les racines des plantes la pénètrent difficilement, et de tous les sols, c'est celui dont l'irrigation est le plus difficile. Les eaux froides ne lui conviennent pas. Il lui faut de l'eau de ruisseaux ou de rivières, ou de sources chaudes. On ne doit lui donner qu'une petite quantité d'eau, mais prolonger la durée de l'irrigation. Une forte irrigation prolongée couvre la surface du sol comme d'un ciment qui augmente encore sa ténacité. S'il est longtemps exposé à la sécheresse, il prend la dureté de la brique et se crevasse, et ce n'est qu'à grands frais qu'on parvient à lui donner la configuration la plus favorable à l'irrigation. Dans ce cas, une excellente opération, si on a les moyens de la faire, est de mêler à la glaise une autre terre moins consistante ; le travail deviendra plus facile, et plus tard la production de l'herbe y gagnera.

Si, pour former les planches, on enlève le gazon pour le replacer lorsqu'on a donné au terrain la forme voulue, on ne doit pas se hâter d'y mettre l'eau ; il faut attendre au moins quatre à cinq semaines, jusqu'à ce que les racines du gazon aient pénétré dans le sol inférieur et que l'union soit complète. Si on se presse trop d'arroser, l'eau coule entre les gazons et le sol inférieur, elle arrête la croissance des racines, et le gazon périt. On peut se faire ainsi un tort considérable et ruiner le pré le mieux établi.

Le sol calcaire est chaud de sa nature, il ne retient pas l'eau et il est exposé à souffrir de la sécheresse. Par ces motifs, il peut être beaucoup amélioré au moyen de l'eau, et il convient très bien à l'établissement de prés arrosés. Toutes les eaux lui sont bonnes : cependant l'eau de source est celle qui lui convient le mieux. Les prés sur un sol calcaire ne donnent pas seulement un produit considérable, mais encore le fourrage y est de très bonne qualité et très nutritif.

Pour les prés tourbeux et marécageux, l'eau trouble et chargée de vase est la meilleure. Elle donne de la consistance au sol; et par le dépôt qu'elle y laisse, elle forme une nouvelle couche. Après que le sol est suffisamment affermi, on emploie aussi avantageusement l'eau de source.

Avant de pouvoir arroser avec succès ces sortes de prés, la première et indispensable condition est de faire écouler les eaux stagnantes.

Plus tard nous consacrerons un chapitre spécial à l'explication des procédés à employer pour l'amélioration et l'irrigation des prés marécageux.

DEUXIÈME PARTIE.

Préparation du sol des prés arrosés.

——∘⦿∘——

CHAPITRE PREMIER.

Outils et instrumens.

De bons outils et instrumens sont d'une grande importance pour les travaux d'irrigation. Avec de bons outils, l'ouvrage se fait mieux et plus vite. Si des travaux peu considérables peuvent être exécutés avec un petit nombre d'instrumens, il n'en est pas de même pour des travaux étendus. Le nombre et la perfection des outils et instrumens employés acquiert de l'importance selon celle de l'entreprise. Combien d'ouvrages sont imparfaits, parce que les instrumens dont on s'est servi étaient défectueux, ou impropres à l'emploi qu'on en a fait. Nous croyons être utiles à nos lecteurs, en donnant la description des instrumens et en expliquant la manière de s'en servir. Les plus petites choses ont de l'importance en agriculture, et ce sont souvent celles auxquelles ne donnera aucune attention l'homme manquant d'expérience, qui contribuent puissamment à la réussite d'une entreprise.

La bêche (*fig.* **2**) *a*. Quelque simple que soit cet outil, il est toujours important, indispensable même, et doit occuper la première place. La *fig.* **3**, *b* représente la bêche vue de profil. On remarquera sa courbure. Elle n'est pas destinée à retourner la terre, mais à détacher le gazon, à aplanir le fond des fossés, à couper à l'aide du cordeau, etc.

La *fig. a* la montre de face. Non-seulement le bas, mais encore les deux côtés doivent être tranchans, et le fer doit en être préparé de manière qu'on entretient le coupant non en l'aiguisant, mais en le battant comme on bat les faux. Plus le sol est spongieux, couvert de mousse, plus la bêche doit être tranchante. Comme on l'emploie en poussant devant soi, son manche doit être d'environ 0^m,30 plus long que celui d'une bêche ordinaire.

Schwerz, auquel nous empruntons cette description, pense qu'il est bon (lorsque les travaux d'irrigation sont un peu considérables) d'avoir des bêches de plusieurs largeurs pour les employer selon les dimensions des fossés et rigoles. Dans le cas où une seule bêche est suffisante, on ne doit pas lui donner plus de 0^m,22 de largeur.

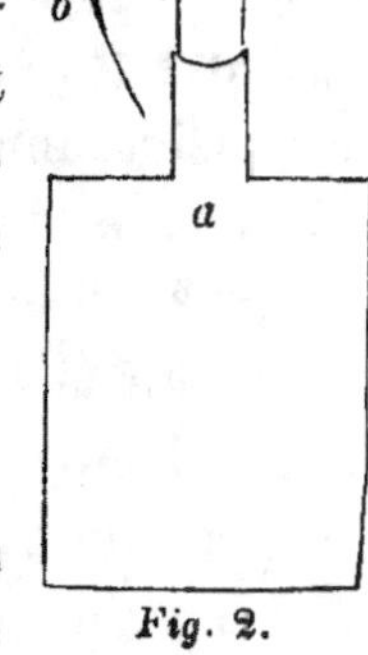

Il est toujours bon d'avoir plusieurs bêches. D'abord, pour remuer la terre, la bêche ordinaire des jardiniers (*fig.* 4, *a*), qui, droite du haut en bas, forme en largeur un angle obtus destiné à retenir la motte de terre.

On remarquera à cette bêche un petit perfectionnement qui n'est pas sans importance. La partie supérieure est recourbée en arrière (*fig.* 5, *b*) et présente une surface plate, de $0^m,015$ environ de largeur, sur laquelle l'ouvrier appuie le pied pour enfoncer l'instrument dans un sol qui offre de la résistance.

Schwerz recommande encore une autre bêche (*fig.* 6, 7) indispensable, selon lui, pour enlever le gazon, aplanir le fond des fossés, etc.

4.

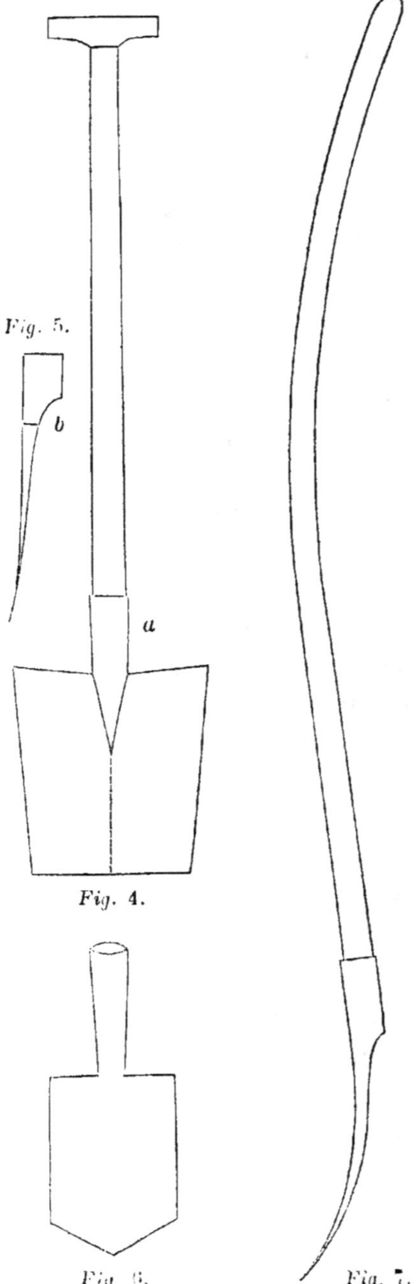

Fig. 5.

Fig. 4.

Fig. 6.

Fig. 7.

Les irrigateurs du pays de Siegen n'attachent pas à la bêche la même importance que Schwerz, ils la remplacent par la pelle (*fig.* **8, 9**), *stechschüppe,* que Schwerz nomme *graben spatel.* Elle leur sert à curer les fossés, à retourner la terre, à enlever les gazons, et ils s'en servent en général pour executer tous les travaux des prés. Ils s'en servent même pour charger la terre sur les brouettes ou charrettes. Mais on sait que partout les ouvriers se servent souvent, pour tous leurs travaux, d'un outil auquel ils sont habitués, tandis qu'un autre serait plus convenable.

Cette pelle doit

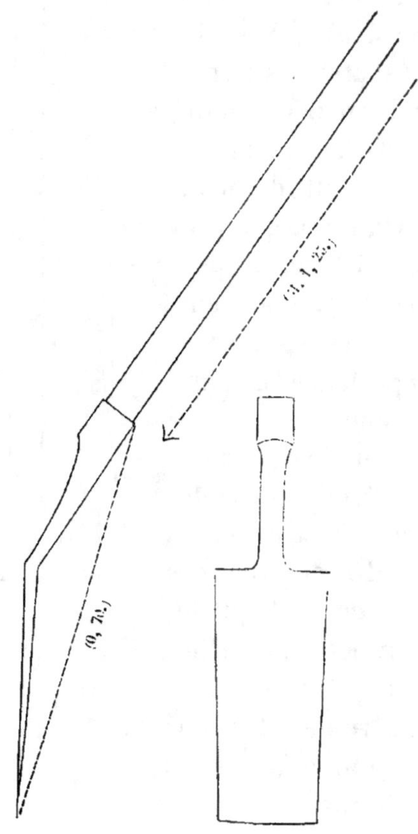

Fig. 9.　　　　　Fig. 8.

être tranchante, faite de bon métal, et sa bonne conformation est assez importante pour que ceux qui voudraient l'introduire chez eux fassent venir un modèle de Siegen.

La *bêche ronde* (*fig.* **10, 11**). Cet outil, qui n'est recommandé ni par Schwerz ni par les irrigateurs de Siegen, est d'un utile emploi dans les irrigations naturelles. Elle est formée d'une seule pièce de bois, à laquelle on adapte une pelle en fer aciéré (*fig.* 12), x, y. Elle sert surtout pour tailler au cordeau les rigoles.

Dans son emploi, il est à remarquer qu'à chaque coup qu'on donne on ne la retire pas entièrement hors de la terre, mais on la fait seulement avancer du tiers, ou du quart de sa largeur. De cette manière, à chaque coup nouveau que donne l'ouvrier, la plus grande partie de l'instrument reste dans l'entaille qu'a faite le coup précédent, et de cette manière il conserve plus facilement la ligne droite, et la paroi de la rigole est plus unie.

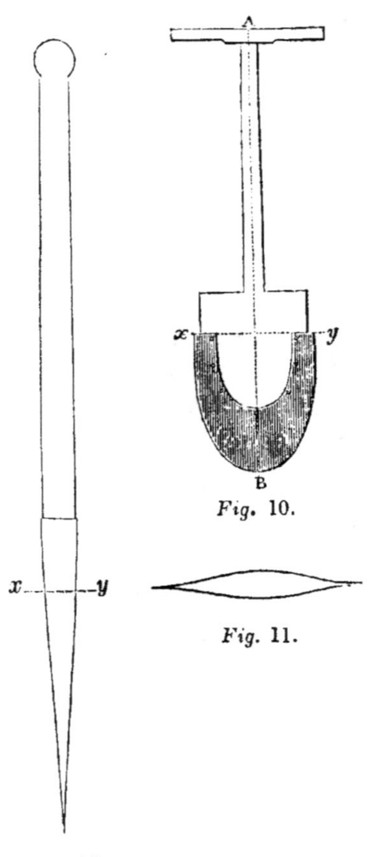

Fig. 10.

Fig. 11.

Fig. 12.

Le *croissant*. Pour les fossés d'écoulement qui ont de la profondeur, la bêche ronde mérite la préférence ; pour tous les autres fossés, le croissant convient mieux.

Nous donnons (*fig.* 15) le dessin de celui employé à Siegen.

La partie opposée au tranchant est munie d'une pioche qui n'est pas indispensable, elle a surtout pour effet de rendre l'instrument plus lourd, et de donner aux coups plus de force et plus de sûreté. Cette pioche (*fig.* 13, 14, 15) peut donc être un outil à part, séparé du croissant; nous la croyons même indispensable.

Le croissant sert à tailler dans le gazon les parois des fossés. Son emploi exige quelque adresse. Un ouvrier maladroit coupe quelquefois le cordeau sans lequel on ne doit jamais travailler quand on a à tracer une ligne droite.

Quand on a à faire une rigole, on en taille les parois avec le croissant, puis avec la pioche on détache et on enlève le gazon.

Cette opération se fait plus facilement quand, avec le croissant, on a divisé transversalement la bande de gazon qui se trouve entre les deux parois de la rigole.

La pioche est aussi très convenable pour le curage des ruisseaux, des fossés et rigoles dans lesquels il y a de l'eau.

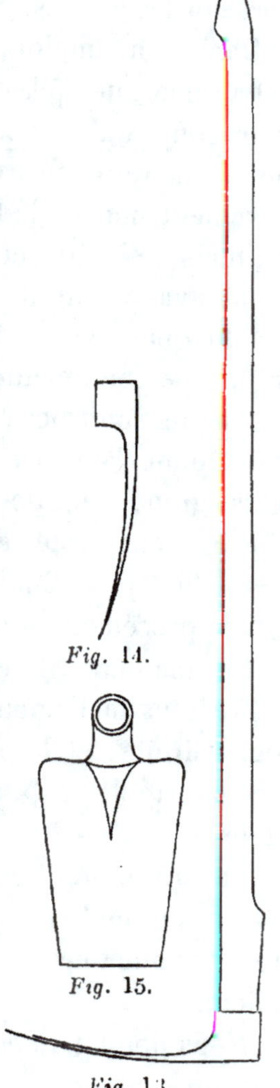

Fig. 14.

Fig. 15.

Fig. 13.

Le croissant sans la pioche (*fig.*16) *a*.

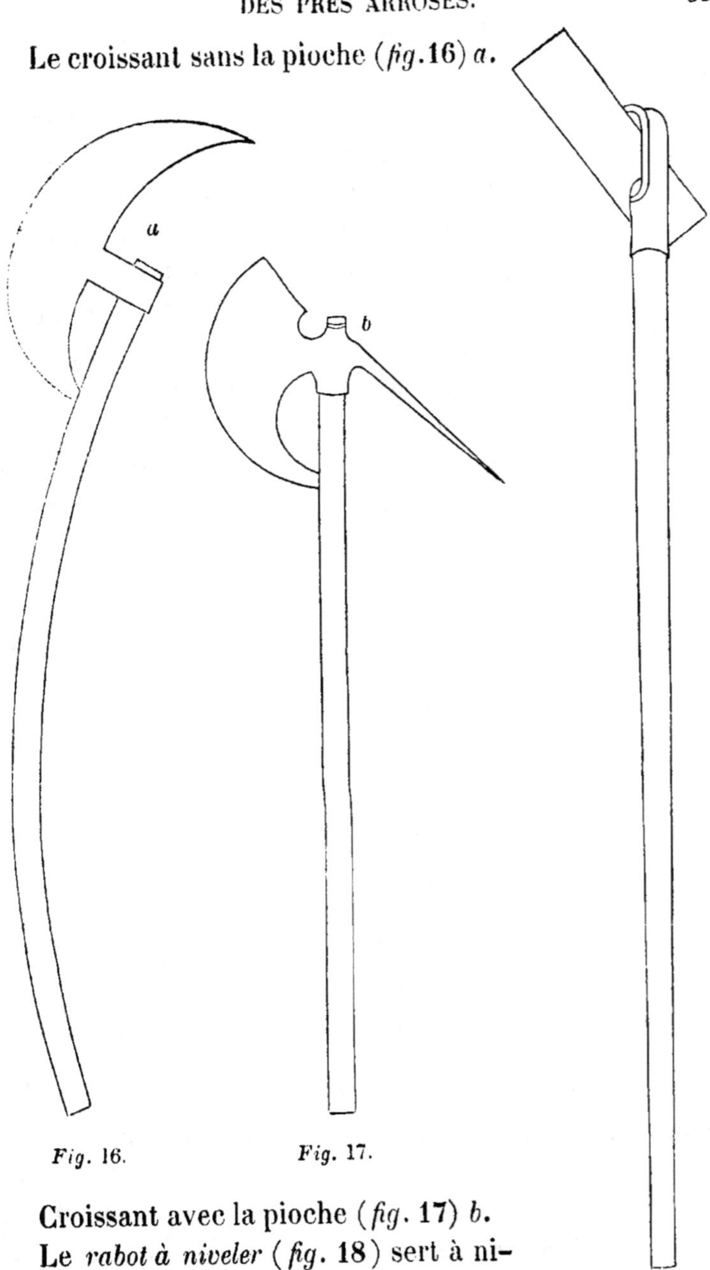

Fig. 16.   Fig. 17.

Croissant avec la pioche (*fig*. 17) *b*.
Le *rabot à niveler* (*fig*. 18) sert à ni-

Fig. 18.

veler la terre. Il peut être remplacé par un râteau à dents de fer.

La *batte* (*fig.* 19) est faite d'une planche en chêne, épaisse d'au moins 0^m,06, longue d'environ 0^m,60 et large de 0^m,30, et dans laquelle on fixe un long manche légèrement courbé. Elle sert à frapper la terre pour la consolider et l'unir, à frapper le gazon pour l'unir et hâter son adhérence au sol inférieur.

La *dame* (*fig.* 20, 21). Cet instrument s'emploie très avantageusement là où l'action de la batte n'est pas assez éner-

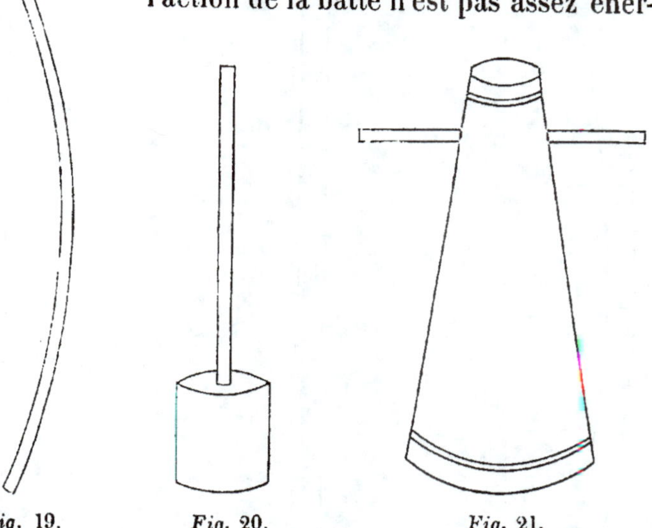

Fig. 19.   Fig. 20.   Fig. 21.

gique. Il sert à tasser et à aplanir le sol, à consolider celui qui a été miné par les souris ou les taupes.

Outre ces outils, on a partout des pioches et des pelles dont les formes varient. On fera bien de s'en tenir à ceux en usage dans le pays. En général, les ouvriers n'adoptent pas volontiers de nouveaux outils, et ils travaillent mieux et plus vite avec ceux auxquels ils sont habitués.

Pour le transport des terres, des gazons, etc., on se sert surtout de la *brouette*. Cet instrument si simple et si utile n'est pas en usage depuis plus de cent cinquante ans, et beaucoup de personnes ignorent sans doute que c'est à un savant, à Pascal, que nous en sommes redevables.

Les brouettes sont de diverses formes. Leur différente construction a pour résultat de faire plus ou moins supporter le poids à transporter par la roue ou par les bras du conducteur de la brouette.

Patzig donne la forme représentée par la *fig.* **22**,

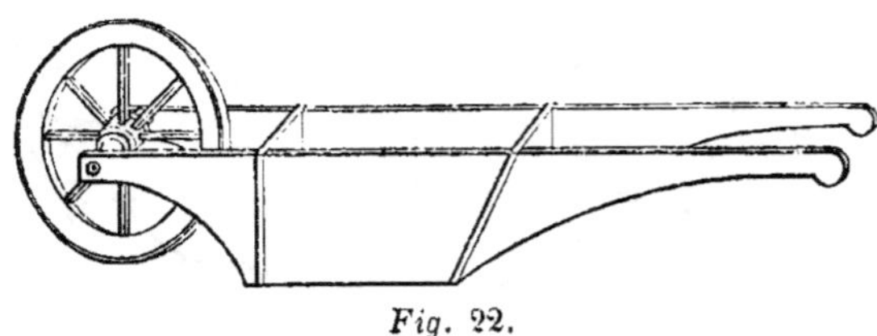

Fig. 22.

comme celle reconnue chez lui pour la plus favorable. Nous employons celle représentée (*fig.* **23, 24**), et nous

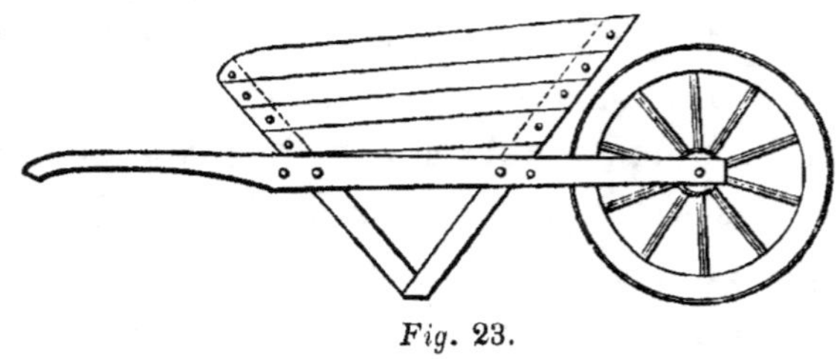

Fig. 23.

en sommes contens. Si le fardeau est trop sur la roue, celle-ci enfonce d'autant plus profondément, et si le conducteur de la brouette n'en voit pas la roue, sa marche est moins certaine.

Les brouettes destinées aux travaux des prés doivent, pour moins enfoncer, avoir une largeur de jante d'environ 0^m,15.

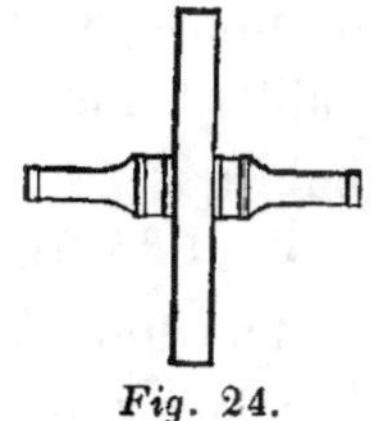

Fig. 24.

Pour les transports plus éloignés, on se sert de petites charrettes que traînent deux hommes, ou de tombereaux traînés par les animaux.

Il y a des terrains sur lesquels l'emploi du traîneau peut être avantageux.

Si l'on a à exécuter des déblais considérables à une petite distance, l'emploi de la *pelle à cheval* (*fig.* **25**) est

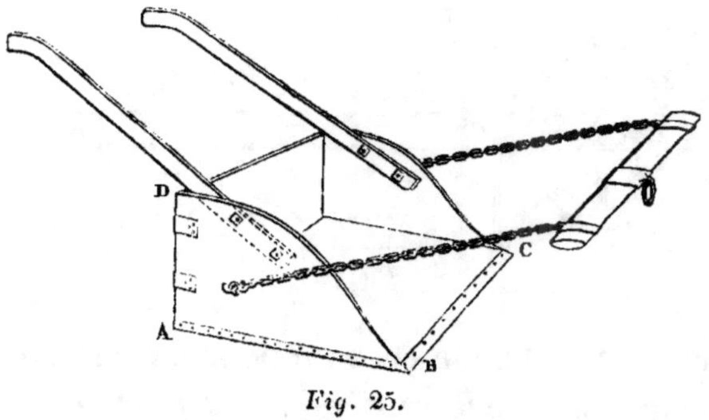

Fig. 25.

avantageux. On s'en sert après avoir préalablement ameubli le sol au moyen de la charrue.

La *fig.* 25 indique suffisamment la forme de la pelle à cheval et ses dimensions. Sa partie antérieure de *b* en *c* est garnie d'une lame de fer tranchante. On la fait entrer en terre en soulevant les mancherons, et lorsqu'elle est suffisamment remplie, on appuie sur les mancherons. On la vide en la renversant d'arrière en avant. Nous avons trouvé qu'en donnant au fond de l'instrument une légère courbure, il glisse plus facilement sur le sol.

Si la terre à transporter arrive à sa destination en la jetant deux fois avec la pelle, ce moyen est à préférer à tous les autres. Si la distance excède **30** mètres, l'emploi des animaux est toujours avantageux, pourvu que la nature du terrain le permette.

Pour exécuter des travaux considérables, on peut trouver célérité et économie dans l'emploi des machines mises en action par le tirage des animaux.

CHAPITRE II.

Du nivellement.

Avant de creuser les fossés, avant de pouvoir procéder aux déblais et remblais, il est indispensable de niveler le terrain pour tracer avec certitude le plan des travaux à exécuter. Plusieurs instrumens sont pour cela nécessaires.

Le premier est le *niveau d'eau* (*fig.* 26). Il est formé par

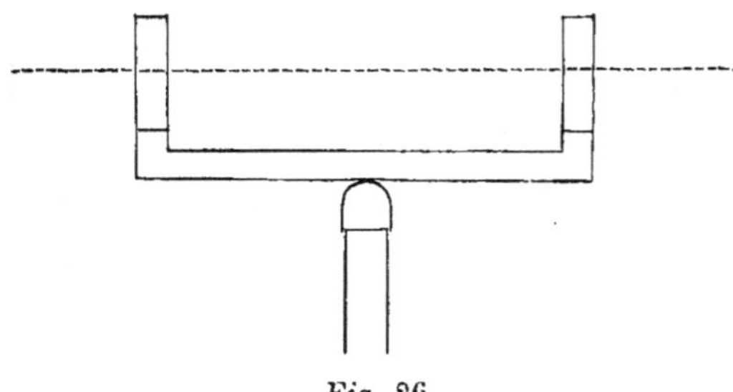

Fig. 26.

un tuyau en fer-blanc, long de 1^m,25 et d'un diamètre d'environ 0^m,05 ; aux deux extrémités ce tuyau se relève à angle droit, et il est surmonté de deux tubes en verre du même diamètre et qui s'élèvent d'environ 0^m,15.

Ce tuyau, supporté par un pied qui permet de l'élever et de l'abaisser à volonté, est rempli d'une quantité d'eau suffisante pour qu'elle s'élève jusqu'au milieu de la hauteur des verres. L'eau se met de niveau en s'élevant également des deux côtés, et les deux surfaces qu'elle présente dans les deux verres tracent une ligne parfaitement horizontale, sur laquelle on vise pour prendre le niveau du terrain.

Le *niveau à mercure* (*fig.* **27, 28**) donne des résultats plus exacts que le niveau d'eau.

Fig. 27.

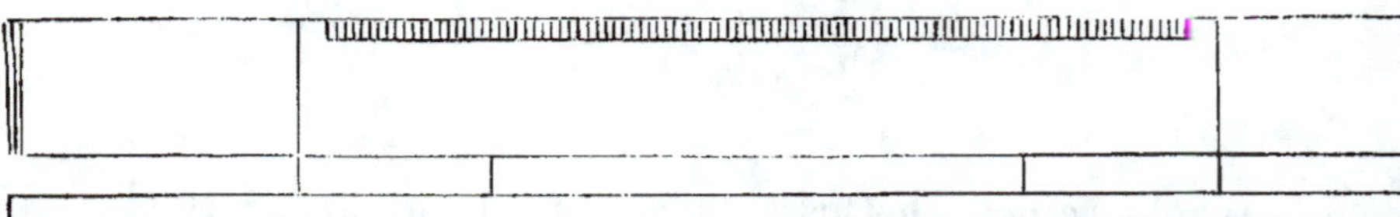

Fig. 28.

Si l'on voulait obtenir une précision rigoureuse, nous conseillerions le niveau à lunette ; mais c'est un instrument d'un prix élevé, et le niveau d'eau, d'une construction facile et peu coûteuse, suffira pour les travaux ordinaires qui peuvent se présenter dans les irrigations. Un grand inconvénient du niveau d'eau consiste dans les oscillations que le vent fait subir à l'eau dans les tubes. On y remédie en grande partie en employant des tubes rétrécis à leur partie supérieure et qui donnent ainsi moins d'entrée au vent. On diminue encore cette ouverture en y plaçant un bouchon de liége auquel on fait une ouverture qui permet l'entrée de l'air, afin que l'équilibre s'établisse. Cette disposition permet aussi de boucher facilement l'instrument, ce qui donne la facilité de le transporter sans craindre de répandre l'eau. On peut aussi alors employer de l'eau rougie avec du vin ou de toute autre manière.

La *mire* (*fig.* **29, 30**). C'est un instrument indispensable

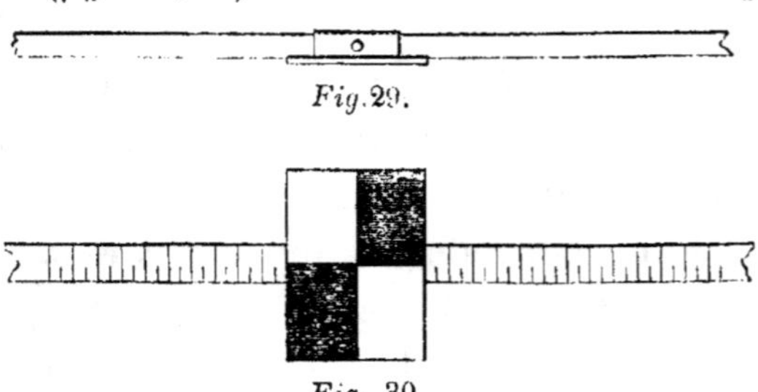

Fig. 29.

Fig. 30

pour niveler à l'aide du niveau d'eau. Il consiste en une latte longue de **3** à **4** mètres et divisée en centimètres et millimètres. A cette latte s'attache une planche carrée, mobile, qu'on arrête au moyen d'une vis ; elle est large d'environ 0^m,20 et divisée en quatre compartimens, dont deux blancs et deux noirs. C'est le milieu de la croix formée par les quatre compartimens qui donne le point de mire ou la ligne horizontale.

Pour de petits nivellemens on se sert d'un instrument beaucoup plus simple. C'est une latte surmontée d'un *aplomb* (*fig.* **31**), tel que l'emploient les maçons. Pour

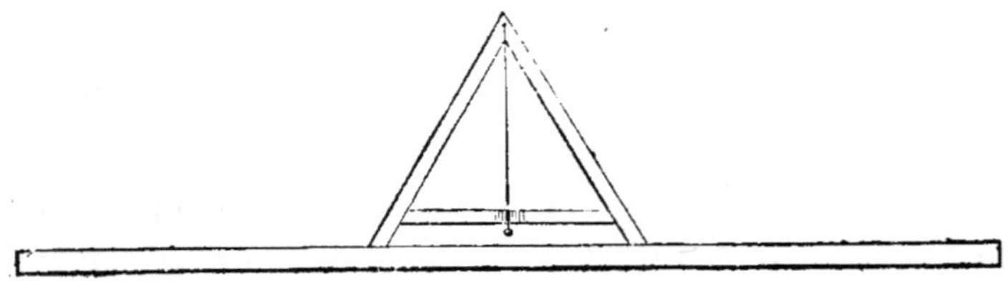

Fig. 31.

que la latte, exposée presque constamment à l'humidité, soit moins sujette à se jeter, on la fait de deux lattes parfaitement rabotées et que l'on fixe solidement l'une à l'autre par des chevilles ou des boulons noyés dans le bois, de manière que les deux n'en fassent qu'une. Sa longueur ne doit pas dépasser 3 mètres. On la fait en bois blanc pour qu'elle soit moins lourde.

On doit vérifier fréquemment l'exactitude de cette latte. Pour cela, en supposant qu'elle a été bien faite et que l'on a marqué par un trait la ligne verticale, on pose la latte de manière que ses deux extrémités appuient sur deux points unis et solides, et que le fil à plomb corresponde exactement à la ligne qui indique la verticale. Alors on la retourne; si le fil à plomb passe sur la même ligne, l'instrument est exact; s'il marque une autre ligne, c'est au point intermédiaire entre les deux lignes que se trouve la verticale.

Cette latte peut encore être disposée de manière à mesurer l'inclinaison d'une ligne. Pour cela on place l'instrument horizontalement, le fil à plomb correspondant à la ligne déjà tracée sur le bois et qui indique la verticale. On élève alors une des extrémités, en plaçant dessous un petit bloc d'une épaisseur donnée, et on marque sur le bois la nouvelle ligne qu'indique le fil à plomb.

Si la longueur de la latte est de 3 mètres, par exemple, et que la cale qu'on a placée dessous ait une épaisseur de $0^m,03$, la longueur de la latte indiquera une inclinaison de $0^m,03$ ou de 1 p. 100. On conçoit qu'on peut à volonté augmenter ou diminuer cette inclinaison et faire ainsi servir l'instrument à chercher un certain niveau ou à donner une pente voulue.

Pour viser plus facilement avec la latte, on y fixe deux pinnules en tôle ou en cuivre.

Les *voyans*, au nombre de trois (*fig.* **32, 33, 34**), sont des

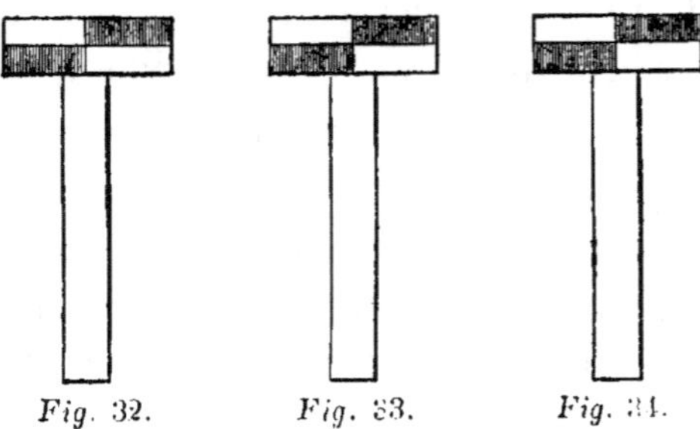

piquets hauts de **1^m,20** à **1^m,50**, et garnis à leur partie supérieure d'une planchette longue de **0^m,24** à **0^m,30** et large de **0^m,02** à **0^m,03**, divisée en quatre parties, dont deux peintes en noir et deux en blanc. Ces voyans ser. vent, des points étant donnés, à trouver un ou plusieurs autres points, qui sont sur la même ligne que les premiers, dans une direction inclinée ou horizontale. Ils doivent avoir exactement la même longueur. La hauteur indiquée, de **1^m,20** à **1^m,50**, est la plus commode pour viser d'un point à un autre.

Outre ces instrumens que nous venons de décrire, il faut encore une *chaîne d'arpenteur*, une grande *équerre*, quelques *jalons* pour tirer les lignes et indiquer les directions, des *piquets* de différentes grandeurs et grosseurs et des *cordeaux*.

Par niveler on entend l'opération au moyen de laquelle on *tire d'un point donné une ligne horizontale* que l'on marque avec des jalons ou des piquets, ou bien on détermine la mesure de l'inclinaison formée par la ligne d'un terrain avec la ligne horizontale : en d'autres termes, *on mesure la pente d'un terrain :* ou bien enfin *on détermine .* sur le terrain, *les points par lesquels passera une ligne dont l'inclinaison est donnée.*

Pour de grandes lignes, on se sert du niveau d'eau ou mieux du niveau à mercure. Pour de petites lignes, l'emploi de la latte avec le fil à plomb est plus commode.

S'il s'agit de grands travaux qui nécessitent l'établissement de canaux considérables, il sera toujours prudent de recourir à un ingénieur. Aussi nous bornerons-nous à indiquer les procédés de nivellement pour les circonstances qui peuvent se présenter dans les travaux ordinaires d'irrigation.

Si l'on veut tirer une ligne horizontale d'un point donné *a* (*fig.* 35), à un autre point *x*, on place le niveau

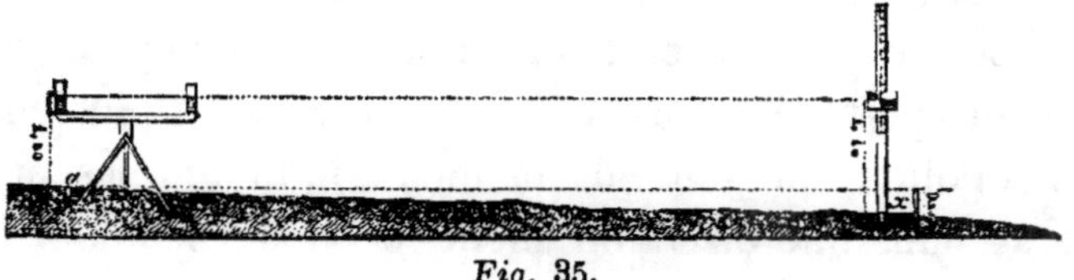

Fig. 35.

en *a* de manière à pouvoir viser commodément en *x* Un aide se rend au point *x* avec la mire, et là, d'après les signaux de celui qui vise, il l'élève ou l'abaisse, jusqu'à ce qu'elle soit exactement à la hauteur indiquée par l'eau dans les deux verres de l'instrument. On compare alors la hauteur du sol au niveau de l'eau dans l'instrument à la hauteur du sol à la mire, et la différence en plus ou en moins indique de combien le point *x* est plus haut ou plus bas que le point *a*. Si, par exemple, la hauteur de l'eau du niveau au-dessus du sol est de 1^m,20 et que la hauteur de la mire soit de 1^m,40, il s'ensuit que le point *x* est de 0^m,20 plus bas que le point *a*, et que la tête du piquet placé en *x*, et qui indique la ligne horizontale avec *a,* doit être élevée de 0^m,20 au-dessus de la surface du sol. Il est entendu que le point A est au niveau du sol. Si au contraire la mire n'indique qu'une hauteur de 1 mètre, il en résulte que le point *x* est de 0^m,20 plus élevé que *a,* et le piquet qui indique la ligne horizontale devra être enfoncé en terre de 0^m,20.

Si, sur un terrain naturellement incliné, la ligne qu'on doit déterminer a une grande longueur, il est bon de prendre un ou plusieurs points intermédiaires.

Si l'on veut donner à une ligne une pente déterminée, si, par exemple, la ligne de *a* à *x* doit avoir 0^m,30 de pente, on procède de la manière suivante. On fixe la mire au jalon qui la porte à une hauteur de 1^m,20 + 0^m,30 = 1^{m}50 (on se rappellera que le niveau d'eau indique une hauteur de 1^m,20 au-dessus du sol. L'aide se rend alors au point *x,* et celui qui vise du point *a* cherche la hauteur à laquelle doit être placée la mire. Si le point *x* est trop élevé, il faut creuser en terre; s'il est trop bas, on enfonce un piquet sur lequel on place le jalon, et on enfonce ce piquet jusqu'à ce que la planchette se trouve à la ligne horizontale indiquée par le niveau d'eau.

Si sur un sol incliné on veut trouver un point qui ait, par rapport au point *a,* la pente demandée, l'aide qui porte la planchette l'avance ou la recule, d'après les signaux de celui qui vise, jusqu'à ce qu'il ait trouvé ce point.

Si la pente de *a* en *x* est trop considérable pour que la hauteur du jalon puisse la mesurer, on divise la longueur en autant de parties qu'il est nécessaire pour les mesurer chacune séparément.

Pour viser avec l'aplomb, on enfonce à la hauteur de

la ligne demandée deux piquets, sur lesquels reposent les deux extrémités de la latte, et qui doivent donner la ligne parfaitement horizontale. L'exactitude rigoureuse étant ici d'une grande importance, on ne doit pas se ménager la peine de retourner plusieurs fois la latte pour bien s'assurer que les piquets sont parfaitement de niveau. On peut alors viser, ou par les deux pointes fixées à la latte, ou en mettant de côté la latte et visant par-dessus la tête des piquets. On procède du reste de la même manière que si on se servait du niveau d'eau. Mais ce dernier instrument, le niveau d'eau, étant construit de manière qu'il tourne sur un pivot, on peut avec lui viser dans toutes les directions. On n'a pas cette facilité avec la latte-aplomb, et il faut enfoncer un nouveau piquet chaque fois qu'on veut viser dans une nouvelle direction, ce qui occasionne une perte de temps et exige une grande patience. On peut, par un moyen facile, simplifier le travail.

Au lieu de deux piquets, on en enfonce trois, *a, b, c,* qui forment ensemble un triangle aigu, ayant la forme d'un V. Au moyen de l'aplomb, on enfonce les trois piquets exactement à la même hauteur. Quand on a la certitude qu'ils sont bien de niveau, on prend un fil, aux extrémités duquel on attache deux petites pierres, et on le tend par-dessus les piquets *b* et *c :* le piquet *a* étant le point duquel on vise. De cette manière, on peut, du point *a,* viser par-dessus le fil, sur toute sa longueur, et sans qu'il soit besoin d'enfoncer un piquet pour chaque direction. On peut se passer même de l'aplomb, si l'on a sur place de l'eau à sa disposition.

On creuse un petit fossé en forme de **T**, et on le remplit d'eau. Aux trois extrémités, on enfonce trois piquets, qui s'élèvent au-dessus de l'eau exactement à la même hauteur. Si l'opération est faite avec soin, et que les piquets soient suffisamment distans l'un de l'autre, on obtient ainsi le niveau.

Quand, par l'un ou l'autre de ces moyens, on a fixé les deux points extrêmes de la ligne horizontale, on prend, au moyen de la planchette, des points intermédiaires assez rapprochés pour pouvoir tendre le cordeau de l'un à l'autre. Il est bon de placer d'avance des piquets à chacun de ces points, pour que, quand on vise, on n'ait plus qu'à les enfoncer à la profondeur voulue. Pour déterminer la hauteur de ces piquets, trois planchettes sont nécessaires. Deux sont placées aux deux extrémités de la ligne, à la hauteur demandée. Avec la troisième, un aide va successivement d'un piquet à l'autre, et celui qui vise lui indique du geste ou de la voix s'il doit élever ou enfoncer les piquets, jusqu'à ce qu'ils soient au point convenable, c'est-à-dire jusqu'à ce qu'ils soient tous à la même hauteur, et ne présentent qu'une ligne à celui qui regarde par-dessus leurs têtes.

Il arrive fréquemment que la ligne à tracer n'est pas droite, et que les planchettes ne suffisent plus, puisque, avec leur aide, on ne peut viser qu'en ligne droite. Le fil, tendu sur deux piquets horizontaux, comme nous venons de l'indiquer tout à l'heure, peut, dans ce cas, beaucoup simplifier le travail. On peut alors viser par-dessus le fil, selon qu'il sera nécessaire, à droite ou à gauche de la ligne droite, sur chacun des points déterminés d'avance.

Malgré les précautions qu'on peut prendre, il arrive fréquemment que, pendant les travaux, les piquets sont dérangés. Il est bon d'apprendre aux ouvriers à les replacer à l'aide de la planchette. En général, on doit de temps à autre vérifier l'exactitude de ces piquets, attendu que la moindre négligence à cet égard peut entraîner de fâcheuses erreurs.

Une ligne étant une fois tracée en déterminant ses deux points extrêmes, on conçoit qu'il est facile de la prolonger autant qu'on veut au moyen de la planchette.

Nous croyons inutile d'indiquer la manière de mesurer avec la chaîne, de tracer une ligne au moyen de jalons, de faire usage de l'équerre, etc. Ces opérations sont si simples, qu'avec un peu de réflexion, ceux mêmes qui ne les auront pas encore vu pratiquer pourront cependant les exécuter.

Si l'on a à prendre le niveau sur une longue ligne, dont la pente soit telle qu'on ne puisse la mesurer par une seule opération, on opère de la manière suivante (*fig.* 36). Soit à niveler la ligne AB, ou plutôt soit

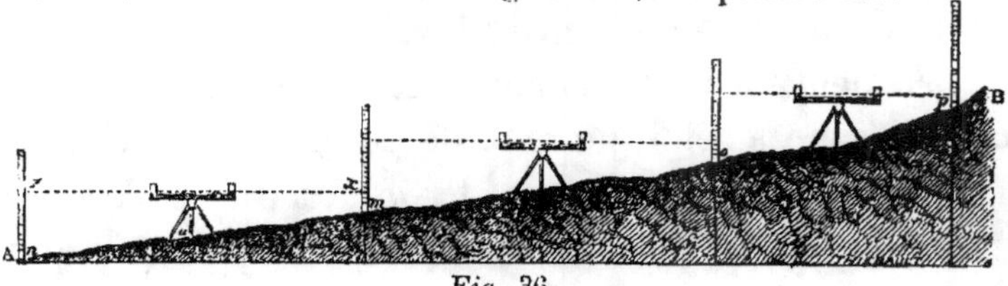

Fig. 36.

à chercher de combien le point *p* est plus élevé que le point *n*, le dernier étant beaucoup trop bas pour que de *n* on puisse, avec le niveau d'eau, viser jusqu'à *p*. Nous plaçons le niveau d'eau au point *a*, que nous choisissons de manière à pouvoir viser facilement en *n*. Nous prenons la hauteur de la planchette à ce point *n*. De là, l'aide se rend au point *m*, le niveau restant toujours à la même place, et nous y prenons également la hauteur de la planchette. Nous avons ainsi tiré une ligne horizontale

zx, et la différence des deux hauteurs en m et en n nous indique exactement de combien le point m est plus élevé que le point n. Soit, par exemple, la hauteur en n $3^m,40$, et celle en m $0^m,50$, il en résulte que m est de $2^m,90$ plus élevé que n. Si alors nous mesurons la distance de n à m, et que nous trouvions par exemple 58 mètres, il s'ensuit que la ligne a **20 p. 100** de pente (**58 : 290 :: 100 : 20**).

On mesure de la même manière les autres fractions mo, et op, de la ligne **AB**, et la somme des trois opérations donne la différence de hauteur qui existe entre les points p et n.

———◦◉◦———

CHAPITRE III.

Des digues, barrages et écluses.

§ Ier. — **Des digues et barrages.**

Les barrages sont en pierre ou en bois. Leur convenance dépend des circonstances locales. Si le ruisseau a peu de pente, et que, arrêté dans son cours, il puisse, lors des fortes eaux, remonter assez loin pour nuire aux prés situés au-dessus, alors on doit donner la préférence à une écluse qu'on peut ouvrir à volonté. Là où cet inconvénient n'est pas à craindre, et particulièrement lorsque le ruisseau a une forte pente, le barrage est à préférer à l'écluse. Le barrage est plus solide, il n'a pas besoin d'être surveillé, et, sans qu'on s'en occupe, il remplit toujours sa destination.

La hauteur du barrage est déterminée par la quantité d'eau qui doit couler dans le canal de dérivation. Si l'on demande un écoulement de $0^m,30$ d'eau, et que le fond du canal soit de niveau avec la surface de l'eau, le barrage devra être élevé de $0^m,30$ au-dessus du niveau ordinaire de l'eau. A l'ouverture du canal de dérivation, il doit y avoir une écluse. Si l'on veut arroser, l'écluse est ouverte, et l'eau entre dans le canal; si au contraire on ne veut pas d'eau sur le pré, l'écluse reste fermée, et l'eau s'écoule par-dessus le barrage.

Les barrages ne devant, comme nous l'avons dit, être construits que dans les cours d'eau rapides, il est nécessaire qu'ils soient construits avec une grande solidité. Quoique pour des constructions importantes il soit bon d'avoir recours à un homme de l'art, nous donnerons cependant quelques indications qui pourront aider dans l'exécution de travaux moins considérables.

Pour établir un barrage en pierre, on construit d'abord, en travers du cours du ruisseau, deux murs parallèles, distans l'un de l'autre d'environ $0^m,30$, et qu'on élève jusqu'à $0^m,33$ au-dessous de la hauteur que doit avoir le barrage.

L'intervalle entre les deux murs est rempli avec de l'argile et du sable fortement damés, puis ils sont unis ensemble par une maçonnerie continuée jusqu'à la hauteur totale que doivent avoir les deux murs, qui alors n'en font plus qu'un. On assure encore leur solidité en les faisant entrer des deux côtés dans les terres qui forment l'encaissement du ruisseau. De ces murs s'étendent en amont et en aval du ruisseau, deux plans in-

clinés qui doivent s'étendre d'autant plus loin que le
barrage a plus de hauteur et que le cours d'eau est plus
rapide.

En amont, une pente de 1 pied est ordinairement suffisante, tandis qu'il en faut une de **2** ou de **3** pieds en
aval. Pour expliquer ceci, nous sommes obligés de conserver l'expression pied, qui ne signifie pas ici une mesure réelle de 1 pied.

Par inclinaison de 1 pied, on entend celle dont la longueur, mesurée au fond du ruisseau, est égale à la hauteur du barrage. Si la longueur est de deux fois ou trois
fois la hauteur du barrage, on dit une inclinaison de **2**
ou de **3** pieds, etc. Si, par exemple, le barrage a une
hauteur de **4** pieds et que le talus doive avoir une inclinaison de **3** pieds, on aura $3 \times 4 = 12$ pieds. Le talus
devra s'étendre à une longueur de **12** pieds, mesurée sur
le fond du ruisseau. Le talus en amont consolide le barrage contre les efforts de l'eau, dont il facilite le passage;
en aval, il prévient une chute rapide qui aurait pour
effet de miner les constructions.

Patzig conseille de donner au talus la forme d'un cy-
cloïde, ou d'une ligne courbe, dont l'extrémité se perd
insensiblement dans le lit du ruisseau (*fig.* 37). Schenk,
au contraire, rejette cette forme et recommande la ligne
droite (*fig.* 38). Les talus sont recouverts de grandes

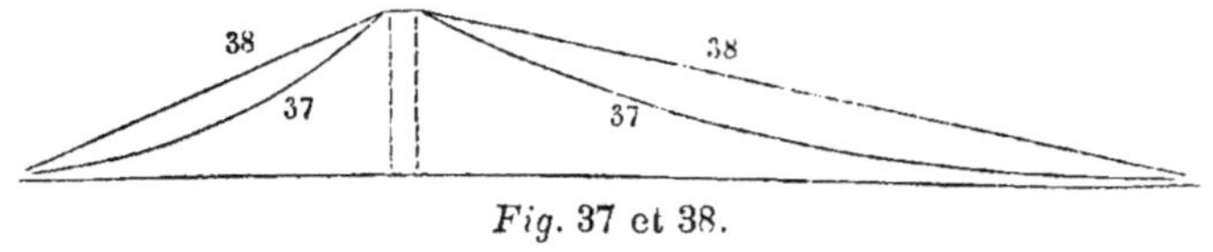

Fig. 37 et 38.

pierres, exactement jointes, et unies avec du mortier
hydraulique, de manière à former une masse compacte

que les eaux ne puissent entamer. Les rives du ruisseau doivent être revêtues, aussi loin que s'étendent les talus, de murailles solides : en amont elles doivent s'élever jusqu'à la hauteur du sol; en aval elles s'abaissent graduellement comme le talus.

Les *fig.* 39, 40, 41, donnent la coupe, le plan et la vue par devant d'un barrage en pierre.

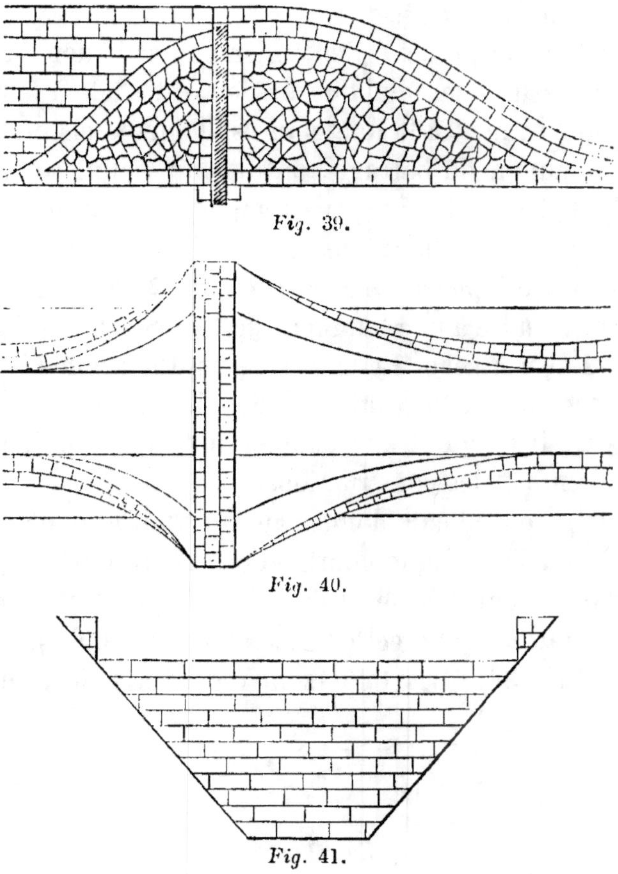

Fig. 39.

Fig. 40.

Fig. 41.

Pour un barrage en bois, il faut d'abord placer au fond et en travers du ruisseau une solive qui, autant

que possible, doit reposer sur des pilotis auxquels elle est solidement fixée. Sur cette solive s'élèvent plusieurs poteaux soutenant une autre solive qui donne la hauteur du barrage. En aval et en amont, on garnit de pilotis les côtés du ruisseau et les points où doivent se terminer les plans inclinés.

Tous ces pilotis supportent des solives, comme l'indique le plan *fig.* 42. On place ensuite des deux côtés, en arcs-boutans, des pièces de bois qui donnent la forme des talus. Le tout forme la carcasse du barrage. On la remplit d'un mélange d'argile, de sable et de pierres, que l'on tasse le mieux possible en le damant, puis on recouvre avec des madriers de 0^m,10 à 0^m,15 d'épaisseur.

On fera bien, pour prévenir le minage par l'eau, d'enfoncer les constructions de 1 à 2 mètres dans les bords du ruisseau, et ces bords doivent être revêtus de madriers solidement fixés.

Là où finissent les talus, on garnit le fond du lit du ruisseau de grosses pierres non taillées, qui brisent la chute de l'eau et l'empêchent de creuser. Les *fig.* 42, 43, 44, 45 donnent les dessins d'un barrage en bois.

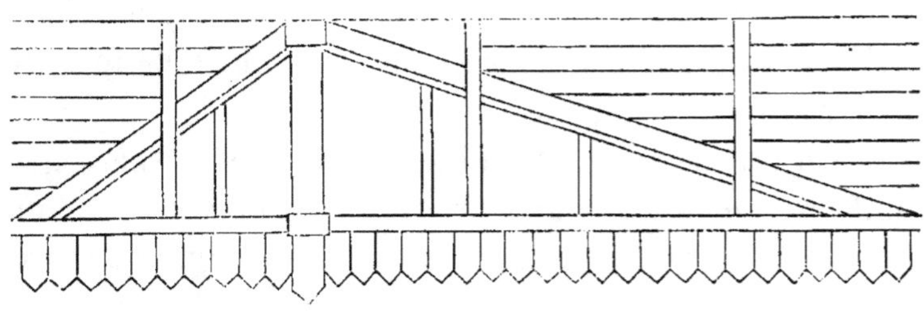

Fig. 42.

Pour les deux sortes de constructions que nous ve-

nons de décrire, en pierre ou en bois, il faut l'aide,
sinon d'un homme de l'art pour diriger les travaux, du

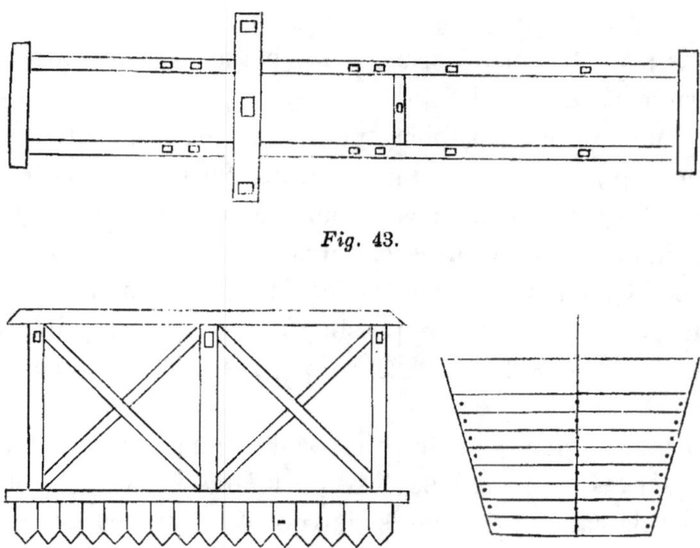

Fig. 43.

Fig. 44.   Fig. 45.

moins de maçons et de charpentiers pour les exécuter. On peut encore construire, dans un faible cours
d'eau, des barrages qui ne demandent que des piquets
et des branchages, et que chaque cultivateur est en
état d'exécuter. Nous ne croyons pouvoir mieux faire
que d'emprunter à Patzig la description de cette sorte
de barrage.

« On creuse le lit du ruisseau sur tout l'espace que
doit occuper le barrage à 0^m,33 de profondeur. Au point
le plus élevé du barrage on enfonce deux lignes de forts
piquets, autant que possible en bois de chêne. Ces piquets doivent être enfoncés de 2 à 2^m,50, et distans l'un
de l'autre de 0^m,33. Ils doivent non-seulement occuper

toute la largeur du ruisseau, mais encore s'avancer de 1 à 2 mètres dans le sol des bords, et ils s'élèvent hors de terre à la hauteur que doit avoir le barrage. Aux deux points en amont et en aval, où doivent se terminer les talus, on enfonce, toujours en travers du ruisseau, deux lignes de piquets dont les têtes doivent être à la hauteur du fond du lit. De ces dernières lignes de piquets aux premières qui ont été enfoncées, on tend de chaque côté un cordeau qui donne l'inclinaison du talus. Alors, toujours en travers du lit et à environ $0^m,33$ de distance l'une de l'autre, on enfonce de nouvelles lignes de piquets, qui s'élèvent jusqu'au cordeau. Si quelques piquets ne peuvent être enfoncés à la profondeur voulue, on les coupe ensuite à la scie. Après que tous les piquets sont enfoncés, on les unit les uns aux autres, en long et en travers, par un clayonnage de branches de saule ou de sapin. A mesure qu'on fait les clayonnages, on en remplit les intervalles avec de la terre, et on consolide le tout en damant fortement. Lorsqu'on a atteint la hauteur voulue, et que les talus sont ainsi formés, on couvre toute la surface de gazons que l'on fixe avec des branches de $0^m,60$ de longueur. On emploie autant que possible non des carrés, mais des bandes de gazon. Plus tard nous expliquerons comment s'obtiennent ces bandes. Les parois du lit du ruisseau sont fortement damées et revêtues d'un mur perpendiculaire en gazon. Si l'on peut laisser reposer tout l'ouvrage pendant deux à trois semaines avant d'y faire passer l'eau, sa solidité sera d'autant plus assurée. Ces digues n'ont pas la durée de celles en pierre ou en bois, mais elles sont faciles à établir, elles coûtent peu, et elles remplissent parfaitement leur destination. »

Pour rendre plus intelligible la description de ce barrage, nous en donnons le dessin (*fig.* 46, 47, 48).

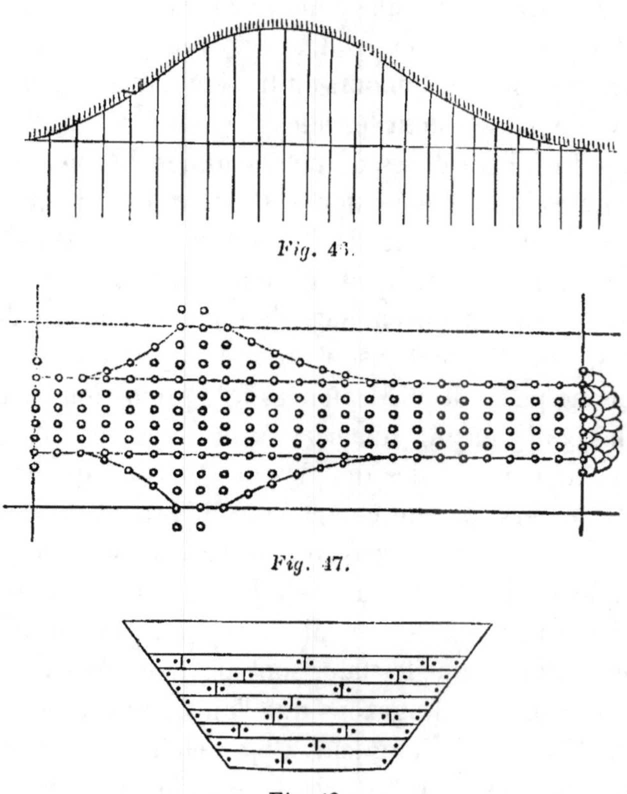

Fig. 46.

Fig. 47.

Fig. 48.

Les *fig.* 49, 50 donnent le dessin d'une digue pour un faible cours d'eau, afin d'amener l'eau dans un canal de dérivation, etc.

La construction repose sur une pièce de bois, *a*, de 0^m,15 à 0^m,20 d'équarrissage, placée horizontalement; en travers du cours d'eau *b*, *b*, sont deux poteaux placés obliquement sur la première pièce de bois, et soutenus par deux montans perpendiculaires, *f*, *f*.

En amont, on pratique sur la longueur des poteaux,
b, b, des entailles dans lesquelles on peut faire monter

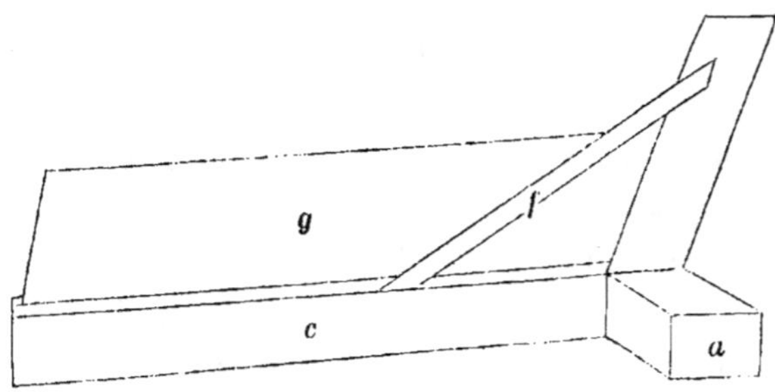

Fig. 49.

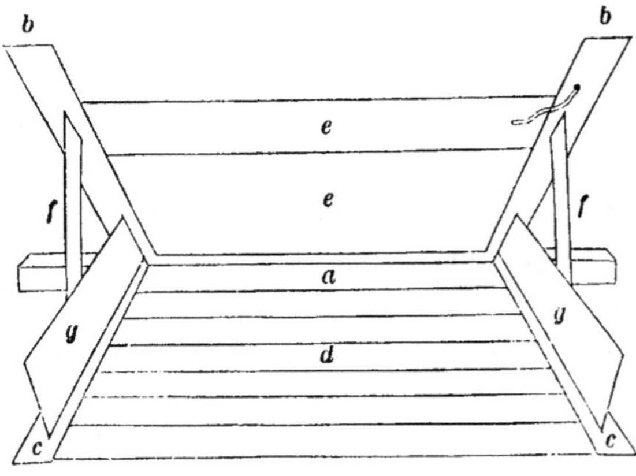

Fig. 50.

et descendre à volonté deux ou trois planches servant
d'écluse. Ces planches sont retenues par de petites
chaînes.

En aval, le fond, *d,* et les parois, *g, g,* du cours d'eau
sont garnis de planches destinées à empêcher l'eau d'entraîner les terres.

Une construction semblable s'ajoute quelquefois aux
digues en pierre ou en bois, afin de pouvoir élever l'eau

plus haut qu'on ne le pourrait par la digue seule. Dans ce dernier cas, deux poteaux, avec les planches nécessaires, peuvent suffire. Souvent aussi on ajoute aux digues de petites écluses, que l'on ouvre de temps à autre pour écouler la vase.

Quelquefois, sur les barrages en pierres ou en bois, on établit un appareil, tel que nous venons de le décrire, pour pouvoir élever l'eau plus haut qu'elle ne le serait par le barrage seul. Mais, pour cela, il suffit de deux poteaux avec les planches nécessaires.

§ II. — Des écluses.

Les écluses sont des constructions analogues à celle que nous venons de décrire (*fig.* 49, 50). Il y a seulement cette différence qu'elles doivent être construites avec plus de solidité, selon la force du cours d'eau et que les pales se lèvent par un rouleau en bois, sur lequel s'enroulent les chaînes. Si l'on veut éviter l'emploi des chaînes qui, parfois, sont exposées à être volées, on peut garnir chaque vanne d'une queue qui traverse le chapeau du vannage. Cette queue est percée de trous (*fig.* 51, 52, 53, 54).

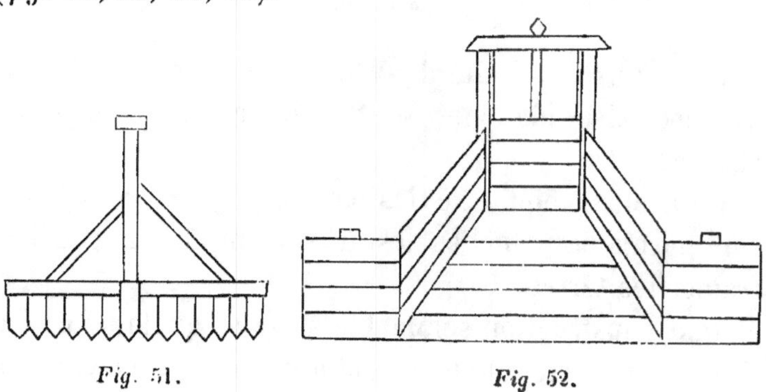

Fig. 51.   Fig. 52.

Les *fig.* 55, 56, 57, donnent le dessin d'une écluse :
nous ne croyons pas nécessaire d'en donner la descrip-

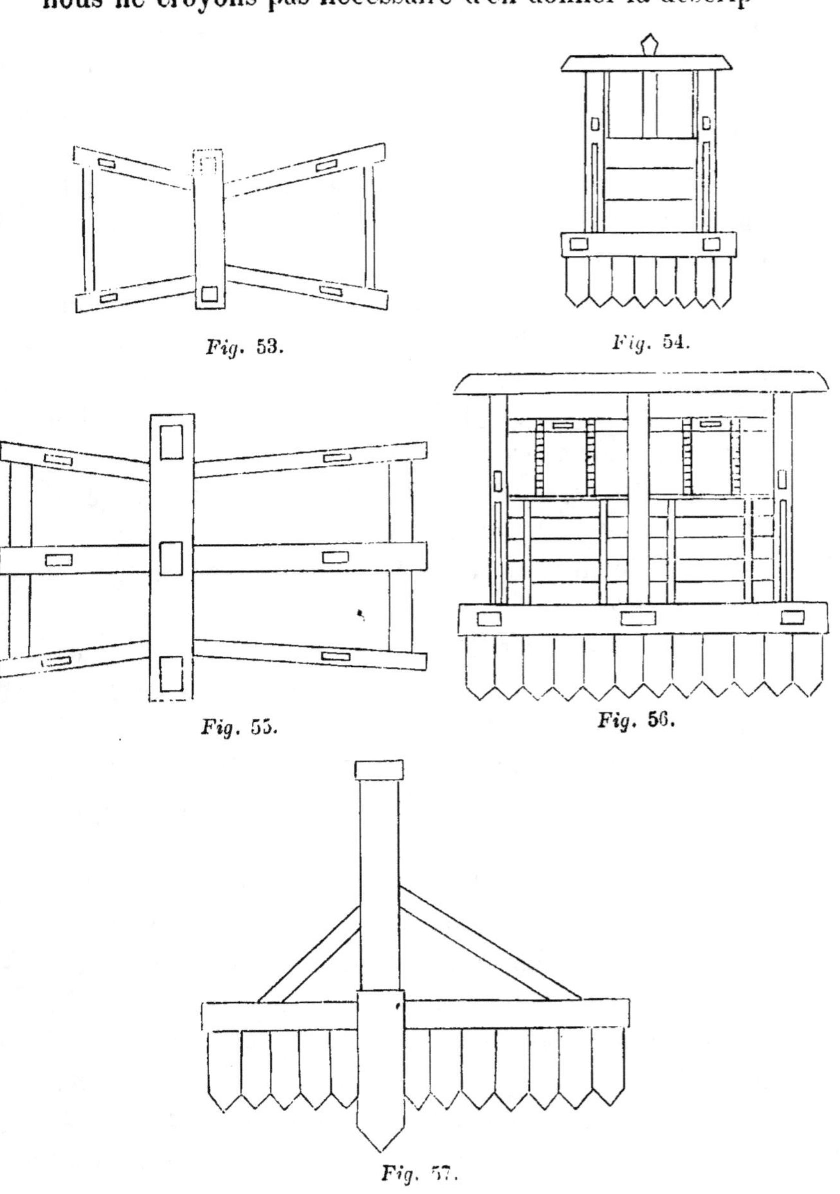

Fig. 53.

Fig. 54.

Fig. 55.

Fig. 56.

Fig. 57.

tion. Nous ferons seulement observer que les pales ne doivent pas avoir plus de 1^m,50 à 2 mètres de largeur. Avec une largeur plus considérable, elles seraient trop difficiles à mouvoir, ou même elles ne résisteraient pas à la pression de l'eau, à moins d'une très grande solidité.

Pour les personnes auxquelles la connaissance exacte de cette pression de l'eau offrira de l'intérêt, voici la manière de la calculer.

La pression latérale, exprimée en kilogrammes, que l'eau exerce sur une paroi verticale, se trouve en multipliant la surface plongée de l'écluse, exprimée en décimètres carrés, par la profondeur du centre de pression mesuré en décimètres.

Une écluse a, par exemple, 20 décimètres de largeur, et elle est plongée de 12 décimètres; sa surface sera, par conséquent, $12 \times 20 = 240$ décimètres carrés. La profondeur du centre de pression est la moitié de la hauteur de la surface plongée; ici, la moitié de 12 décimètres $= 6$ décimètres; le poids ou la pression exercée sera donc $240 \times 6 = 1440$ kilogrammes.

Les travaux d'irrigation doivent toujours être établis avec la plus grande simplicité et aux moindres frais possibles.

Pour lever les petites écluses, l'irrigateur se sert ordinairement de sa pioche, pour les grandes il faut des chaînes qui s'enroulent sur un cylindre en bois fixé au haut de l'écluse. On peut suppléer à cet appareil, déjà compliqué et coûteux, par une disposition indiquée par Zeller et que représente la *fig.* 58. Cette figure n'a pas besoin d'explications; le même levier *a*, arrêté par une cheville en fer dans le poteau *b*, sert à toutes les écluses. Il agit sur une cheville mobile qu'on place dans un des trous de la queue de la vanne.

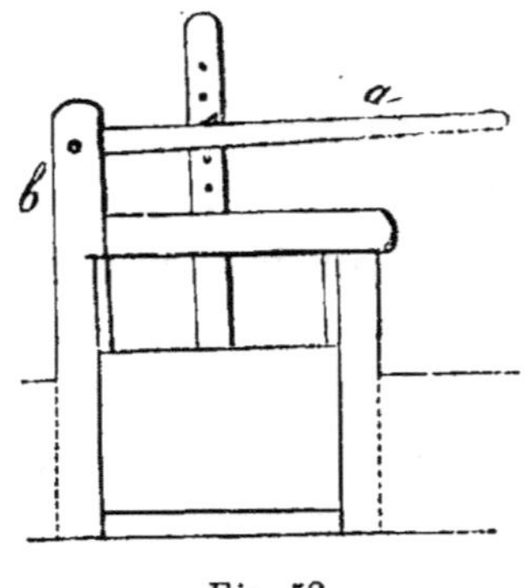

Fig. 58.

Dans les fossés de peu de largeur, au lieu de petites écluses, dont la construction est toujours coûteuse, Schwerz conseille l'usage de planches trouées. Ce sont des planches d'environ 0^m,05 d'épaisseur, et d'une longueur et largeur telles qu'elles barrent exactement le fossé, et entrent encore de quelques centimètres dans les parois et dans le fond du fossé. On les enfonce de manière qu'elles arrêtent exactement l'eau. Dans chacune de ces planches on a percé un trou rond de 0^m,10 à 0^m,15 de diamètre, et que l'on peut boucher avec un bondon. On peut ainsi à volonté arrêter ou laisser couler l'eau.

La *figure* 59 représente la planche, et la *figure* 60

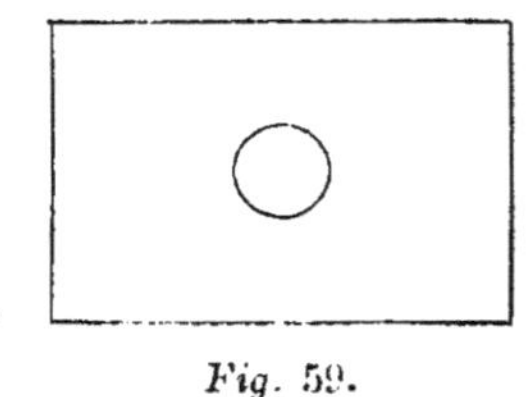

Fig. 59.

Fig. 60.

6

le bondon. Il est à remarquer que, pour fermer, on doit enfoncer le bondon dans la direction du courant, et non pas contre ce courant.

Pour arrêter l'eau dans de petites rigoles, ou pour fermer l'entrée des rigoles d'irrigation, on a d'autres planches proportionnées à la largeur des rigoles. Elles ont plus de solidité si on les enfonce, non en travers, mais dans le sens de la longueur des fibres du bois.

On les amincit de manière à les rendre tranchantes sur les trois côtés qui doivent entrer dans les parois et le fond de la rigole, et on leur en facilite l'entrée en donnant d'abord un coup de bêche dans le gazon. La partie supérieure de la planche est percée d'un trou assez grand pour y passer le manche de la bêche, de manière qu'on peut se servir des deux mains pour lever la planche (*fig.* 61).

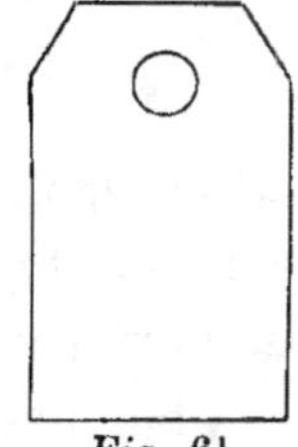

Fig 61.

§ III. — Des aqueducs.

Il arrive fréquemment, dans les irrigations, qu'on doit faire passer l'eau au-dessus ou au-dessous d'un autre cours d'eau. Dans le premier cas (*fig.* 62), l'aqueduc

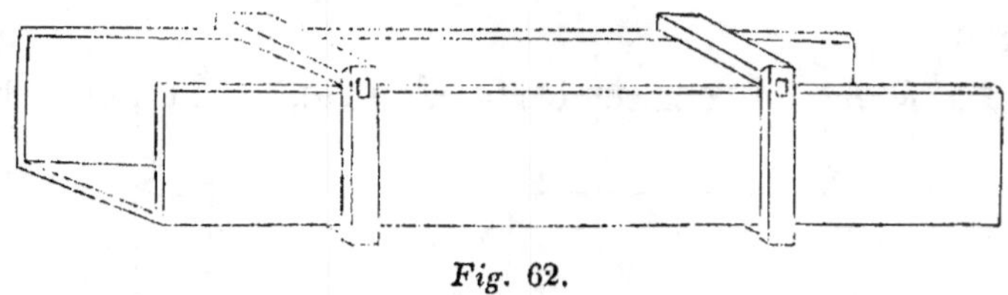

Fig. 62.

consiste en un conduit formé de madriers solidement assemblés; dans le second cas, si la quantité d'eau est peu considérable, on peut se servir d'un conduit en bois.

foré, et, pour plus d'eau, d'un conduit formé de quatre madriers. Si les pierres et la maçonnerie ne sont pas chères, une construction en pierres sera moins coûteuse et plus durable qu'en bois.

———◦❂◦———

CHAPITRE IV.

Manière de procéder à la confection des rigoles et fossés.

Creuser une rigole ou un fossé est l'un des travaux qui se présentent le plus fréquemment dans les irrigations. Quoique une habileté particulière ne soit pas pour cela nécessaire, il y a cependant bien des détails d'exécution que ceux qui manquent encore d'expérience pourront nous savoir gré de leur avoir fait connaître.

§ Ier. — Rigoles peu profondes dans un terrain uni.

Les rigoles peu profondes ont leurs parois verticales, tandis que les autres les ont inclinées, formant un angle obtus avec le fond de la rigole ou du fossé. On a imaginé des charrues pour tracer les rigoles dans des travaux considérables d'irrigation; mais il y a peu de cas où elles puissent être employées avec avantage, et la bêche et le cordeau seront toujours le plus ordinairement employés.

On trace d'abord la direction de la rigole de la manière que nous avons indiquée à l'article des nivelle-

6.

mens. On marque par des piquets tous les points où la rigole s'écarte de la ligne droite, et entre ces points, on enfonce encore d'autres piquets suffisamment rapprochés pour pouvoir tendre le cordeau de l'un à l'autre. Le cordeau étant tendu, on coupe avec la bêche d'abord un côté, puis l'autre côté de la rigole. Si la profondeur n'excède pas 0^m,30, les parois peuvent être verticales; au-delà de cette profondeur, elles doivent être obliques, et le fossé plus large à sa partie supérieure qu'au fond. Lorsqu'un sol est peu consistant, on se sert de la bêche (*fig. 2*), page 50, ou bien de la bêche ronde (*fig. 10*), qui, par sa forme, pénètre facilement dans le sol, et avec laquelle un ouvrier habile avance rapidement la besogne.

Si la rigole n'a pas plus de 0^m,10 de profondeur, on peut très bien se servir du croissant (*fig. 16*) pour tailler les parois. Si l'ouvrier a la main sûre et exercée, les parois seront aussi droites et unies que si elles étaient taillées à la bêche. Les deux parois étant taillées, la bande de gazon est divisée avec le croissant en morceaux longs d'environ 0^m,30, que l'on détache et que l'on enlève avec la pelle (*fig. 9*), pour les mettre de côté.

§ II. — Fossés profonds dans un terrain uni.

Ici, une inclinaison des parois est nécessaire, et elle doit être d'autant plus forte que le sol a moins de consistance et que le cours d'eau doit être plus rapide.

La pente des parois d'un fossé, ou des côtés d'une digue, se nomme *talus*. Cette pente, ou inclinaison, doit être d'autant plus forte que le sol a moins de consistance. Les constructeurs de prés allemands, ont adopté, pour s'entendre sur l'inclinaison du talus, une mesure conventionnelle, ils disent un talus de **1**, de **2**, de **3** pieds, ce que nous pensons pouvoir traduire en français par talus à base simple, double, triple.

Soit (*fig.* **63**) *a*, *b*, *c*, *d*, un fossé ; *c*, *d*, est la base, ou la largeur au fond, *a*, *b*, est la largeur en haut. *a*, *c*, *b*, *d*, sont les parois. Les lignes *a*, *x*, et *y*, *b*, égales à *s*, *c*, et *d*, *e*, se nomment la base du talus. Si l'on suppose re-

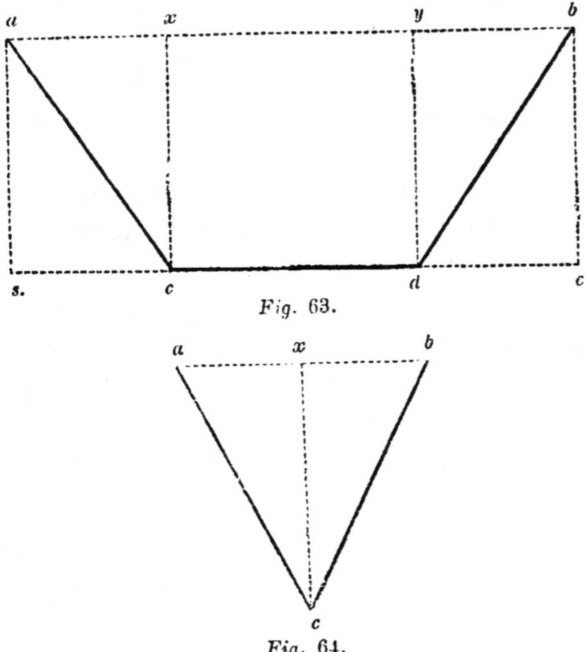

Fig. 63.

Fig. 64.

tranché de la figure **63** le carré *x*, *c*, *d*, *y*, les deux talus rapprochés formeront un triangle (*fig.* **64**) dont la ligne supérieure *a*, *b*, est la base. Un talus à base simple est celui dont la base, ou la ligne *a*, *b*, est égale à la hauteur du triangle, ou ce qui est la même chose, à la profondeur du fossé. Il est à base double, si la base *a*, *b*, est deux fois aussi grande que la hauteur x, c ; à base triple, si elle est trois fois aussi grande.

Dans la construction d'un canal, il est souvent nécessaire d'en calculer toutes les dimensions et la largeur du haut a b, *fig.* 63, peut seule être indiquée sur le sol. L'inclinaison des parois et la profondeur étant déterminées, un calcul fort simple fera trouver la largeur du haut. Soit, par exemple, la profondeur $0^m,75$, la largeur du fond $1^m,25$, et le talus demandé à base double ; la base (a, x, y, b, *fig.* 63) du talus est $2 \times 0,75 = 150$. Si nous y ajoutons la largeur du fond (c, d, $= x$, y) $1^m,25$, nous avons $2^m,75$ qui donne la largeur du fossé à sa partie supérieure.

Pour trouver quel est le talus d'un fossé déjà terminé, on mesure la largeur en haut, la profondeur et la largeur au fond. De la largeur en haut, on retranche la largeur au fond, on divise le reste par la profondeur et le quotient donne le talus. Prenons l'exemple précédent : la largeur en haut $= 2^m,75$, au fond $1^m,25$, la profondeur $0^m,75$, $2^m,75 - 1^m,25 = 1^m,50$; ce reste, divisé par $0^m,75$, donne 2 pour facteur, c'est-à-dire que le talus est à base double.

Cette règle pour les fossés est facile à appliquer aux digues, la digue n'étant autre chose qu'un fossé renversé et en relief.

Pour que dans un fossé d'une profondeur un peu considérable l'inclinaison des parois soit régulière, on doit d'abord creuser le fossé en ne lui donnant pas plus de largeur en haut qu'en bas, et de manière que ses parois soient verticales. Lorsqu'il est creusé ainsi, on tend de nouveau le cordeau, et on donne aux parois l'inclinaison voulue. Pour les fossés profonds, on fait bien de donner d'abord l'inclinaison sur de petites parties à 3 ou 4 mètres de distance. Ces parcelles serviront de norme aux ouvriers pour le reste.

Lorsque plusieurs ouvriers travaillent en même temps à tailler les parois, on peut voir si tous observent la même inclinaison en se plaçant à quelque distance d'eux, sur la même ligne où ils travaillent. Si de là on observe que les manches des bêches n'ont pas la même inclinaison, on peut en conclure qu'il n'y a pas de régularité dans le travail, attendu que l'angle de l'inclinaison de la paroi est nécessairement le résultat de l'inclinaison de la bêche.

C'est une chose qu'on doit faire comprendre aux ouvriers, et à laquelle doit être attentif celui qui surveille les travaux.

La terre qui glisse dans le fossé dont on enlève les parois ne doit pas en être immédiatement sortie par le même ouvrier. Il y aurait perte de temps. On attend que le travail des parois soit terminé, puis un ouvrier spécial est chargé de nettoyer le fossé et d'en sortir toute la terre qui y est retombée. Il exécute ce travail non avec la bêche, mais avec la pelle.

Si pour les fossés, creusés dans un sol compacte et qui ont peu de pente, une forte inclinaison des parois n'est pas nécessaire, elle est d'autant plus indispensable pour les rives des ruisseaux.

Si le sous-sol le permet, le gazon doit être enlevé à une distance de 3, 6, jusqu'à 9 mètres, selon la hauteur des rives. On donne alors au sol, en enlevant la terre qui se trouve de trop, une pente régulière, et on l'abaisse aux bords du ruisseau jusqu'au point où vient l'eau lorsqu'elle est le plus basse. On rapporte alors le gazon et on le replace en commençant par le bas, et s'il est possible dans le lit même du ruisseau. On continue ainsi en remontant aussi loin qu'on peut arriver avec le gazon.

Lorsque les eaux du ruisseau s'élèvent, elles trouvent de l'espace pour s'étendre et elles coulent sur une surface gazonnée sans pouvoir creuser ni causer de dégâts.

Il y a des ruisseaux très faibles, pendant une grande partie de l'année, qui en été suffisent à peine à alimenter une rigole d'irrigation, tandis qu'à certaines époques ils gonflent et deviennent des torrens qui exigent un large lit, et font ainsi perdre une bonne partie de la vallée.

Dans ce cas, on peut gagner une grande étendue de terrain en abaissant les rives, et surtout si, renonçant à l'ancien lit du ruisseau, on lui en prépare un nouveau. On ne doit pas s'inquiéter des moyens de combler l'ancien lit, le nouveau fournira pour cela les matériaux suffisans.

Ce nouveau lit aura la forme indiquée *fig.* 65. *a* re-

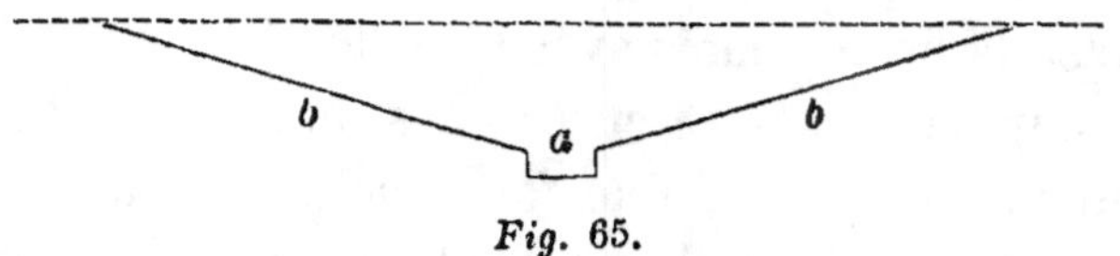

Fig. 65.

présente le fossé plat, qui présente l'espace suffisant au cours d'eau ordinaire. *b, b* représentent l'inclinaison des rives, entre lesquelles les plus fortes eaux peuvent s'écouler, et qui cependant peuvent être fauchées et donneront plus d'herbe qu'aucune autre partie du pré.

Hors ce cas exceptionnel, l'inclinaison de 45 degrés

est la plus forte qu'on puisse adopter, surtout pour les canaux où le courant est rapide.

Lorsqu'on a déterminé la largeur du fond du canal et qu'on a mesuré la profondeur qu'il doit avoir, par un nivellement ou tout autrement, la largeur à la surface du sol s'obtient facilement, dès qu'on a fixé le rapport qui existe entre ce qu'on appelle la base a, b, et la hauteur b, c du talus a, c (*fig.* 66).

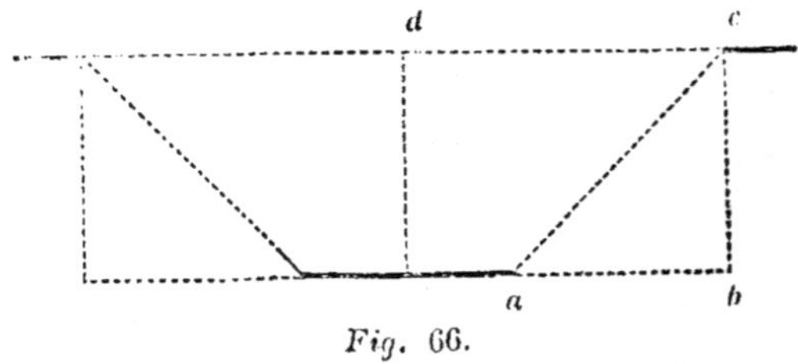

Fig. 66.

Pour une inclinaison de 45 degrés la base a, b, est égale à la hauteur b, c.

Si l'on veut un talus moins incliné, on fera la base de 1 1/4, 1 1/2, 1 3/4, ou enfin **2** fois la hauteur.

Si par exemple on prend le rapport de **1 à 1 1/2**, que la profondeur du canal soit de **40** centimètres, que la largeur au fond soit de **50** centimètres. La base a, b, du talus sera **40 × 1 1/2 = 60** centimètres, et la demi-largeur c, d, du canal à la surface du sol sera de ces 60 centimètres augmentés de la demi-largeur au fond, soit par conséquent de **85** centimètres.

§ III. — Fossés dans un terrain à surface inégale.

Nous avons vu dans le paragraphe précédent que la largeur d'un fossé à sa partie supérieure est déterminée par sa profondeur, et que cette largeur est plus ou moins grande, selon que le fossé est plus ou moins profond. Si la surface du terrain est inégale, la largeur du fossé doit être tantôt plus, tantôt moins grande, pour que les parois conservent la même inclinaison. L'ouvrier qui manque d'expérience aura de la peine à conserver cette régularité d'inclinaison; nous allons indiquer la manière dont on doit procéder pour l'obtenir.

Nous supposons un fossé (*fig.* 67), d'une profondeur

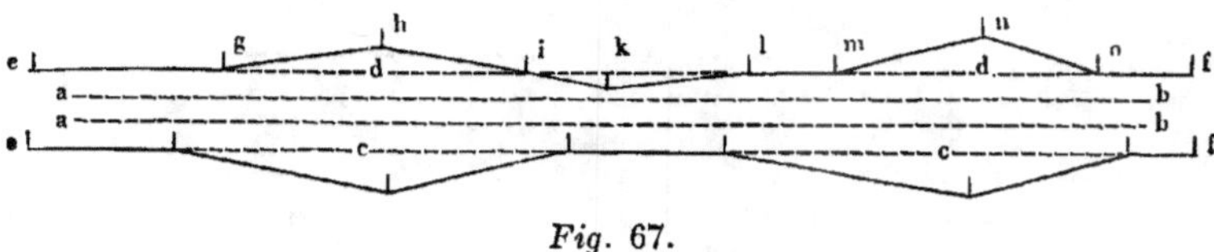

Fig. 67.

de 0^m,90, large au fond de 0^m,60, et dont les parois doivent être inclinées à 45 degrés. D'après ce que nous avons dit précédemment, on fait le calcul suivant : $2 \times 0^m,90 + 0^m,60 = 2^m,40$. La largeur normale du fossé à sa partie supérieure sera donc 2^m,40. On creuse d'abord le fossé verticalement, en lui donnant en haut la même largeur qu'au fond. Dans les endroits où le terrain est uni, où par conséquent le fossé a 0^m,90 de profondeur, il reste de chaque côté une largeur de 0^m,90 pour l'inclinaison des parois. Si on tend le cordeau à cette distance du bord du fossé *a b* en ligne droite de *e* en *f*, et si on travaille selon la direction de ce cordeau, le fossé aura partout la même largeur, mais l'inclinaison des parois sera tout à fait irrégulière.

Pour prévenir ce défaut, on prend un piquet égal en longueur à la profondeur normale du fossé. Ce piquet à la main, on parcourt le fossé, mesurant d'espace en espace la hauteur de ses parois (on n'oubliera pas que les parois sont encore verticales). Là où la paroi est plus élevée, on recule d'autant le cordeau; là au contraire où elle est moins élevée, on le rapproche d'autant.

L'examen de la *fig.* 67 fera mieux comprendre l'explication.

Nous laissons d'abord le cordeau tendu en ligne droite, et nous marquons par de petits piquets les points où il doit être éloigné ou rapproché. Nous mesurons ensuite et nous trouvons de *e* en *g* hauteur normale; mais comme le sol commence à s'élever en *g,* nous enfonçons là un petit piquet contre le cordeau.

En *h,* le sol s'élève de $0^m,16$ au-dessus de la hauteur normale, nous enfonçons un autre petit piquet éloigné de $0^m,16$ du cordeau tendu en ligne droite.

En *j,* nous retrouvons la hauteur normale et nous y enfonçons un autre piquet.

En *k,* nous trouvons $0^m,16$ au-dessous de la hauteur normale, et nous enfonçons un piquet à $0^m,16$ du cordeau en dedans du côté du fossé.

En *l,* de nouveau la hauteur normale et un piquet contre le cordeau.

En *m,* la hauteur normale cesse, ainsi un nouveau piquet.

En *n,* nous trouverons $0^m,16$ de plus, et nous enfonçons un piquet à $0^m,16$ au-delà du cordeau.

En *o,* la hauteur s'est abaissée, et nous marquons encore ce point par un piquet contre le cordeau.

De ce point la hauteur normale continue jusque en *f.*

Cela fait, nous accrochons le cordeau à chaque piquet, tantôt en dedans, tantôt en dehors, et il trace la ligne anguleuse *ef.*

Nous marquons cette ligne avec la bêche, et nous

transportons le cordeau de l'autre côté du fossé pour y faire la même opération dans la direction *ab*.

Le travail étant ainsi préparé, si les ouvriers s'y prennent bien, il en résultera une inclinaison régulière des parois pour tout le fossé.

Si l'on voulait donner aux parois une plus forte inclinaison, les piquets devraient être moins éloignés du cordeau. Pour obtenir une inclinaison de $2^m,20$ à $2^m,30$, une élévation de $0^m,32$ au-dessus de la hauteur normale nécessiterait seulement $0^m,16$ de plus de largeur au fossé, et ainsi de suite.

CHAPITRE V.

Des fossés et rigoles nécessaires pour l'irrigation.

Selon leur destination, on donne différens noms aux fossés nécessaires pour l'irrigation. On a :
1. Canal de dérivation.
2. Canal de répartition.
3. Rigoles d'introduction.
4. Rigoles d'irrigation.
5. Rigoles d'écoulement.
6. Canal de desséchement.

§ Ier. — Canal de dérivation.

On donne ce nom au canal qui amène l'eau à la prairie, et qui la fournit aux canaux de répartition. Ce canal sort ordinairement d'un ruisseau, d'une rivière, d'un étang ou d'un lac. Ou bien sa position est déterminée par la configuration du terrain, ou l'usage de l'eau est dépendant de droits dont jouissent des moulins ou autres usines, ou enfin l'irrigateur peut disposer à son gré des eaux. Dans aucun cas on ne doit, pour l'établissement de ce canal, s'en rapporter à l'œil ; il faut toujours commencer par procéder à un nivellement.

On n'imagine pas combien l'œil peut tromper ; lors même que le canal est terminé et que l'eau suit le lit qui lui a été préparé, on serait parfois disposé, à croire qu'elle remonte.

Si le point où commence le canal de dérivation est déterminé d'avance, c'est de là qu'il faut commencer à niveler, afin d'élever l'eau aussi haut que possible. Peut-on choisir à volonté ce point, alors on commence le nivellement en partant de la prairie, ou du terrain sur lequel on veut amener l'eau, et on arrive naturellement à l'endroit où la prise d'eau peut être établie le plus avantageusement.

La pente à donner au canal de dérivation n'est pas arbitraire, mais elle doit être plus ou moins forte, selon les circonstances locales et selon la nature du sol. Une pente trop forte amène la détérioration des bords du canal, l'étendue du terrain à arroser est diminuée, et le sable grossier ou la vase qu'entraîne l'eau n'ayant pas le temps de se déposer, arrivent jusque sur le pré et lui font du tort.

Dans un sol peu consistant et perméable, on perd beaucoup d'eau si le canal a peu de pente. Dans la plupart des circonstances une pente de 1 mètre sur 3,000 à 4,000 mètres sera la plus avantageuse.

Il est à remarquer que le canal de dérivation ne doit pas prendre l'eau immédiatement près du barrage ou de l'écluse, mais 5 ou 6 mètres au-dessus, et qu'à **2** mètres de son ouverture il doit être pourvu d'une écluse pour qu'on puisse à volonté le fermer ou l'ouvrir.

En outre, pour que ce canal ne puisse pas amener trop de sable sur le pré, il ne doit pas être aussi profond que le lit du ruisseau qui lui fournit l'eau, mais il doit être plus élevé de $0^m,15$ à $0^m,30$.

Si le canal de dérivation doit transporter une grande quantité d'eau, il vaut mieux augmenter sa largeur que sa profondeur.

On ne peut pas indiquer quelles dimensions doit avoir le canal de dérivation. Elles sont déterminées par la quantité d'eau dont on a besoin, ou dont on peut disposer. Dans tous les cas, les dimensions de ce canal doivent être plutôt trop grandes que trop petites, et il est bon que ses rives soient élevées de $0^m,30$ au-dessus du plus haut niveau de l'eau, afin que dans aucun cas ses bords ne puissent être endommagés.

Plus on peut élever le canal de dérivation au-dessus du niveau du pré, mieux il remplira sa destination. On ne doit pas même, si l'exécution est possible, craindre les frais d'une digue, pour élever l'eau d'un tiers de mètre au-dessus du pré. On peut alors d'autant plus facilement remplir les canaux d'alimentation, et lorsque, par la suite des temps, le sol du pré s'est élevé, l'irrigation reste toujours praticable sans que de nouveaux travaux soient nécessaires.

Depuis le point où le canal de dérivation arrive au pré à arroser jusqu'à son extrémité, sa largeur diminue graduellement, de manière qu'à la fin il n'a plus qu'un tiers de la largeur qu'il a au commencement. De cette manière la hauteur de l'eau reste partout la même, et toute l'étendue de la prairie est également pourvue d'eau.

§ II. — Canal de répartition.

Ce canal est alimenté par le canal de dérivation, et il distribue l'eau aux rigoles d'irrigation.

Dans l'irrigation en planches, il est parfaitement horizontal. Dans l'irrigation en pente naturelle, il est quelquefois perpendiculaire au canal de dérivation, et dans ce cas il a la même pente que le terrain à arroser.

Il arrive souvent, dans des irrigations peu considérables, que le canal de dérivation est en même temps canal de répartition.

Lorsqu'un canal de répartition est nécessaire, il doit être un peu plus bas que le canal de dérivation dont il doit recevoir l'eau.

De même les rigoles d'irrigation doivent être un peu plus basses que le canal de répartition qui les alimente.

Avec un fort cours d'eau une écluse, et avec un faible cours d'eau une planche trouée sont nécessaires pour que le canal de répartition se remplisse. Si cependant le canal de dérivation est suffisamment élevé au-dessus de l'autre, on peut se passer de l'écluse et de la planche trouée.

Dans l'irrigation en planches, la disposition horizontale du canal de répartition doit être telle qu'il déverse l'eau dans toutes les rigoles d'irrigation lorsqu'on lève les planches dont l'entrée de chaque rigole est pourvue. Si cependant les rigoles d'irrigation n'étaient pas plus basses que le canal de répartition, il faudrait dans le lit de celui-ci établir pour chaque planche un obstacle qui forçât l'eau à entrer dans la rigole d'irrigation. Cet obstacle est ou un gazon, ou une petite planche qu'on enfonce en travers du canal, ou même une pierre plate.

De même que le canal de dérivation, celui de répartition ne doit conserver à son extrémité qu'un tiers de la largeur qu'il a à son commencement.

M. Vorländer laisse à ses canaux de répartition la même largeur d'une extrémité à l'autre, et il leur donne un peu de pente qui supplée au rétrécissement du lit.

§ III. — Rigoles d'introduction.

Ce sont les petites rigoles qui reçoivent l'eau du canal de répartition et la conduisent dans les rigoles d'irrigation. On proportionne leur largeur à la quantité d'eau qu'elles doivent fournir. Ordinairement on doit pouvoir les fermer avec une petite planche de $0^m,15$; quelquefois même un gazon suffit. La même planchette avec laquelle on ferme la rigole d'introduction peut aussi servir à barrer le canal d'alimentation, lorsque ses dimensions le permettent. Si on ne veut pas arrêter la totalité de l'eau, on n'enfonce la planchette qu'à une profondeur suffisante, la moitié, le tiers, le quart de sa hauteur, pour refouler la quantité d'eau dont on a besoin.

Si le canal d'alimentation amène parfois de l'eau trouble fortement chargée, alors il doit être un peu plus profond que les rigoles, pour que le sable ou la vase puissent s'y déposer; si au contraire ce canal ne doit amener que de l'eau claire, alors les rigoles doivent être un peu plus basses, pour que le pré profite de tout l'effet utile de l'eau.

§ IV. — Rigoles d'irrigation.

Du canal de répartition, l'eau coule dans les rigoles d'irrigation, qui sont destinées à la répandre sur le pré. Leur établissement exige des soins particuliers, parce que c'est d'elles que dépend surtout le succès de l'irrigation. Elles doivent être parfaitement horizontales, et leurs bords doivent être unis de manière que l'eau s'épanche également sur tous les points.

La latte à plomb est de la plus grande utilité pour l'établissement des rigoles d'irrigation. L'emploi du niveau d'eau prend beaucoup de temps et exige un ou plusieurs aides, tandis qu'un homme seul peut opérer avec la latte.

Il y a des prés dans leur état naturel, où il n'est pas possible de tirer des lignes droites pour les rigoles d'irrigation, et où les frais seraient trop considérables pour qu'on puisse avec profit les disposer régulièrement pour l'irrigation. Dans ces prés, on cherche seulement à obtenir l'horizontalité des rigoles, en leur faisant suivre les irrégularités du terrain.

Pour cela, on place une extrémité de la latte à plomb au point où la rigole d'irrigation doit recevoir l'eau du canal vertical de répartition. Avec l'autre extrémité on cherche le point où la latte doit être placée pour donner la direction horizontale. Ce point trouvé, on incline la latte en l'appuyant contre un piquet, et s'en servant comme d'un cordeau, on taille avec le croissant une ligne qui doit donner la paroi inférieure de la rigole. On

avance ensuite la latte et on continue de la même manière le tracé de la rigole. S'il se trouve un creux entre les extrémités de la latte, on taille la ligne en lui
faisant décrire le contour de ce creux au-dessus de la
latte. Si au contraire on rencontre une élévation, on la
tourne de même en taillant la rigole au-dessous de la
latte. Il résulte de là une ligne qui donne à la rigole à
peu près la configuration que voici (*fig.* **68**) :

Fig. 68.

La paroi inférieure de la rigole étant ainsi taillée, il
est facile à un ouvrier un peu exercé de tailler la paroi
supérieure. On détache ensuite le gazon, on l'enlève,
puis on unit le fond de la rigole.

Les opinions des irrigateurs sont partagées sur les dimensions à donner aux rigoles d'irrigation. Le plus grand
nombre donnent la préférence aux rigoles peu profondes,
qui ont à leur commencement 0^m,05 de profondeur sur
0^m,15 à 0^m,18 de largeur. Elles diminuent graduellement
de largeur, de manière que quand elles sont remplies,
l'eau déborde sur toute la longueur.

La longueur de ces rigoles ne doit pas être trop considérable. Si elles ont au delà de 25 mètres de longueur,
elles ne remplissent plus très bien leur destination, et il
faudrait une quantité d'eau très considérable pour qu'elle
pût déborder sur tous les points à la fois.

Mais en ceci, comme en tant d'autres choses, on est
ordinairement déterminé par les circonstances. Les rigoles peuvent être d'autant plus longues qu'on a plus
d'eau à sa disposition et que le sol est plus uni. Dans de

longues rigoles l'horizontalité est plus difficile à obtenir,
et par contre, si elles ont peu de longueur, elles demandent plus de soins et plus de surveillance pour l'irrigation.

Nous avons déjà dit que l'horizontalité est la première condition d'une bonne rigole d'irrigation, et nous avons aussi dit comment, sur un terrain en pente, on suit les inégalités du terrain pour conserver l'horizontalité. Lorsqu'on trace ainsi une rigole au moyen de la latte à plomb, on rencontre très fréquemment ou un enfoncement ou une élévation peu considérable, telle, par exemple, qu'une vieille taupinière ou fourmilière. De tels obstacles ne doivent pas faire dévier de la ligne droite, et toutes les fois que la différence n'excède pas $0^m,05$, on ne doit pas hésiter à abaisser ou à élever le terrain à la hauteur voulue. L'ouvrage n'acquiert pas seulement par là une régularité qui plaît à la vue, mais aussi la répartition de l'eau se fait mieux, et il reste moins de places non arrosées que quand on suit toutes les inégalités du terrain.

Dans tous les cas, il est à observer que, si l'on a à choisir d'élever ou d'abaisser le bord de la rigole, il vaut mieux élever; on obtient pour cela, de la rigole même que l'on creuse, une quantité suffisante de gazon. L'eau qui déborde par-dessus la paroi d'une rigole tirée en ligne droite a plus de mouvement et se répartit mieux sur le pré que si elle suit lentement les détours d'une rigole sinueuse. Le curage des fossés et rigoles fournit toujours des matériaux pour élever les parties trop basses. Si l'on veut abaisser les bords trop élevés d'une rigole, il faut, ou enlever le gazon, ou bien le détacher, enlever la terre au-dessous, puis le replacer ensuite. Mais ordinairement il ne suffit pas d'abaisser le bord de la rigole, et cette opération doit être prolongée plus loin, ce qui augmente d'autant le travail.

Lorsque la rigole est faite, on y met de l'eau, pour s'assurer si elle remplit bien sa destination. Presque toujours il se trouve des endroits trop bas, où l'eau s'échappe en trop grande quantité, et d'autres trop élevés, par-dessus lesquels il ne passe pas d'eau du tout. Une différence de $0^m,01$ suffit pour cela, attendu que rarement l'eau coulera plus haut que $0^m,01$ par-dessus le bord de la rigole. Pour corriger ces défauts, on foule et on abaisse avec les pieds les parties trop élevées. Si cela ne suffit pas, on entaille perpendiculairement à la rigole, puis on enlève de distance à autre de petites lanières de gazon. On foule de nouveau, et, les vides se remplissant par la pression, tout le bord s'abaisse.

Si l'élévation est très peu considérable, il suffit souvent, sans enlever de gazon, de le hacher avec le croissant avant de le presser.

On ne doit pas ménager le nombre des rigoles d'irrigation; il est rare qu'il puisse y en avoir trop sur un pré. Plus il y a de rigoles, plus il y a d'herbe.

Si le terrain est disposé en planches, le nombre des rigoles est déterminé par celui des planches. Si l'on arrose une pente qui ait peu d'inclinaison, les rigoles devront être espacées à 3 ou 4 mètres l'une de l'autre. Dans le cas où l'inclinaison serait forte, on les espacerait à 5 ou 6 mètres.

En général, de petites rigoles, par-dessus lesquelles la faux passe comme si elles n'y étaient pas, ne diminuent aucunement le produit de l'herbe, pas plus que le produit des grains n'est diminué quand ils sont semés en lignes. Sur les bords des rigoles, l'herbe a une végétation plus vigoureuse, et ordinairement, déjà avant la fenaison, la croissance du gazon les a remplies.

Quant aux fossés, on doit les ménager autant que possible. Ils gênent le fauchage, et ils sont pour les faucheurs maladroits ou paresseux une occasion ou un prétexte de perte de temps. Il y a en agriculture tant de choses à observer, et le résultat dépend de tant de petits détails, que souvent on est forcé de rejeter des choses bonnes cependant en elles-mêmes.

§ V. — Fossés d'écoulement.

Ces fossés sont destinés à recevoir l'eau qui a servi à l'irrigation; ils la déversent dans le canal de desséchement, ou bien ils la rendent à un terrain inférieur, qu'elle sert de nouveau à arroser.

Dans l'irrigation en planches, ces fossés d'écoulement sont indispensables. Dans l'irrigation en pente (plan incliné), le même fossé est fossé d'écoulement et de desséchement. Cependant, dans l'irrigation en pente, les fossés d'écoulement sont aussi nécessaires, si la prairie a plusieurs plans, et que l'on ait assez d'eau pour fournir à chaque plan de l'eau fraîche. Si les deux modes d'irrigation, en plan incliné et en planches, sont réunis, le fossé d'écoulement de la pente sert de canal d'alimentation pour les planches situées au-dessous. Il reçoit l'eau qui a arrosé la pente, et il la distribue aux rigoles d'irrigation des planches.

Dans les prés humides et aigres, où l'on n'a pas changé la configuration naturelle du terrain, les fossés d'écoulement servent beaucoup à entraîner les eaux stagnantes. Selon la nature du sol et surtout du sous-sol, ils doivent être plus ou moins larges, plus ou moins profonds.

Le sol de toutes les vallées est sol d'alluvion. Les vallées n'étaient primitivement que des creux, de larges crevasses, que l'eau a successivement remplis de vase, de sable, etc., et avec le temps des ravins sont devenus des vallées unies. Par cette raison, les vallées ont, dans la règle, un autre sol que les montagnes qui les environnent. L'eau qui descend des montagnes s'infiltre dans le sol d'alluvion qui est à leur pied, et pénètre jusqu'au fond de la vallée primitive. Arrêtée là et ne trouvant plus d'issue, elle remonte, pénètre toute la masse de terre, s'y oxyde, et rend acide le sol de la prairie et les plantes fourragères qui y croissent.

Cette acidité des prés provient souvent aussi d'un sous-sol imperméable qui arrête l'eau, et détermine aussi son oxydation. Dans l'un et l'autre cas, il faut, par des fossés, amener l'écoulement de l'eau. Si, comme dans le premier cas, l'eau s'élève d'une grande profondeur, les fossés doivent être profonds, et si le sol est spongieux et sans consistance, on doit les faire larges, en donnant à leurs bords une forte inclinaison. Si le séjour de l'eau a pour cause un sous-sol imperméable, il suffit que le fond du fossé soit un peu creusé dans le sous-sol, assez seulement pour que l'eau puisse facilement s'y écouler.

La direction à donner aux fossés d'écoulement n'est pas indifférente; elle est au contraire d'une grande importance, et c'est de là surtout que dépend le succès de l'irrigation.

Nous consacrerons aux prés tourbeux un chapitre

particulier, dans lequel nous traiterons aussi du desséchement des prés.

§ **VI**. — Canal de desséchement.

Nous donnons ce nom au principal fossé par lequel
s'écoule toute l'eau qui vient du pré, après avoir servi
à l'irrigation. Tout ce qu'il y a à remarquer relativement
à ce canal, c'est qu'on doit le diriger par les parties les
plus basses du pré et des terrains inférieurs, et le tracer
à l'aide du niveau, au lieu de s'en rapporter à l'œil qui
trompe souvent, et qui nous fait souvent voir une élévation du terrain là où il y a réellement un enfoncement.
Plus on peut donner de pente à ce fossé, mieux il remplit sa destination. Il ne peut y avoir trop de pente que
dans le cas où l'on aurait à craindre que l'eau creusât le
fond du canal et minât ses bords.

La largeur et la profondeur sont déterminées par la
quantité d'eau à écouler. Si l'eau coule lentement, il peut
avoir d'abord moins de largeur et s'élargir successivement à mesure que la quantité d'eau augmente. Quant à
la profondeur, ce fossé doit être plus bas que tous les
autres dont il reçoit les eaux.

TROISIÈME PARTIE.

Des travaux nécessaires pour disposer le sol à l'irrigation.

La première difficulté que présente cette partie de notre travail, c'est le titre à lui donner. Les Allemands, dans leur langue si riche et qui se prête si bien à la composition de mots nouveaux, disent *wiesenbau*, et on a dit en français la *culture des prés*. Mais nous ne pouvons admettre cette traduction, parce qu'elle ne rend nullement l'idée. Il ne s'agit pas de *cultiver* un pré, il s'agit de le *bâtir*, en travaillant, remuant le sol et lui donnant la meilleure conformation pour en faire un pré arrosé.

Le mot *bauen* signifie littéralement bâtir, et ce n'est que par figure qu'on l'emploie pour signifier la culture de la terre. L'irrigateur est d'abord architecte, *Wiesenbauer*; en remuant la terre, il ne la cultive pas, il n'est pas un laboureur; il *construit* des prés pour l'irrigation. En attendant un mot propre, car nous avouons ne pas en trouver un qui nous satisfasse, nous prions nos lecteurs de se contenter d'une périphrase.

L'eau est employée de plusieurs manières à fertiliser les prés. Ou bien on la fait couler à la surface du sol, ou bien on la fait séjourner sur le sol pour que, par un repos complet, elle y dépose tous les principes fertilisans dont elle est chargée. Ou bien encore on l'emploie par arrosement et par infiltration pour fournir aux plantes, par les temps de sécheresse, l'humidité dont elles ont besoin.

La première manière est l'irrigation proprement dite, la seconde est l'inondation.

Chacune de ces méthodes a ses avantages et ses inconvéniens; mais en général l'emploi de l'une ou de l'autre est déterminé par la disposition du terrain, les qualités et l'abondance de l'eau, et rarement il dépend de la volonté du cultivateur de choisir entre les deux méthodes.

L'inondation suppose un terrain qui est entièrement ou à peu près de niveau. Dans ce cas, on donnera ordinairement la préférence à l'inondation, parce que ce n'est qu'avec des frais considérables qu'on peut donner à un sol la pente nécessaire pour l'irrigation. En outre, avec un sol horizontal, il arrive souvent qu'on n'a pas de l'eau à sa disposition à toutes les époques de l'année, comme cela est nécessaire à une bonne irrigation, mais qu'on a de l'eau seulement dans les temps de pluie. Par l'irrigation, on peut mieux utiliser une petite quantité d'eau; enfin par l'irrigation, mieux que par l'inondation, on s'approprie les principes fertilisans de l'eau.

« Le cultivateur, dans toutes ses entreprises, doit se « régler d'après les circonstances; s'il ne le fait pas, il « s'expose à des pertes presque certaines. Il est dans « la nature des choses qu'elles ne se prêtent pas tou-

« jours aux volontés de l'homme, mais qu'elles suivent
« la marche que leur a tracée le Créateur. Entre les
« élémens de la vie des choses, le cultivateur doit sa-
« voir choisir ceux qui se prêtent le mieux à ses vues,
« et il ne faut pas qu'il prétende faire droit ce qui est
« tortu, faire monter ce qui de sa nature tend à des-
« cendre.

« Cependant, il ne doit pas non plus se laisser maî-
« triser par les circonstances; il ne faut pas que chaque
« obstacle qu'il rencontre le fasse s'écarter du plan qu'il
« a adopté; il faut qu'il sache distinguer les circon-
« stances qui ne sont qu'accidentelles, et qu'il peut
« dominer par sa persévérance. C'est surtout dans
« tout ce qui a rapport à l'irrigation des prés que ces
« règles de conduite peuvent trouver leur application.
« (Schwerz.) »

Nous allons nous occuper d'abord de l'irrigation, puis
ensuite de l'inondation.

L'irrigation a lieu de deux manières : 1° dans les prés
tels que la nature les a faits; 2° dans les prés dont le
sol a été disposé de la manière la plus favorable pour
l'irrigation.

CHAPITRE PREMIER.

Irrigation des prés naturels.

Les principales conditions de l'irrigation sont : que
l'eau soit également répartie sur toute la surface du pré

et qu'aucune partie n'échappe à l'irrigation; que l'on tire de l'eau tout le profit possible, qu'après que l'eau a servi, elle ne séjourne nulle part, qu'elle s'écoule sans obstacle, et qu'on puisse ainsi à volonté mettre le pré complétement à sec.

On remplit toutes ces conditions par une disposition bien entendue des fossés et rigoles.

Les rigoles d'irrigation doivent être parfaitement horizontales et leurs bords bien aplanis pour qu'elles déversent partout également l'eau.

Pour amener l'eau sur tous les points, si un nivellement complet du terrain n'a pas lieu, on y supplée par des rigoles bien dirigées et en abaissant quelques parties.

On tire le plus grand parti de l'eau en la faisant servir plusieurs fois, à moins qu'on n'en ait une assez grande abondance pour que cette économie ne soit pas nécessaire.

On opère le desséchement par les déblais et remblais nécessaires, et en pratiquant des fossés suffisans et bien dirigés.

A ces règles, que nous empruntons à Schwerz (*Traité d'agriculture pratique*), nous voudrions pouvoir joindre l'indication précise des rapports qui existent entre la pente du terrain, l'étendue à arroser et la quantité d'eau nécessaire. Il ne serait pas difficile de donner des formules mathématiques approximatives; nous préférons nous en abstenir, parce que les faits et les observations pratiques nous manquent.

Nous avons précédemment déjà appelé l'attention de nos lecteurs sur l'effet remarquable que produit un petit filet d'eau qui suit en ligne droite la pente rapide d'une montagne; et tous ceux qui ne sont pas étrangers aux irrigations savent que sur un terrain fortement incliné une grande quantité n'est pas utile, qu'au contraire elle serait nuisible en enlevant la terre végétale et mettant à nu les racines de l'herbe. Il en est tout autrement sur un pré qui a fort peu de pente : là une faible source est sans effet; elle sert tout au plus à donner de l'humidité à l'herbe, et il faut une eau abondante pour arroser avec profit.

Si une petite quantité d'eau produit sur une pente rapide dix fois plus d'effet qu'elle n'en produit sur un terrain qui se rapproche de la disposition horizontale, et si une grande quantité d'eau est nécessaire pour arroser le sol peu incliné des vallées, il résulte de ces faits que la pente d'un pré doit être en rapport avec la quantité d'eau dont on peut disposer pour l'arroser.

Plus on a d'eau, plus le sol du pré peut se rapprocher de la disposition horizontale, et moins on a d'eau, plus il lui faut de pente, ou, en d'autres termes, *plus un pré a de pente et moins il faut d'eau pour l'arroser, moins il a de pente, plus il faut d'eau.*

Cependant, cette règle générale subit des modifications d'après la nature de l'eau.

Nous avons déjà vu que l'eau contient en dissolution des matières fertilisantes qui lui sont unies soit mécaniquement, soit chimiquement. Les premières se séparent plus facilement par un repos complet de l'eau qui les dépose; les secondes ont besoin de mouvement pour que l'eau les laisse échapper. Si donc on a à sa disposition de l'eau trouble, on doit donner au sol d'autant moins de pente qu'on tient plus à l'enrichir de la vase et des matières que l'eau tient en dissolution, et si c'est de l'eau limpide de source, on doit au contraire, lui donner le mouvement sans lequel elle n'a point d'efficacité.

Le propriétaire de prés n'est pas toujours maître de leur donner la pente qu'il juge la plus convenable; le plus souvent il est obligé de les prendre tels qu'ils sont. Si la pente est trop forte pour la quantité d'eau, il est toujours facile de se débarrasser d'une partie de l'eau. Si, au contraire, le pré manque de pente, on supplée en partie à ce défaut en faisant les plans moins larges; et en faisant passer l'eau par un plus grand nombre de rigoles, on parvient à activer un peu son mouvement.

Les prés, selon leur nature, peuvent être divisés en prés de vallées ou prés unis, et prés de montagnes ou prés en pente.

§ I. — Prés de vallées.

Les prés de vallées ont ordinairement peu ou point de pente. L'irrigation n'y est alors possible qu'en disposant le sol en planches, en dos d'âne. Sur le milieu de chaque planche, on pratique une rigole d'irrigation qui déverse l'eau sur les deux côtés.

Dans beaucoup de vallées, les prés sont humides et marécageux : ils ne produisent que des joncs et des herbes aigres. Là, il faut avant tout faire écouler les eaux stagnantes et dessécher complétement. S'il y a une pente suffisante, le desséchement est facile; mais très souvent on peut se procurer de la pente, lorsqu'on croit qu'il n'en existe point. Dans la plupart de ces vallées, les ruisseaux serpentent avec des sinuosités qui leur font parcourir une étendue double de la longueur de la vallée en ligne droite. En outre, leurs rives sont ordinairement élevées, de sorte que dans les inondations l'eau qui se répand sur le pré y reste faute de pouvoir s'écouler et achève de le gâter.

La première amélioration consiste à tirer le ruisseau en droite ligne dans la partie la plus basse de la vallée. Pour combler l'ancien lit, on a la terre que fournit le nouveau et celle qu'on obtient en abaissant les bords de l'ancien lit, et en donnant de l'inclinaison à ceux du nouveau. Si tout cela ne suffit pas, il est rare que les terres, ordinairement montagnes ou collines, qui bordent la vallée, ne puissent pas fournir les matériaux dont on a besoin.

Après qu'on a creusé au ruisseau un nouveau lit, qui est le principal canal de desséchement, on s'occupe des autres fossés nécessaires. L'eau vient ordinairement des hauteurs qui des deux côtés bordent la vallée; c'est pourquoi des fossés, tirés en travers de la prairie et perpendiculaires au ruisseau principal, ne remplissent qu'imparfaitement le but. Dans la plupart des cas, il convient de tirer les fossés dans la longueur de la vallée, et seulement tous les 100 mètres, plus ou moins, de pratiquer un fossé transversal qui reçoit les eaux des autres et les déverse dans le ruisseau; et partout il est bon de tirer au bord et sur la longueur de la prairie un fossé qui arrête les eaux qui suintent de la montagne. Il est bien entendu que tous ces fossés doivent avoir une pente suffisante pour écouler leurs eaux dans le ruisseau principal. Si la disposition horizontale du terrain ne permettait pas d'obtenir cette pente, il faudrait creuser le ruisseau principal plus profondément que tous les autres fossés, ou donner aux fossés transversaux de l'obliquité dans le sens de la pente générale.

La *fig.* 69 représente ce système de desséchement; *a* est l'ancien lit qui doit être comblé et remplacé par le

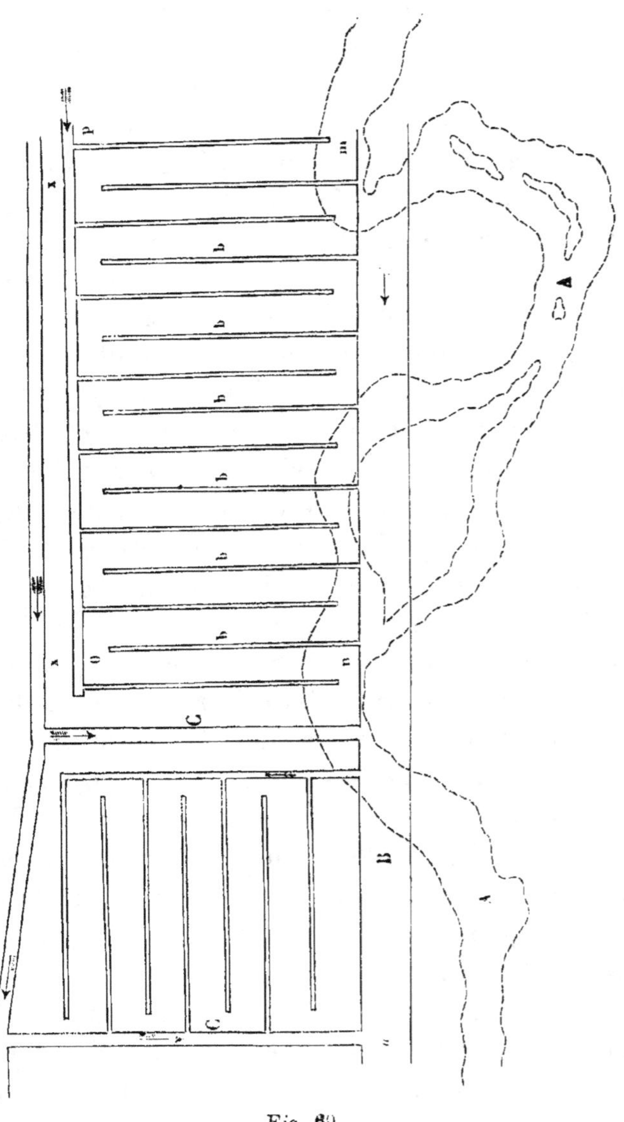

Fig. 69.

nouveau lit *b*. *c* est le principal canal de desséchement dans lequel s'écoulent les eaux de tous les autres. Une partie des fossés de desséchement est tirée dans la longueur et une partie dans la largeur de la vallée. Ces derniers ne vont pas jusqu'au fossé qui borde la prairie au pied de la côte; on laisse libre un espace *x* qui sert au passage des voitures, et dans lequel, quand on arrosera, sera pratiqué le canal de dérivation. Pour décider si les fossés de desséchement doivent être tirés en long ou en travers, on doit d'abord consulter la disposition du terrain parce qu'on doit chercher à tirer les fossés de manière que les planches soient autant que possible horizontales, ou que du moins leur pente ait lieu à partir et en s'éloignant du canal de dérivation qui devra plus tard être établi. Si par exemple, dans la *fig.* 69, le sol de *n* en *m*, creusé le long du ruisseau, est plus élevé que de *o* en *p*, les fossés de desséchement devraient être tirés dans le sens de la longueur, parce que ces fossés de desséchement (*b, b, b, b*) doivent se vider directement dans le ruisseau, par conséquent le canal de dérivation doit passer en *x*, et que le terrain s'élève de *a* en *n m*.

A la vérité on pourrait aussi tirer le canal de dérivation au bord du ruisseau en *n m*. Mais les fossés d'écoulement auraient alors à faire un grand détour pour écouler leurs eaux dans le ruisseau; il faudrait qu'ils les déversassent d'abord dans le fossé latéral, puis de celui-ci dans le fossé principal d'écoulement, et de là enfin dans le ruisseau, ce qui occasionnerait une perte considérable de pente.

L'avantage qu'il y a à faire déboucher les fossés d'écoulement dans le ruisseau principal devient moindre dans le cas où le ruisseau, gonflé par les pluies, amène beaucoup de sable ou de vase qui obstrue les embouchures de ces fossés, ce qui occasionne souvent des frais de curage.

La largeur et la profondeur des rigoles d'écoulement dépendent de la nature du sol. Si ce sol manque de consistance ou s'il est marécageux, ces fossés doivent être d'autant plus larges et leurs bords avoir plus d'inclinaison. S'il était possible, on ne leur donnerait que $0^m,30$ de largeur. Dans un sol solide et consistant, on peut leur donner $0^m,60$ de profondeur et $0^m,15$ de largeur au fond. Les principaux fossés de desséchement doivent naturellement avoir plus de largeur ; cependant cette largeur devra rarement excéder 1 mètre.

Les rigoles d'écoulement gènent la circulation des voitures. Peu de chevaux les passent sans difficulté. Quand ils le font, c'est ordinairement en s'élançant comme pour les franchir, et il arrive fréquemment qu'ils rompent ou déchirent quelque partie de leur harnais, ou qu'ils se blessent en tombant. Pour le passage des rigoles, un pont portatif est d'un emploi facile et commode. Il consiste en trois traverses d'environ $0^m,15$ de grosseur et $1^m,50$ de longueur, sur lesquelles on cloue deux fortes planches. Ce pont se transporte facilement d'une rigole à l'autre ; on peut l'accrocher pour cela sous la voiture.

Pour sortir le foin, comme pour tous les transports qui ont lieu dans les prés entrecoupés de fossés et rigoles et dont le sol n'est pas tout à fait ferme, les bœufs sont beaucoup préférables aux chevaux.

S'il se trouve dans la prairie des points où à chaque récolte un fossé doive être souvent traversé par les voitures, on aura de l'avantage à y établir un pont permanent. On peut établir de semblables ponts à très peu de frais. On place en travers du fossé trois ou quatre pièces de bois d'environ $0^m,15$ de diamètre ; on étend par-dessus une couche suffisamment épaisse de branchages, et on recouvre de gazon. Ce pont simple et peu coûteux peut durer des années.

On peut encore, pour des fossés de peu de largeur, faire ces ponts d'une autre manière également simple : on prend **10** à **12** piquets d'environ $0^m,06$ de diamètre et d'une longueur proportionnée à la largeur du fossé ; on les enfonce dans le fossé deux par deux et en croix, de sorte que chacun entre obliquement dans un des angles du fossé, et que son extrémité supérieure repose sur l'angle formé par le bord supérieur du fossé du côté opposé ; on les place ainsi, deux par deux, à $0^m,50$ de distance.

L'angle inférieur que forment au fond du fossé ces piquets disposés en X reste libre pour le passage de l'eau, et on remplit l'angle supérieur par une fascine formée de banches fortement liées ensemble, puis on recouvre de gazon. La *fig.* **70** représente ce pont en fascines.

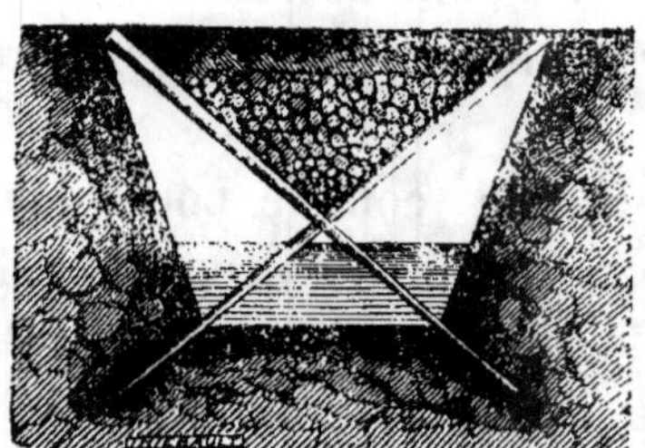

Fig. 70.

On peut de la même manière faire des fossés couverts pour assurer l'écoulement de sources souterraines et en général de toutes les eaux qui ne se montrent que sur un point. On enfonce les piquets de manière que le fossé soit un peu plus qu'à moitié rempli par les fascines, puis on achève de le combler avec du gazon et de la terre. Le passage de l'eau est assuré sous l'angle inférieur formé par les piquets, et les fascines, qui sont ainsi continuellement dans l'eau, se conservent longtemps. Ces rigoles souterraines, bien construites en pierres, si on en a de convenables à sa disposition, seront d'une durée beaucoup plus longue et plus certaine qu'avec des fascines. On les construit alors comme celles qu'on fait dans les champs dans le même but de les débarrasser des eaux souterraines.

La distance des rigoles d'écoulement entre elles ou la largeur des planches dépend de la nature du sol. Plus le sol est mouillé et acide, plus les rigoles doivent être rapprochées ou plus les planches doivent être étroites. On peut donner aux planches une largeur de 5 mètres jusqu'à 20 mètres et au-delà.

Les planches étroites sont plus faciles à niveler et l'irrigation y est plus facile à bien diriger que sur des planches larges. L'eau filtrée par le passage sur le gazon ne porte presque plus de dépôt au-delà de 7 mètres avec pente de $0^m,03$ par mètre, et plus la planche est large, plus il est difficile d'augmenter sa pente. Partout où la disposition du sol n'est pas naturellement favorable à l'irrigation, on doit donner la préférence aux planches étroites.

Aussitôt que les rigoles d'écoulement sont terminées et les planches tracées, on fait les dispositions nécessaires pour pouvoir arroser. Ordinairement il faut d'abord niveler le terrain.

8.

On arrache et on brûle les broussailles, on ramasse et on enlève les petites pierres. Quant aux grosses pierres, on peut s'en débarrasser en les enterrant à l'endroit même où elles se trouvent. On répand les taupinières fraîches et les fourmilières, et on unit avec le râteau. Quant aux taupinières anciennes et déjà gazonnées, on les fend en croix avec la bêche, on détache et on renverse le gazon, on enlève la terre qui est de trop, puis on replace le gazon. On peut faire disparaître de petites inégalités de terrain en les damant.

Lorsqu'on creuse les rigoles d'écoulement, on met de côté les gazons qui en proviennent. La terre qui est au-dessous sert à niveler les parties trop basses, puis les gazons ont la même destination, en les plaçant régulièrement à côté les uns des autres.

Si l'on a des parties trop élevées à abaisser, on doit d'abord en enlever le gazon. Pour cela, on le coupe d'abord en carrés avec le croissant; on le détache avec la pelle à une épaisseur de $0^m,06$ à $0^m,08$; on l'enlève et on le met de côté. On enlève ensuite la terre qui est de trop, puis on replace le gazon. On peut aussi utiliser ce gazon dans les parties trop basses, et alors piocher et ensemencer les parties où l'on a mis la terre à nu par l'enlèvement du gazon.

Jamais on ne doit se dispenser de piocher et d'ensemencer ces parties dépouillées de leur gazon, autrement il se passe un très long temps jusqu'à ce qu'elles soient recouvertes d'herbe. Ordinairement il se trouve sous le gazon une mince couche de terre végétale. Si on l'enlève, il ne reste plus qu'un sous-sol infertile sur lequel les herbes semées n'auraient qu'une végétation languissante. Par cette raison, il convient de mettre de côté la terre végétale pour la replacer après qu'on aura enlevé du sous-sol la profondeur suffisante. Si on ne prend pas ce soin, on sera plus tard obligé d'activer la végétation par des engrais.

Les rigoles d'irrigation sont pratiquées, comme nous l'avons déjà dit, sur le haut de chaque planche. On doit alors chercher à donner de l'élévation à cette partie, afin que l'eau trouve une pente de chaque côté et arrive dans les rigoles d'écoulement. On commence par tailler la rigole d'irrigation, on en enlève le gazon à une faible épaisseur ; on divise en deux ce gazon sur sa longueur, et on en place les bandes ainsi obtenues des deux côtés de la rigole, qui prend alors la forme de la *fig.* **71**. Aux

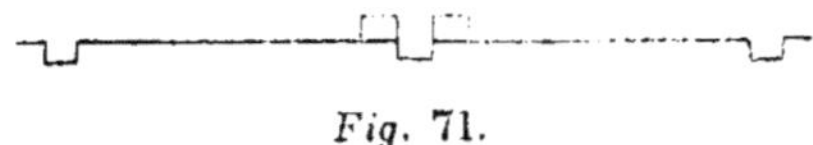

Fig. 71.

deux bords de la planche, le long des rigoles d'écoulement, on peut alors enlever de chaque côté une bande de gazon large de $0^m,30$ à $0^m,35$ et qu'on coupe obliquement de manière que, formant un angle très aigu du côté du milieu de la planche, elle augmente d'épaisseur vers la rigole d'écoulement. Cette bande est placée le long de la rigole d'irrigation, appliquée et pressée contre celle qu'on y a déjà mise, et la planche prend alors la forme de la *fig.* **72**. Chaque année les gazons et tous les

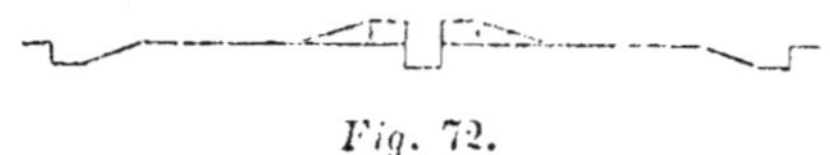

Fig. 72.

matériaux que procure le curage des rigoles sont étendus sur les côtés de la planche, les parties trop basses se remplissent, la rigole d'irrigation s'élève, et le tout finit par arriver à une forme régulière, avec la pente voulue. *Fig.* 73 et 74.

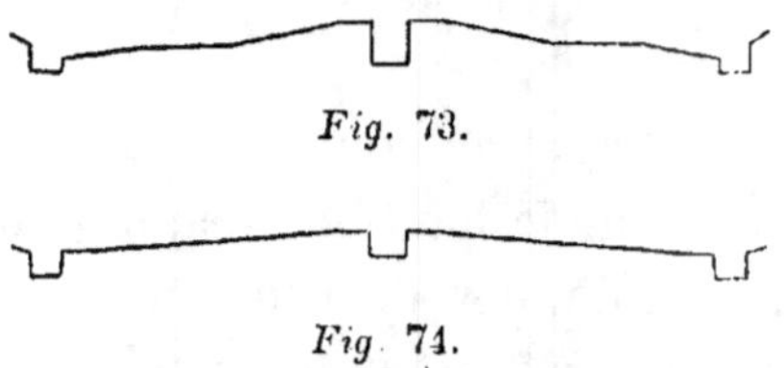

Fig. 73.

Fig. 74.

La rigole d'irrigation doit être autant que possible horizontale. S'il se rencontre un enfoncement sur la ligne qu'elle doit parcourir, on le traverse en formant avec deux petites digues en gazon le lit de la rigole. En général on doit toujours chercher à élever ces rigoles ; l'eau qu'elles distribuent coule plus rapidement et son effet est plus énergique. Les rigoles d'irrigation doivent diminuer de largeur à mesure qu'elles s'éloignent du canal d'alimentation, de manière qu'à leur extrémité elles ne conservent que la moitié de la largeur qu'elles ont au point où elles reçoivent l'eau.

Quelquefois il arrive que les planches ont de la pente, non-seulement sur leur longueur, mais aussi sur leur largeur. Dans ce cas, si l'on voulait établir la rigole d'irrigation au milieu de la planche, on ne le pourrait qu'avec des frais considérables, parce qu'il faudrait abaisser tout un côté. Il est alors préférable d'établir la rigole d'irrigation sur le côté le plus élevé de la planche, à 1 mètre de la rigole d'écoulement de la planche voisine, et de manière que l'eau n'est déversée que sur une seule pente. On a ainsi la moitié d'une planche en dos d'âne.

Les *fig.* 75 et 76 donnent le plan et la coupe d'une planche semblable.

a est la rigole d'irrigation, *b* le canal d'alimentation,

cc les rigoles d'écoulement, *d* le canal principal d'écoulement.

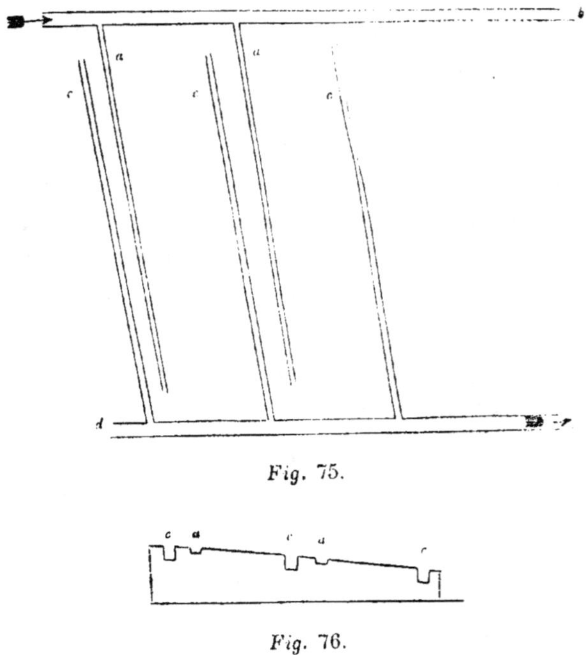

Fig. 75.

Fig. 76.

Dans l'établissement d'une prairie arrosée, tel que
nous le décrivons, on ne pourra pas toujours dès le commencement remplir tous les creux et élever suffisamment
les parties basses. On se contentera d'abord d'abaisser
les élévations, et on remplira ensuite successivement
les creux, selon que le temps et les circonstances le per-
mettront. C'est ordinairement en hiver, lorsque la terre
est assez gelée pour porter les voitures, qu'on exécute
ces remblais.

§ II. — Prés de montagnes.

Les prés de montagnes se distinguent des prés de vallées en ce que les premiers ont une pente considérable, qui rend inutile l'établissement des planches nécessaires pour arroser un sol naturellement uni. Tout l'art consiste, pour ces prés en pente, à répartir l'eau aussi également que possible sur toute leur surface. L'écoulement de l'eau est assuré par la forte inclinaison du sol, et à la rigueur il suffirait d'une rigole d'irrigation à la partie la plus élevée du pré et d'une rigole d'écoulement à la partie inférieure. Mais alors le plan à arroser aurait trop d'étendue, et on est forcé de le diviser en établissant un nombre de rigoles d'irrigation proportionné à la longueur du terrain à arroser. Aussi un pré de montagne, dont l'irrigation est bien organisée, a-t-il toujours plusieurs rigoles d'irrigation horizontales.

En opposition avec l'irrigation qui est un art véritable et qui dispose le terrain de la manière la plus favorable pour l'irrigation, il existe dans les montagnes un mode d'irrigation que l'on peut nommer grossier et qui se borne à de petites coupures qu'on fait dans la rigole, et par lesquelles l'eau se répand ; on lui barre le passage par une petite planche ou un gazon. Ce mode grossier d'irrigation est quelquefois la suite de la négligence ; mais souvent aussi dans des terrains encore sauvages et à surface inégale on aurait tort de vouloir tout de suite en introduire un autre.

A Gerhardsbrunn on a, depuis quarante ans, converti en prés beaucoup de revers incultes de montagnes et des terrains qui étaient précédemment couverts de bois. On y pratique cette méthode d'irrigation, et les circonstances n'en permettent pas d'autres. Comme on ne pouvait pas faire disparaître tous les obstacles qui s'opposaient à une irrigation régulière, on s'est contenté de tirer de la rigole principale de petites rigoles qui suivent dans toutes les directions les sinuosités du terrain tournant les rochers, les vieilles souches d'arbres, les creux, et portant l'eau partout où on peut l'amener. Cette manière d'arroser se trouve encore sur beaucoup de pentes, et on la regarde comme la plus convenable, jusqu'à ce que successivement on soit parvenu à niveler le sol.

Il ne faut pas seulement pour atteindre ce résultat beaucoup de travail, il faut encore du temps.

Sur la pente rapide d'une montagne, l'établissement du fossé qui doit distribuer l'eau à tout le pré présente des difficultés qu'on ne connaît pas sur un terrain peu incliné. Si même on n'a qu'une rigole de peu de largeur, il faut cependant lui donner du côté de la montagne une forte inclinaison. Ordinairement encore le sol a peu de consistance, et on est forcé de donner à la rigole une profondeur considérable pour que la paroi inférieure puisse avoir une largeur suffisante. Cette largeur est nécessaire, non-seulement pour la solidité de la rigole, mais encore parce qu'elle fournit un sentier nécessaire à celui qui soigne l'irrigation. Si le sol est mouillé, il est exposé à des éboulemens, et il faut construire une muraille pour soutenir la paroi supérieure du fossé. Cette muraille peut être faite à peu de frais quand on a des pierres sur place, comme cela est ordinaire dans les montagnes. On commence par élargir la rigole , en lui donnant 0^m,30 de largeur ou plus, selon les dimensions des pierres. On prend ensuite de grandes pierres, telles qu'on les trouve, sans les tailler, longues, plutôt plates qu'épaisses , et on les dresse obliquement en les enfonçant d'environ 0^m,15 dans le fond de la rigole et de manière qu'elles en forment la paroi supérieure. Plus elles sont longues , ou plus elles s'élèvent haut, et plus elles soutiennent solidement les terres, et on tâche que cette petite muraille soit formée d'une seule longueur de pierres. On remplit les intervalles qui se trouvent entre les grandes pierres avec d'autres plus petites solidement enfoncées dans la terre, puis on recouvre de gazons qui forment un talus régulier. Si ce travail a été exécuté avec soin et avec quelque adresse, on obtient assez de solidité pour que l'eau provenant de l'irrigation d'un plan supérieur puisse couler partout sans occasionner d'éboulement. Ces rigoles sur les revers de montagnes sont représentées par les *fig.* 77 et 78.

Fig. 77.

Fig. 78.

D'après tout ce que nous venons de dire, on peut voir que l'établissement d'un canal d'irrigation sur une pente rapide exige beaucoup de travail et de dépense, et qu'il prend une surface considérable de terrain. Aussi cherche-t-on à diminuer le plus possible le nombre de ces canaux et se borne-t-on à ceux qui sont d'une nécessité indispensable. Mais pour pouvoir cependant donner de l'eau fraîche à la partie inférieure du pré, on tire du canal principal de petites rigoles verticales qui amènent l'eau jusqu'aux parties inférieures du pré, et qui, à leur extrémité, répartissent l'eau par une rigole horizontale, ce qui leur donne la forme du T. Ces rigoles verticales sont chaque année changées de place pour que le passage continuel et rapide de l'eau ne leur donne pas trop de profondeur.

Les figures 79 et 80 nous représentent un de ces prés de montagnes.

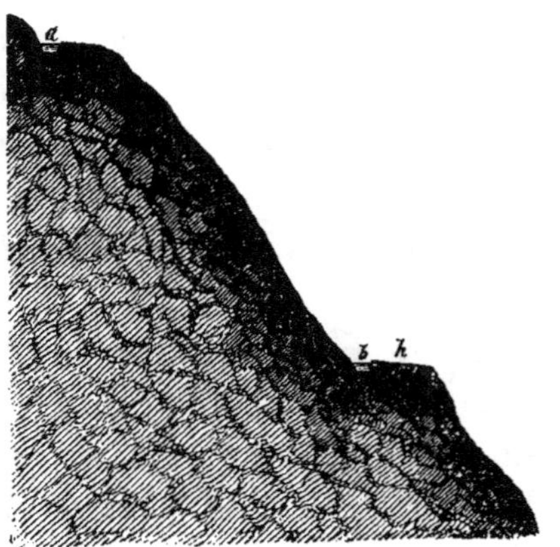

Fig. 79.

a a et *b b* sont les fossés qui distribuent l'un au haut, l'autre au bas du pré l'eau provenant de la source *c* —

b b reçoit, en outre, l'eau qui vient de *a a* et qui a arrosé l'espace compris entre les deux canaux ; *d d d* sont des

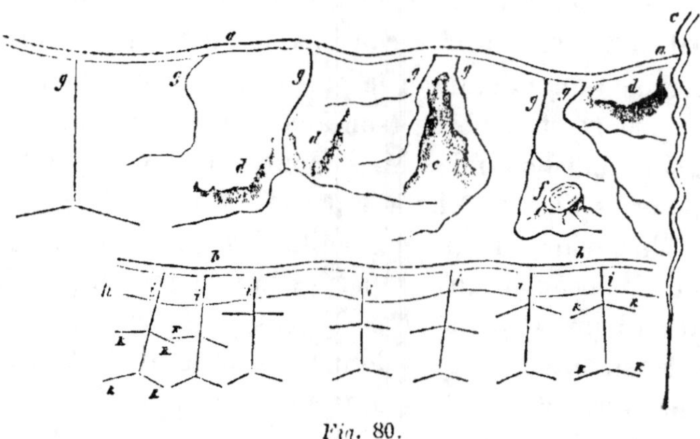

Fig. 80.

ochers ; *c* est un enfoncement ; *f* la souche d'un arbre abattu ; *g g* les rigoles d'irrigation. Au-dessous du canal ou fossé *b*, il y a un chemin *h* pour les voitures qui doivent enlever le foin produit par le plan supérieur.

i i sont des rigoles verticales qui se terminent par les rigoles horizontales *k k*. Le chemin *h* est disposé de manière qu'il peut être arrosé et fauché. Une roue étant dans le fossé et l'autre sur le chemin, on peut donner à celui-ci assez d'inclinaison pour qu'il puisse être convenablement arrosé.

Beaucoup de prés de la commune de Gerhardsbrunn sont aujourd'hui encore ainsi disposés.

Mais lorsqu'on est parvenu à remplir les creux, à abattre les éminences, à faire disparaître tous les obstacles, alors on pratique un autre mode d'irrigation plus parfait que celui qui vient d'être décrit.

Le nivellement des prés de montagnes s'opère de la même manière que celui des prés de vallées. Sur les

parties où l'on a opéré des remblais, on cherche autant
que possible à recouvrir de gazon la terre rapportée, ou
bien on l'ensemence. Si l'on n'a pas une suffisante quantité de gazon pour recouvrir les parties qui en manquent,
on.peut recourir à une opération que Schwerz nomme
greffer le gazon. Pour cela, on le divise en bandes étroites
que l'on étend sur la terre à des distances plus ou moins
grandes, selon la quantité de gazon qu'on a à sa disposition. On presse fortement ces bandes en les damant;
elles ne tardent pas à pousser des racines, et en peu
d'années le sol se trouve complétement gazonné.

Il est inutile de dire que ce procédé s'applique à tous
les prés dans les vallées comme sur les pentes des montagnes.

L'irrigation perfectionnée des prés de montagnes consiste à remplacer les coupures irrégulières par des rigoles horizontales, qui sont alimentées par une rigole
de distribution. Les rigoles d'irrigation doivent être tracées au moyen de la latte à plomb. Il faut qu'elles soient
parfaitement horizontales, sans qu'il soit absolument nécessaire qu'elles soient dirigées en ligne droite; elles
décrivent au contraire autant d'angles qu'en nécessite
la configuration du sol (*fig.* 81).

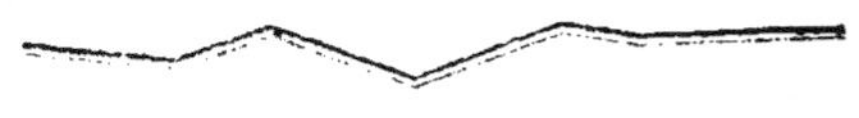

Fig. 81.

La distance à mettre entre les rigoles dépend, comme
nous l'avons déjà dit, de la quantité d'eau disponible,
de la nature de l'eau et de la pente du terrain.

Il serait difficile de donner pour cela une règle précise, parce qu'il faudrait mesurer la quantité d'eau et

mesurer la pente. En général, on ne doit pas ménager les rigoles d'irrigation, et on pourrait presque dire qu'il ne saurait y en avoir trop. Dans des prés de 4 à 5 p. 100 de pente, leur éloignement entre elles ne doit pas excéder 5 mètres.

Les rigoles d'irrigation peuvent être alimentées par une rigole verticale de distribution qui part du canal de dérivation, ou bien chaque rigole d'irrigation peut être mise en rapport directement et par une rigole particulière avec le canal de dérivation (*fig.* **82, 83**).

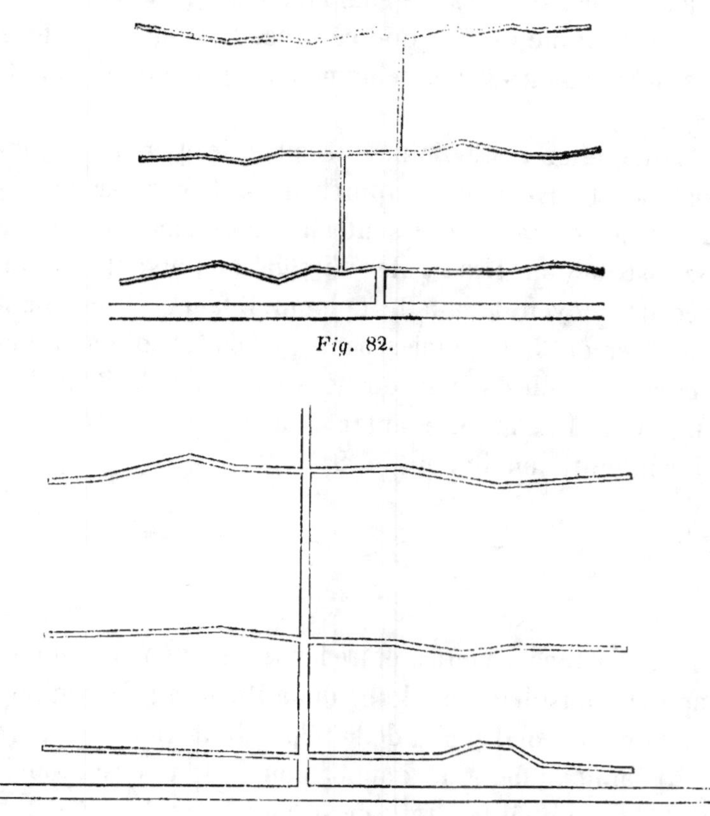

Fig. 82.

Fig. 83.

Dans l'exemple fourni par la *fig.* 82 on a pris la précaution de ne pas faire correspondre directement les unes aux autres les rigoles verticales, parce que, avec une forte pente, telle qu'on la suppose dans ce cas-ci, si ces rigoles ne formaient ensemble qu'une seule ligne droite, elles seraient bientôt creusées et détériorées par les eaux.

Un arrangement meilleur encore consiste à donner à chaque rigole d'irrigation une rigole particulière de distribution (*fig.* 84). Si, par exemple, on n'a pas assez

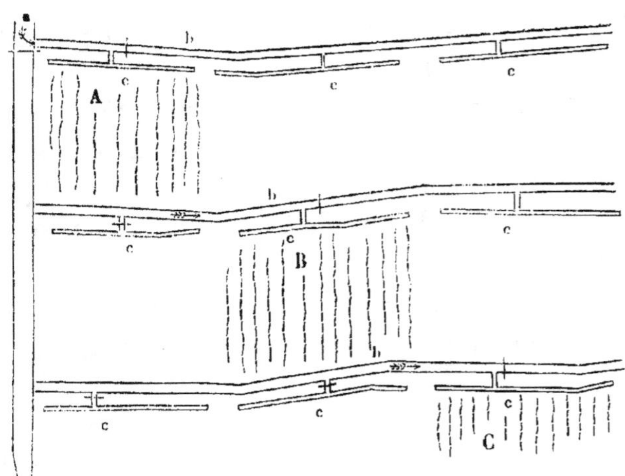

Fig. 84.

d'eau pour arroser tout un plan, on peut la faire couler dans la rigole d'irrigation *a*. La seconde rigole de distribution reçoit ensuite cette eau et la rend à la rigole d'irrigation *b* qui la répand sur une seconde surface. Une troisième rigole de distribution la reçoit à son tour et la verse dans la rigole *c*, pour arroser une troisième surface. De cette manière l'eau, après avoir arrosé un certain espace, est de nouveau réunie dans un fossé de distribution qu'elle parcourt dans toute sa longueur, avant de servir à arroser l'espace suivant. De cette manière encore l'eau peut mieux se réunir; elle forme une masse plus considérable, le parcours dans la rigole la met en contact avec l'atmosphère et lui permet de se charger de nouveaux gaz, et elle a plus d'efficacité que si après avoir arrosé la première surface, elle eût immédiatement coulé sur la seconde.

Si l'on a une quantité d'eau suffisante, on peut arroser isolément chaque plan tout entier en distribuant les rigoles comme l'indique la *fig*. 84.

a Canal de dérivation; *b b b* canaux de distribution; *c* rigoles d'irrigation.

Ce dernier mode d'irrigation n'est pratiqué que sur les prés qui ont peu de pente, et où les canaux de distribution n'ont pas besoin d'une grande largeur. Ce grand nombre de canaux de distribution serait un mal sur une pente rapide.

Par cette raison Schwerz recommande l'arrangement qu'il a introduit à Hohenheim, et que représente la *fig*. 85.

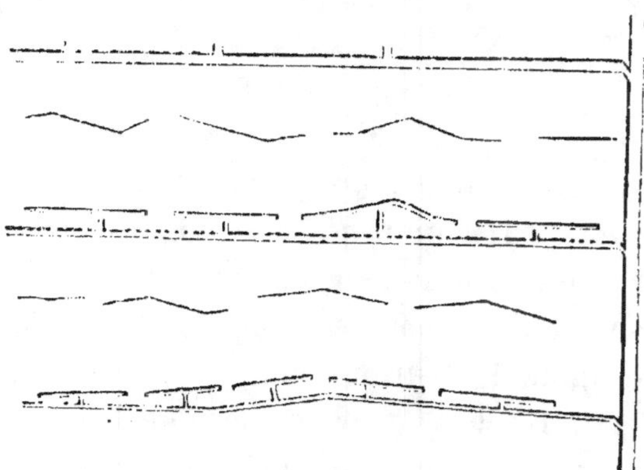

Fig. 85.

Ce mode d'irrigation diffère du précédent en ce que, au milieu du plan, il y aura une seconde ligne de rigoles d'irrigation, qui ne reçoivent pas l'eau immédiatement du canal de distribution, mais qui la reprennent après qu'elle a arrosé la partie supérieure du plan. Il est évident que, dans cet arrangement, on a eu pour but de diminuer le nombre des canaux de distribution, tout en empêchant que les eaux, dans une longue pente, ne se rassemblent et ne ravinent le terrain.

Si nous examinons les méthodes d'irrigation les plus parfaites que nous avons jusqu'à présent décrites, nous verrons que toutes se réduisent à ce principe d'arroser au moyen de rigoles *horizontales*, auxquelles on peut à volonté fournir de l'eau fraîche par les canaux de distribution.

Le plus grand nombre de rigoles d'irrigation, et par suite la moindre largeur des plans, contribuent encore à la perfection de l'irrigation.

Une observation à faire c'est qu'il n'est pas du tout nécessaire que les rigoles de distribution soient en droite ligne, ni qu'elles soient à angle droit avec le canal de dérivation. Il en est de même des rigoles d'irrigation; elles doivent être horizontales pour déverser également l'eau, et peu importe l'angle qu'elles forment avec le canal de distribution.

Il est bon de changer de place tous les ans ou tous les deux ans les rigoles d'irrigation. Si de petites rigoles verticales suffisent à la distribution de l'eau, il est bon de les changer de même.

Il est souvent plus facile de faire une nouvelle rigole que d'en réparer une ancienne. Si on laisse toujours les rigoles à la même place, l'eau les creuse trop profondément. Enfin le gazon qu'on obtient en creusant une nouvelle rigole sert à boucher l'ancienne, et c'est ordinairement sur ces vieilles rigoles ainsi comblées que se développe la plus vigoureuse végétation. Quand on fait une rigole nouvelle, il suffit de l'éloigner de quelques centimètres de l'ancienne, et il y a aussi des cas où il convient mieux de laisser subsister les anciennes rigoles que de les changer de place.

Jusqu'à présent nous n'avons pas fait mention de fossés d'écoulement dans l'irrigation des prés de montagnes. L'eau de ces prés a ordinairement un écoulement assuré, et l'établissement d'un fossé là où il est nécessaire est trop simple pour qu'il soit besoin d'instructions à cet égard.

Il y a cependant des prés dont le sol est presque horizontal et qu'on ne pourrait, sans des frais considérables, distribuer en planches. Ces prés ont souvent dans leur milieu des enfoncemens où l'eau qui a servi à l'irrigation se réunissant resterait stagnante et ferait beaucoup de tort, si on n'avait soin d'assurer son écoulement par un canal spécial.

Nous donnons ici (*fig.* 86) le plan d'une semblable prairie; il servira en même temps à montrer comment on établit les canaux et rigoles sur un terrain de forme irrégulière.

a est le canal de dérivation.

b...b les canaux de distribution.

c...c les rigoles d'irrigation.

d...d les rigoles et le principal canal d'écoulement.

Il peut arriver qu'on soit dans la nécessité de faire passer un canal d'écoulement sous un canal de distribution. Dans ce cas, on fait écouler l'eau par un conduit souterrain en pierres, ou si la quantité d'eau est peu considérable, par un conduit en bois foré. Dans des cas

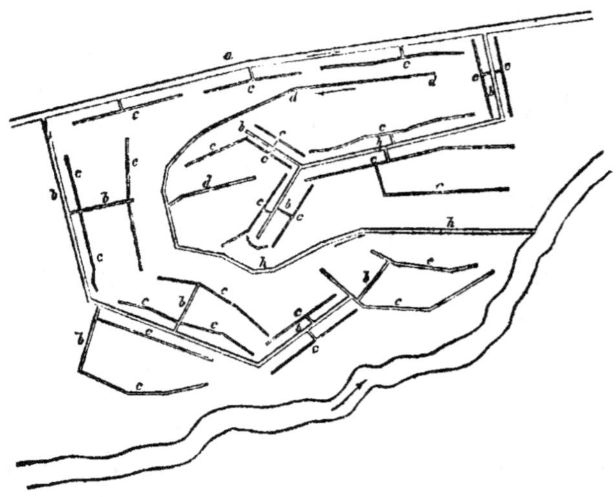

Fig. 86.

semblables, qui tous ne peuvent être prévus ou indiqués, l'intelligence du cultivateur doit lui suggérer les moyens d'arriver au but de la manière la plus convenable.

Nous avons tout à l'heure cité les prés de montagnes de Gerhardsbrunn. C'est dans des localités semblables que bien des jeunes cultivateurs devraient venir apprendre comment l'homme peut lutter contre une nature ingrate et surmonter les obstacles à force de travail et de persévérance.

D'immenses améliorations peuvent être facilement introduites par les irrigations dans l'agriculture française, chacun le voit et le sait; mais ce que la très grande majorité des propriétaires ne soupçonne pas, c'est qu'il y a

9.

bien des montagnes, aujourd'hui arides, qui pourraient, à peu de frais, être couvertes d'une riche verdure.

Nous connaissons un charmant vallon, dont on admire aujourd'hui les eaux, les riches récoltes de fourrage; les plantations d'arbres, et qui, il y a vingt ans, n'était qu'un stérile ravin, entouré de terres nues, soumises à l'assolement triennal, et dont les maigres récoltes payaient à peine les frais de culture. Un homme qui avait l'amour de l'agriculture, qui avait la volonté et les moyens d'améliorer, comprit les ressources qu'offraient la disposition du terrain et les eaux qu'il contenait. Par des achats et par des échanges, il parvint, non sans peine, à arrondir sa propriété, et à acquérir ce qui était nécessaire à l'exécution de ses plans.

Pendant la sécheresse, le cours d'eau était presque nul; par les pluies, les eaux qui descendaient de toutes parts des montagnes en faisaient un torrent. Deux digues furent établies : l'une au haut, l'autre vers le milieu du vallon, et formèrent deux étangs qui retiennent les eaux surabondantes pour les rendre plus tard lorsque le besoin s'en fait sentir. Elles alimentent un beau moulin situé au bas du vallon, et dont la roue a sept mètres de diamètre. Les terres situées des deux côtés du ravin étant depuis longtemps soumises à la culture, les travaux de nivellement ont été peu considérables. Avec les pierres qui se trouvaient sur place en abondance, on a comblé les trous et on a construit quelques murailles sèches. Des chemins praticables aux voitures ont été établis, et on a pris les précautions nécessaires pour que les grandes eaux ne puissent plus causer de dégâts. Nous venons tout à l'heure de voir comment, à Gerhards-brunn, on établit un chemin le long du canal d'irrigation, sur une pente rapide, et sans enlever à la prairie la moindre portion de son étendue; ici les circonstances étaient toutes différentes. L'inclinaison du terrain était moindre; le sol, au lieu d'être sablonneux, était argilo-calcaire, par conséquent assez compacte, enfin on avait à craindre de très fortes eaux. On a alors pratiqué de chaque côté un large canal avec une pente régulière jusqu'à l'extrémité de la propriété. Ce canal a au fond deux mètres de largeur et il est macadamisé, ce qui s'est fait sans peine et avec peu de frais parce que la terre était partout couverte de pierres calcaires dont on avait à se débarrasser. Il sert de chemin aux voitures pour la sortie des récoltes, en même temps qu'il fournit les eaux pour l'irrigation et qu'il assure l'écoulement (sans qu'elles puissent causer aucun dégât) de celles qu'on ne peut utiliser.

Ainsi chaque étang a trois issues : l'une a sa partie la plus profonde au milieu et sous la digue. Cette ouver-ture, garnie d'une pale, laisse sortir à volonté la quan-tité d'eau dont on a besoin pour le service du moulin, et elle peut mettre l'étang complétement à sec. Les deux autres issues ou déchargeoirs sont à la partie supérieure et à chaque extrémité de la digue; elles laissent s'é-chapper le trop-plein qui s'écoule par les canaux servant de chemins.

On a donc obtenu un beau moulin d'un bon rapport; on a créé plusieurs hectares de prés remarquables par l'abondance et la qualité du fourrage; les bords des étangs, le fond de l'ancien ravin sont plantés de saules, de peupliers et d'autres arbres; tous les chemins et sen-tiers sont bordés d'arbres fruitiers, et toutes ces plan-tations donneront aussi bientôt un revenu certain.

L'homme qui a exécuté ces travaux, et beaucoup d'autres encore, était Charles Villeroy, enlevé trop tôt à ses amis et à l'agriculture.

Combien de terres sauvages et d'une valeur presque nulle pourraient être ainsi transformées et se couvrir de riches récoltes ! Si le simple cultivateur a l'idée de ces améliorations, les moyens d'exécution lui manquent, et le propriétaire qui a les connaissances nécessaires pour combiner et diriger les travaux, l'argent pour les payer, celui-là n'a pas la volonté de faire. Il ne sait pas combien les entreprises d'irrigation sont lucratives, combien elles amènent d'heureux résultats dans l'intérêt public comme dans l'intérêt privé, sans entraîner avec elles tous les embarras et tous les risques de la culture des terres. Il court souvent après la fortune dans des entreprises hasardeuses, et il ne voit pas le placement de capitaux certains et avantageux qu'il a près de lui. Il ignore surtout les jouissances si douces, si pures qu'éprouve celui qui a couvert d'une riche végétation un sol auparavant aride, qui voit croître les plantes qu'il a semées, qui cueille les premiers fruits des arbres qu'il a élevés, qui en contemplant une riche production qui sans lui ne serait pas, en se voyant entouré d'hommes qu'il fait vivre par le travail, dont il assure la santé et la moralité, peut tous les jours se dire : *Mes œuvres sont bonnes.*

CHAPITRE II.

Construction des prés selon la méthode de Siegen.

Quoique l'emploi des divers modes d'irrigation que nous venons de décrire soit toujours avantageux, quoique par eux on puisse beaucoup améliorer les prés et augmenter leurs produits, ils n'amèneront pourtant pas complétement tous les résultats qu'on peut obtenir de l'irrigation. La prairie qui, au premier coup-d'œil, semble être le plus unie, présente, quand on l'examine attentivement, de petites éminences où l'eau n'arrive pas, de petits creux dans lesquels elle séjourne. Pour que l'irrigation s'opère parfaitement, un nivellement complet est nécessaire.

Ce nivellement des prés d'après des règles résultant de l'expérience, dans le but de donner au sol la forme la plus parfaite pour l'irrigation, les Allemands le nomment *umbau :* la *reconstruction* d'un pré. La nature a fait un pré, l'art le défait pour le reconstruire.

« Le métier, dit Schwerz, devient ici un art, et ce n'est pas à tort qu'on considère la bonne disposition d'un pré pour l'irrigation comme la plus intelligente et la plus utile de toutes les opérations agricoles. »

La reconstruction des prés, selon les règles de l'art, est originaire des environs de la ville de Siegen. De 1750 à 1780, elle y a été introduite et perfectionnée par Albert-Adolphe Dresler, bourgmestre à Siegen. Aujourd'hui encore ce sont les maîtres irrigateurs de Siegen auxquels on donne la préférence, quoique cet art se soit répandu dans toute l'Allemagne, et que dans plusieurs États on ait établi des écoles spéciales pour l'irrigation des prés et tous les travaux qui y ont rapport.

Cette reconstruction des prés est une conquête des temps modernes; elle a été amenée par l'accroissement de la population, l'augmentation de la valeur de la terre, et l'importance qu'a prise la production du fourrage. C'est en Allemagne que cet art a pris naissance et s'est perfectionné. L'Angleterre elle-même, dont l'agriculture occupe un rang si élevé, a reçu de l'Allemagne l'art des irrigations, et ce n'est qu'en 1812 que le fermier Blomfield a répandu en Angleterre la connaissance de cet art.

Quoique la reconstruction des prés soit une des plus belles opérations de l'agriculture, elle est cependant toujours une amélioration coûteuse, et on ne doit l'entreprendre que sur un sol qui donne la certitude de résultats avantageux.

Ainsi donc, avant de se décider à reconstruire un pré, on doit l'examiner attentivement, sans prévention, et acquérir la conviction qu'il réunit réellement les conditions qui rendent l'opération nécessaire ou du moins convenable.

Voici comment Schenk s'exprime à cet égard :

« La reconstruction ne doit pas être prise pour règle générale; au contraire, *on doit la considérer comme une exception amenée par la nécessité ou par la certitude d'un produit plus considérable.*

« Si la surface du pré est tellement inégale qu'on ne puisse, sans des frais considérables, la niveler pour que l'eau se répande partout et s'écoule promptement; si le sol, dans certains endroits, retient l'eau de manière à devenir marécageux par l'irrigation, tandis que dans d'autres parties l'eau s'infiltre dans un sol sec; si l'on a alternativement des élévations où on ne peut amener l'eau, et des creux où elle s'amasse ou bien remonte dès qu'elle est un peu haute; si le ruisseau creuse et déchire ses rives et qu'on ne puisse remédier à cet inconvénient, ni en élevant le canal de dérivation, ni en donnant plus de profondeur au canal d'écoulement, ni en faisant des digues en gazon..... alors il y a *nécessité* de reconstruire le pré.

« Si tous ces défauts n'existent pas dans un pré, mais s'il manque de pente dans certains endroits, tandis que dans d'autres il y en a une trop forte, que par suite il croîtra là où l'eau séjourne des plantes de mauvaise qualité; si dans certaines parties le sol laisse trop facilement filtrer l'eau, tandis que dans d'autres il la retient, soit par sa nature même, soit à cause d'un sous-sol imperméable, et que par suite de toutes ces circonstances on récolte sur une partie du bon foin, sur une autre du foin aigre, alors la reconstruction du pré paraît être *utile*, elle doit amener d'heureux résultats, tant pour la quantité que pour la qualité du fourrage.

« Mais là où ces défauts peu importans ne se trouvent pas, où le pré peut être facilement disposé pour l'irrigation naturelle, où l'on obtient déjà de bon fourrage, que le bétail mange volontiers, dans ce cas, la reconstruction n'est pas à conseiller. »

Outre ces considérations relatives à la configuration du sol, il est important d'avoir aussi égard à la quantité et à la nature de l'eau, avant de se décider à reconstruire un pré. Il faut que l'on ait *en tout temps*, à sa disposition, de bonne eau, en suffisante quantité. Les eaux qui proviennent de marais ou de forêts ne peuvent pas amener d'heureux résultats, et si l'eau est fréquemment trouble et chargée de vase, elle élève le sol du pré et met bientôt dans la nécessité de le reconstruire de nouveau.

Schenk établit que la plus petite quantité d'eau avec laquelle on puisse arroser avec succès doit couler sur le sol à une hauteur de une ligne décimale (la ligne décimale égale $3^{millim},18$). Enfin entre le canal de dérivation et le canal de desséchement, il doit exister une pente suffisante, afin que l'eau ne reflue pas dans les rigoles d'écoulement. Les irrigateurs de Siegen pensent que cette pente ne peut pas être moindre de **3 p. 100**.

Lorsque toutes ces conditions se trouvent réunies et qu'on s'est décidé à la reconstruction, on doit s'occuper des travaux préparatoires, et d'abord de l'établissement du principal *canal de desséchement*, du *canal de dérivation* et du *tracé du plan*.

Il est bon de commencer par le canal de desséchement, d'abord pour que les eaux s'écoulent et ne puissent pas gêner les travaux, ensuite pour bien constater la pente et acquérir la certitude que les opérations de nivellement ont été faites avec exactitude.

Autant que possible, le canal de dérivation doit être établi assez haut pour que son fond soit au moins aussi élevé que la surface du pré dans la partie qui l'avoisine. Les irrigateurs de Siegen considèrent comme une condition importante d'une bonne construction que le canal de dérivation soit de $0^m,33$ plus élevé que le niveau du pré. Par le fait de l'irrigation, le sol du pré s'exhausse successivement, et s'il est de niveau avec le canal de dérivation, l'irrigation deviendra bientôt impossible, et il faudra recourir à une nouvelle construction du pré.

Ces canaux étant établis, on procède à la division du pré, c'est-à-dire qu'on détermine dans quelles parties aura lieu l'irrigation en plan incliné, et dans quelles parties l'irrigation en ados.

Si le pré a passablement de pente, au moins 4 p. 100, s'il n'est pas disposé à devenir marécageux ou à produire du fourrage aigre, si avec cela on n'a pas de l'eau en suffisante quantité pour une irrigation vigoureuse, alors on doit préférer l'irrigation *en plan incliné*. Elle doit être aussi préférée si, pendant les mois d'été, on n'a que peu d'eau à sa disposition pour humecter le pré. Le pré en pente s'humecte mieux et conserve mieux l'humidité que celui en ados.

Les parties aigres et marécageuses pour lesquelles on a suffisamment d'eau doivent être mises *en ados étroits*. Ce sont aussi ces ados étroits qui nécessitent le moins de pente naturelle du terrain.

Avec une faible inclinaison du sol, qui ne se prête plus à l'irrigation en plan incliné, et si l'on n'a pas dans tous les temps de l'eau en abondance à sa disposition, pourvu que le sol ne soit pas trop aigre ou marécageux, on le divisera *en ados larges*.

L'irrigation en plan incliné convient à un sol sec ; c'est elle qui demande la plus forte inclinaison du sol et qui exige le moins d'eau.

Les ados étroits conviennent à un sol humide, aigre, avec peu de pente, et demande la plus grande quantité d'eau.

Entre ces deux extrêmes sont les ados larges.

On ne pourra pas toujours disposer toute l'étendue d'un pré d'après le même système. Au contraire, il arrivera qu'à une partie conviennent mieux les ados étroits, à une autre les ados larges, à une autre l'irrigation en plan incliné. Lorsque deux ou trois modes d'irrigation sont ainsi réunis dans un pré, on le nomme en allemand *zusammengesetzter Bau,* que nous ne saurions mieux traduire que par *construction compliquée.*

Une des grandes difficultés, quand on trace le plan d'un pré, est de l'ordonner de telle manière que les déblais et remblais se compensent, que la terre qui est de trop ne doive pas être transportée trop loin, et que pour les endroits où il en manque il ne faille pas non plus aller la chercher trop loin. Pour atteindre plus facilement ce but, on fractionne l'étendue du pré, et on fait pour chaque fraction un plan particulier.

C'est d'un bon plan que dépend le succès de l'opération, c'est-à-dire le prix de revient de la construction, et plus tard le produit du pré.

1. Un pré qui a été disposé pour l'irrigation avec des frais considérables doit être traité avec les plus grands ménagemens. Ainsi on doit, autant que possible, éviter le passage des voitures sur les planches ; ce passage est d'ailleurs difficile et incommode. Il faut donc, dès le principe, s'assurer de chemins sûrs et commodes. On peut admettre en principe qu'un chemin est nécessaire pour une largeur de 100 mètres, de manière qu'il y ait un espace de 50 mètres de chaque côté du chemin. Une plus grande distance serait incommode, et il faudrait plutôt la diminuer que l'augmenter, attendu qu'il est important de pouvoir enlever le foin promptement et facilement. Les chemins peuvent à la vérité être aussi arrosés si l'on a beaucoup d'eau à sa disposition ; mais dans la construction d'un pré on évite de toucher au

sol des chemins, parce que si on l'ameublit, les pieds des animaux y enfoncent et les roues y tracent des ornières. Les cultivateurs du pays de Siegen sont d'avis que pour une distance qui n'excède pas 500 mètres il vaut mieux rentrer le foin en le portant dans des draps que de le charger sur des voitures.

2. Quand on s'est assuré de la pente du pré et de la nature du sol, et qu'on en a tracé les divisions, on vérifie de même les divisions et subdivisions. Chaque subdivision est marquée par des piquets, et au moyen du niveau d'eau on cherche à s'assurer de la quantité de terre à enlever ou à rapporter. Ces déblais et remblais ne peuvent être calculés rigoureusement; d'une part, parce qu'on ne peut pas apprécier toutes les petites irrégularités du terrain; de l'autre, parce que la terre remuée occupe plus ou moins d'espace, selon qu'elle a plus ou moins de consistance.

Cependant ces calculs sont à recommander au moins à ceux qui manquent encore de l'expérience de ces sortes de travaux et qui n'ont pas encore acquis le coup-d'œil exercé qui peut suffire à celui qui le possède pour tracer un plan.

Pour donner une idée de ces calculs, nous nous bornerons à un exemple tout-à-fait simple et facile.

Nous supposons une surface unie qui doit être formée en ados. La longueur est 50 mètres et la largeur 30 mètres. On veut former 5 ados ayant chacun 10 mètres de largeur et 30 mètres de longueur. Si la hauteur de chaque ados, dans sa partie la plus élevée, est de $0^m,60$, on a un prisme de 10 mètres de base, $0^m,60$ de hauteur et 30 mètres de longueur, ou une contenance de 90 mètres cubes. Ainsi les cinq planches nécessiteront une masse de terre de 5 ✕ 90 ou 450 mètres-cubes.

On suppose ici que les planches sont construites en les élevant sur l'ancien sol et en rapportant la totalité de la terre dont elles sont formées. Cependant ce cas se présente rarement. Le plus souvent les planches sont formées avec le sol même du pré, et ce qu'on enlève sur les côtés suffit pour leur donner au milieu la hauteur nécessaire.

Si la surface unie que nous venons de supposer devait être disposée pour l'irrigation en plan incliné, il faudrait, pour obtenir une inclinaison de 5 p. 100, abaisser au bas du pré le sol de $0^m,75$, pour le reporter à la partie supérieure.

On aurait ainsi un prisme de 30 mètres de largeur, 50 mètres de longueur, une épaisseur moyenne de $0^m,75$ et un cube de 1,125 mètres.

Ces calculs peuvent être d'autant plus exacts que la surface du sol est plus unie. L'inclinaison, pourvu qu'elle soit régulière, n'est d'aucune conséquence.

Supposons que la surface qui nous a servi d'exemple ait 2 p. 100 de pente, son bord inférieur devrait être encore abaissé de 3 p. 100 pour obtenir l'inclinaison de 5 p. 100, ce qui ferait $0^m,90$. L'épaisseur moyenne de la terre à enlever serait de $0^m,45$ et la masse totale de 675 mètres cubes.

Si la surface du pré est très inégale, il faut calculer séparément chaque élévation et chaque enfoncement un peu considérables, et évaluer les autres à vue d'œil.

Dans le calcul des terres à transporter, on doit remarquer qu'une masse solide de 5 mètres cubes de terre à transporter donne, étant remuée, 6 à 7 mètres cubes.

Cette différence varie suivant la nature du sol qui augmente d'autant plus de volume qu'il s'ameublit plus en le travaillant. Il est vrai qu'un tassement de la terre rapportée a toujours lieu ensuite, mais elle ne devient jamais aussi ferme qu'elle était auparavant.

3. La somme des frais qu'entraîne la construction d'un pré dépend moins de la masse des terres à remuer que de la distance à laquelle elles doivent être transportées. Il est facile de comprendre que les frais ne doivent pas dépendre seulement de la quantité de terre à remuer; car tous les autres travaux, couper et enlever le gazon, unir, battre le sol, etc., sont dans tous les cas les mêmes, soit qu'il y ait peu ou beaucoup de mouvemens de terres.

La manière la plus facile et la moins chère de remuer la terre, c'est de la jeter à la pelle. Schenk dit qu'un bon ouvrier, en dix heures de travail, jette à la pelle 9 mètres cubes de terre à **2** à **3** mètres de distance. Pour cela, il faut que la terre se travaille bien, qu'elle ne s'émiette pas trop et qu'elle ne s'attache pas à la pelle.

Quand la terre se colle aux outils, on doit être content si le même ouvrier en jette 6 mètres cubes au lieu de 9. Quand on jette successivement la même terre deux fois, elle s'émiette de manière que le second ouvrier ne peut faire autant d'ouvrage que le premier dans le même temps.

C'est un fait constaté par l'expérience que, si on peut transporter la terre à sa destination en la jetant à la pelle deux fois, ce moyen est préférable au transport par voitures. Mais s'il fallait la jeter une troisième fois, on la transporte ordinairement avec un tombereau à bras mis en mouvement par deux hommes. On compte que trois hommes transportent autant que deux chevaux attelés à une voiture. Le travail au moyen du tombereau à bras est plus cher de deux tiers que celui à la pelle.

Rarement le sol d'un pré est partout de même nature; tantôt on rencontrera une terre légère et friable, tantôt une glaise tenace qui reste collée aux outils, et cette diversité de nature du sol amène une énorme différence dans la facilité du travail et dans les frais, lors même qu'on les a calculés avec tout le soin possible. Cependant nous donnons à la fin de ce volume (*Appendice* 1) un tableau des travaux et des frais. Pour ceux qui manquent encore d'expérience dans la construction des prés, ce tableau, s'il ne peut pas servir à faire un devis des frais, aidera à juger des travaux isolés, et surtout fournira des données à l'aide desquelles on exercera la surveillance sur les ouvriers.

Ceux qui par état s'occupent de la construction des prés s'en rapportent ordinairement au coup-d'œil pour faire le devis des frais; en cela ils ont l'avantage d'avoir pour point de comparaison les travaux qu'ils ont déjà précédemment exécutés.

En général on doit chercher à éviter autant que possible les transports éloignés de terre. Ces transports, au moyen d'attelages, sont toujours très coûteux, à moins que les bêtes de trait n'aient pas en hiver d'autre occupation, comme cela arrive souvent chez les petits cultivateurs. On peut, au moins en partie, atteindre ce but d'économie des transports, par une distribution bien combinée du terrain pour l'irrigation en plan incliné et en ados.

4. Il n'est pas possible de déterminer, par des règles générales et applicables partout, dans quels cas on doit disposer le terrain en ados ou en plan incliné.

La préférence à donner à l'un ou à l'autre mode dépend, comme nous l'avons déjà dit, de la disposition du terrain.

Un exemple fera mieux comprendre par quelles considérations on doit être déterminé. *Fig.* **87** : la ligne *a b*

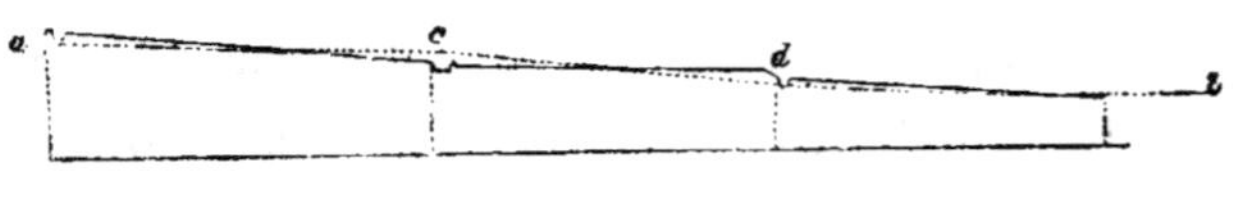

Fig. 87.

indique la pente naturelle d'un pré qu'on veut reconstruire. Comme dans la règle il n'y a pas ordinairement de terre à enlever immédiatement au-dessous du canal de distribution, on établit une pente de *a* en *c*, et la terre qu'on obtient en abaissant le sol trouve un emploi facile avec un transport peu éloigné, en formant des ados de *c* en *d*. Au-dessous de ces ados on établit de nouveau un plan incliné de *d* en *b*, puis au-dessous encore des ados, et ainsi de suite. On donne aux ados la longueur suffisante pour faire emploi de la terre provenant des déblais du plan incliné qui est au-dessus.

Si, au contraire, il y avait près du canal de distribution de la terre à enlever, on commencerait par construire là des ados au-dessous desquels on formerait un plan incliné, et ainsi de suite.

En général on peut admettre comme règle que la construction d'un plan incliné produit de la terre à enlever, et que la construction d'un ados exige de la terre qu'on doit rapporter. Mais ces règles ne trouvent leur application que là où le sol se prête également aux deux modes d'irrigation en plan incliné et en ados.

10

5. C'est à la partie supérieure du pré et en partant du canal de distribution qu'il est le plus convenable de commencer les travaux de construction. On les entreprend par fractions, chaque fraction occupant la largeur du pré entre le canal de distribution et le canal d'écoulement, et on continue ainsi en suivant le cours de l'eau. Si dès le début des travaux on a terminé le canal de distribution sur toute sa longueur, on peut aussi commencer en aval, à la partie la plus basse et en remontant le cours de l'eau, mais toujours en opérant à la fois sur toute la largeur.

Si pour ménager les récoltes de fourrage, on prend sans ordre et çà et là une portion du pré après l'autre pour le construire, il arrive que les parties déjà construites ont à souffrir par suite des travaux des parties voisines, et qu'en définitive l'ensemble du travail manque nécessairement de la régularité désirable.

6. Si le tracé des travaux, les calculs et les devis étant terminés, on trouve que dans une partie il y aura de la terre de reste, tandis qu'elle manquera dans une autre, on fait marcher de front la construction de ces deux parties, lors même qu'elles ne sont pas immédiatement près l'une de l'autre. La terre est alors de suite transportée là où on en a besoin, et il y a économie de temps et de travail.

On cherche à tout disposer de manière que, dans la partie qui sera construite la dernière, les déblais suffisent aux remblais, c'est-à-dire qu'elle puisse être terminée avec les matériaux qui seront alors disponibles. Si, malgré les précautions prises, il se trouvait de la terre de reste et qu'il ne fût pas possible pour l'employer d'élever le niveau de toute cette partie, on forme de cette terre un tas qui reste disponible pour remédier aux affaissemens de terrain qui, plus tard, peuvent avoir lieu, ou réparer les dégâts qui pourront être faits par les eaux. Si les circonstances locales ne permettent pas de recourir à ce moyen, on peut souvent se débarrasser des terres dont on n'a aucun emploi, en les faisant couler dans le ruisseau voisin au moyen d'un profond canal.

Dans la construction des ados, on peut, au besoin, faire entrer une plus grande quantité de terre, en leur donnant une forme bombée au lieu de la forme prismatique qu'ils doivent avoir (*fig.* 88). De cette manière, on

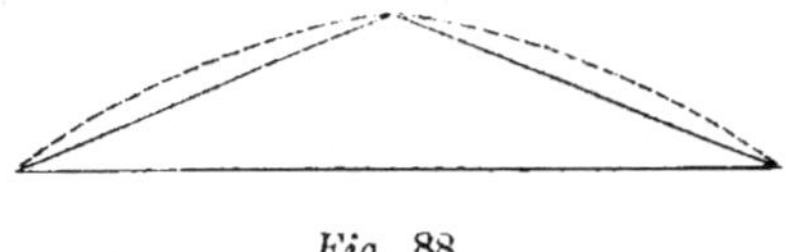

Fig. 88.

peut trouver à placer, sans qu'il en résulte d'inconvénient, une quantité de terre considérable.

La forme bombée donnée sans nécessité aux ados est une faute que nous avons souvent remarquée et contre laquelle nous devons prévenir ceux qui ont des prés à construire. La surface plane est plus facile à arroser, plus facile surtout à faucher et il n'y a aucun motif pour faire les planches bombées, si l'on n'y est en quelque sorte forcé pour faire emploi de terres dont on ne saurait se débarrasser autrement.

Si, au contraire, on manque de terre et qu'on ne puisse pas en prendre à une distance rapprochée, on peut s'aider en raccourcissant les extrémités des ados, et, plus tard, avec les matériaux provenant du curage des fossés,

10.

on leur donne successivement la forme qu'ils doivent avoir (*fig.* 89).

Fig. 89.

On peut aussi, d'espace en espace, creuser de petits bassins dans lesquels s'amassent du sable et de la vase qui servent plus tard à remplir les vides.

Lorsque la construction s'avance régulièrement d'une extrémité du pré à l'autre, les canaux de distribution peuvent être faits en même temps que les autres travaux ; mais si l'on construit partiellement et sans ordre, les canaux de distribution doivent être terminés avant de commencer les autres travaux.

Ces canaux ne peuvent être faits sans qu'il y ait des terres à enlever ou à rapporter, et, si on ne les exécutait qu'après, il en résulterait désordre dans les travaux, perte de temps et de main-d'œuvre.

7. Si l'on a des travaux un peu considérables à exécuter, il est bon, et nous pourrions presque dire qu'il est indispensable, de lever un plan de tout le pré. Dans ce plan, on indique la pente de chaque division et en général les résultats de chaque nivellement pour les avoir sous les yeux toutes les fois qu'on en a besoin et ne pas être dans le cas de recommencer des opérations déjà faites. Ce plan doit, en outre, contenir :

a La direction de la digue à construire dans la rivière ou dans le ruisseau, le principal canal de dérivation, les canaux de distribution, les rigoles d'écoulement et le principal canal de desséchement. Pour chacun de ces canaux, on note la pente, la largeur et la profondeur, enfin tout ce qu'il est utile de savoir pendant le cours des travaux.

b Le tracé des divisions qu'on a intention d'établir dans le pré.

c L'indication de la forme que doit recevoir le sol de chaque division, plan incliné ou ados, ou l'un et l'autre. On a soin de noter la longueur, la largeur et l'inclinaison du terrain.

d Enfin, les chemins doivent aussi être tracés. Ce plan doit encore contenir les autres notes qu'on est dans le cas de prendre sur la nature du sol, du sous-sol, etc., et pour la conservation desquelles on ne peut se fier à sa mémoire.

Les irrigateurs de profession travaillent à la vérité sans faire de plan. Une longue expérience leur fait acquérir cette sûreté de tact et de mémoire qu'on rencontre souvent chez des hommes uniquement adonnés à un travail pratique. Mais un cultivateur, qui peut-être n'aura qu'une fois en sa vie l'occasion d'exécuter un travail semblable, ne peut pas avoir cette expérience, et pour lui un plan exact est presque de nécessité indispensable. A l'aide du plan, il repasse chez lui, dans son esprit, toutes les opérations et les soumet à un examen attentif; il peut avoir à toute heure, sous les yeux, le tableau du pré qu'il va créer, et il peut être amené à bien des observations que sans cela il n'eût pas pu faire. Nous conseillerons même, à celui qui manque d'expérience, de faire deux plans, l'un représentant le pré dans son état naturel, l'autre dans l'état où on se propose de le mettre. Les diverses opérations de la construction se présentent ainsi d'une manière beaucoup plus saillante et plus claire, et on reconnaît comme étant d'une facile exécution bien des dispositions qu'à un examen superficiel on avait regardées comme impossibles.

§ Ier. — Époque de la reconstruction.

L'époque de l'année à laquelle on entreprend la construction d'un pré n'est pas indifférente. A la vérité, pour une entreprise considérable, il faut travailler toute l'année ; mais si les travaux peuvent se terminer en peu de temps, on doit choisir l'époque et les circonstances les plus favorables.

L'époque la plus favorable, dit Schenk, pour commencer les travaux, arrive lorsque la terre est dégelée et qu'on n'a plus à craindre de grands froids, ordinairement au commencement du mois de mars. La terre et le gazon ont encore de la fraîcheur, la végétation se ranime, le soleil n'a pas encore assez de force pour brûler les gazons détachés du sol et dessécher la terre mise à découvert, et la reprise des gazons est ordinairement prompte. Si avec cela on prend des précautions, comme de ne pas laisser lever plus de gazons qu'on ne peut en replacer en deux jours, de ne leur donner qu'environ 0^m,04 d'épaisseur, de les damer dès qu'ils sont replacés, enfin d'attendre qu'ils aient repris racine pour arroser, ce qui demande cinq à six semaines ; avec ces soins, on peut la même année, à la fin du mois de juin, faucher déjà, sur les parties construites en mars, autant et souvent plus d'herbe que le pré n'en donnait précédemment dans son état naturel.

Schwerz dit que les gazons peuvent rester longtemps

en tas, que même ils peuvent passer ainsi l'hiver exposés à la gelée, à la neige et à la pluie, sans en souffrir beaucoup. Les irrigateurs de Siegen sont, au contraire, d'avis qu'on doit replacer les gazons aussitôt que possible, avant que le vent et le soleil ne les ait desséchés; ils ne les laissent jamais attendre plus de deux ou trois jours, et ils attachent à cette précaution beaucoup d'importance. Elle peut en effet avoir une grande influence sur la récolte d'herbe de l'année; mais si on ne tient pas beaucoup à ce produit, les gazons peuvent rester un certain temps avant d'être replacés et sans en souffrir.

Plus la température est sèche, plus le soleil est déjà chaud et la végétation avancée, et plus le déplacement du gazon diminue le produit d'herbe de la première année. Les parties terminées en avril donnent encore deux tiers; celles terminées en mai seulement moitié du produit qu'elles donnaient dans leur état brut; et, passé cette époque, on n'aura plus la même année qu'un produit très faible ou nul.

Par un temps sec et chaud, la terre est plus facile à travailler; mais pour replacer et battre le gazon, cette température n'est pas favorable, et un temps humide vaut mieux. A l'automne, on ne doit plus entreprendre de travaux de construction, si les gazons ne peuvent plus avoir repris racine avant les gelées. Par la gelée, la terre se soulève, les gazons se détachent du sol sur lequel on les a placés, la terre s'affaisse inégalement et la surface du pré n'est plus unie.

Par la même raison, on doit éviter de travailler en hiver. Les prés construits immédiatement avant ou pendant l'hiver sont ordinairement d'un moindre rapport les premières années, et ne se remettent que petit à petit. Schenk recommande de lever les gazons d'autant plus minces que la végétation de l'herbe est plus avancée, et d'autant plus épais que la végétation est moins avancée ou plus près de cesser.

Du 15 avril au 15 août, il ne donne aux gazons que $0^m,03$ d'épaisseur; du 15 août au 15 septembre, $0^m,04$, et plus tard jusqu'à $0^m,06$. Il pense que, si en levant les gazons très minces on a tranché les racines des plantes à l'époque où la végétation est en activité, alors elles poussent mieux que si elles n'eussent pas été tranchées, semblables à un arbre qu'on transplante et dont on rogne les racines pour lui assurer une végétation plus vigoureuse. Telle est l'opinion de Schenk; mais on pourrait lui objecter qu'une plante levée et transplantée en motte est d'une reprise beaucoup plus certaine que celle dont les racines ont été dépouillées de terre et plus ou moins raccourcies. Ces gazons, levés très minces et qui se dessèchent d'autant plus facilement, ne peuvent, sans en souffrir, rester que très peu de temps exposés à l'air et au soleil; et toutes les fois qu'on ne peut replacer de suite les gazons, il vaut mieux leur donner une épaisseur de $0^m,10$ à $0^m,12$.

§ II. — Détails des travaux de la reconstruction.

Avant de commencer à décrire la construction des ados et des plans inclinés, pour éviter les répétitions et les longueurs, nous passerons rapidement en revue les travaux de la reconstruction : ces travaux consistent à tailler les gazons, les détacher, remuer la terre, la jeter à la pelle ou la transporter à l'aide de brouettes ou de voitures, la niveler, la recouvrir de gazons, battre le gazon, creuser les rigoles. La bonne exécution de tous ces travaux ne contribue pas seulement à la perfection de l'ouvrage, mais encore elle diminue beaucoup les frais.

1. On taille les gazons avec le croissant (*fig.* **17**); on les coupe d'abord en bandes larges de 0ᵐ,32, puis on divise les bandes de manière à obtenir des morceaux de 0ᵐ,32 carrés.

Récemment, on a introduit la méthode de couper des bandes longues d'environ 4 mètres, et qu'on roule sur elles-mêmes lorsque le gazon est assez solide pour se prêter à cette opération. On cherche à couper les bandes de gazon en ligne droite, dût-on même pour cela se servir du cordeau, et à couper les morceaux à angle droit et d'égales dimensions. Il est plus facile de les replacer lorsqu'ils ont tous la même grandeur et la même forme. Au lieu du *croissant* (*fig.* 16), on emploie aussi le *coupe-gazon* (*fig.* 25), instrument qui porte une lame tranchante sur un essieu et deux petites roues. Un homme le pousse devant lui et la lame coupe le gazon à la profondeur qu'on veut avoir. On a encore inventé d'autres instrumens, mais on est toujours revenu au *croissant*, comme le plus facile et le plus simple.

2. On détache le gazon avec la *pelle à couper* (*fig.* 8). Une première bande étant détachée, l'ouvrier est placé sur le sol qu'elle couvrait, ayant devant lui la bande suivante. Lorsque le gazon est détaché, un ouvrier saisit à une extrémité la bande longue de 4 mètres et la roule sur elle-même en l'amenant vers l'endroit où elle doit être placée.

La bande étant entièrement roulée, on peut ou la

laisser au point où elle est arrivée, ou bien passer au milieu un bâton à l'aide duquel deux hommes la transportent plus loin. On ne donne pas aux bandes destinées à être roulées plus de 4 mètres de longueur; plus longues, elles deviendraient trop lourdes à transporter. Lorsque le gazon est cassant, il est inutile de dire qu'on ne peut pas le rouler.

Ordinairement, on fait marcher ensemble les deux opérations de couper et de détacher le gazon : un homme coupe les bandes, deux autres les détachent et un quatrième roule. Ainsi que nous l'avons déjà dit, l'épaisseur des gazons varie de 0^m,06 à 0^m,12.

3. Après que le gazon est enlevé, on donne au sol la forme qu'il doit avoir, et en même temps on l'ameublit par un labour pour lequel les irrigateurs emploient, au lieu de la bêche, la pelle de Siegen (*fig.* 8).

Pour les planches, on commence ordinairement par leur extrémité inférieure, celle à laquelle sa forme a fait donner le nom de *pignon,* et pour les plans inclinés, on commence à la partie supérieure, immédiatement au-dessous du canal de distribution. Il est important que la bonne terre végétale se retrouve immédiatement sous les gazons; pour cela on commence par l'enlever et la mettre de côté, sur une largeur d'environ 2 mètres. On remue alors le sous-sol en lui donnant la forme qu'il doit avoir. S'il est trop bas, on rapporte la quantité de terre nécessaire pour lui donner la hauteur voulue; s'il est trop élevé, on enlève ce qu'il y a de trop, et toujours on bêche ce qui reste.

Pour donner la forme voulue, on ne s'en rapporte pas au coup-d'œil, et les hauteurs doivent avoir été d'avance marquées par des piquets. Pendant le travail, on vérifie encore, au moyen de la latte à plomb, l'exactitude de ces piquets, et on s'assure qu'ils n'ont pas été dérangés. Lorsque le travail du sous-sol est terminé, on le recouvre avec la terre végétale que l'on étend également partout; si elle contient des pierres, on les enlève soigneusement et on s'en débarrasse en les enterrant dans le sous-sol. Cet ameublissement du sous-sol et de la terre végétale, et le soin de rendre à chacun la place qu'il occupait, sont une condition importante de la reconstruction des prés, et ce qui distingue essentiellement ce mode d'irrigation de l'irrigation naturelle.

4. Après qu'on a donné au sol la forme qu'il doit avoir, on s'occupe de l'unir. On se sert pour cela d'un râteau en fer, ou d'un rabot. Pendant cette opération, on a fréquemment recours à la latte à plomb pour bien s'assurer que les piquets sont à la hauteur qu'ils doivent avoir. Ces piquets sont alors au-dessus de la surface du sol de toute l'épaisseur du gazon qui doit le recouvrir. L'exactitude des piquets étant constatée, on tend le cordeau de l'un à l'autre, on le tend même diagonalement, enfin on ne néglige aucune précaution pour obtenir l'aplanissement parfait du terrain. On tasse, en les frappant avec la pelle, les parties sur lesquelles doivent être établies les rigoles d'irrigation.

Quelques constructeurs, pour prévenir le tassement qui doit s'opérer plus tard, dament le sol partout après qu'il est aplani, mais cette opération est longue et coûteuse, et elle ne remplit pas complétement le but qu'on se propose.

5. Plus le sol est sec et disposé à se dessécher, plus il faut se hâter de le couvrir en replaçant le gazon. Si, au

contraire, il est marécageux ou bourbeux, il est bon de le laisser découvert dix à quinze jours, même plus longtemps. Il s'améliore sensiblement par l'influence de l'air et du soleil. Les bandes de gazons ne sont pas étendues en long parallèlement aux rigoles d'irrigation, mais dans le sens de la largeur de la planche de la rigole d'irrigation à la rigole d'écoulement. Si on les étendait en long, l'eau pendant l'irrigation pénétrerait dans les interstices que laissent les bandes entre elles, et l'excès d'humidité arrêterait la croissance des racines. Nous avons déjà dit qu'on transporte les rouleaux au moyen d'un bâton passé au travers. A mesure qu'on étend les bandes de gazon, on les serre le plus exactement possible les unes contre les autres au moyen d'une fourche et on les presse sur le sol, afin qu'il ne reste point de vides dans lesquels l'air puisse pénétrer. Si l'on n'a pas suffisamment de gazons pour tout couvrir dans les endroits où ils manquent, on remplit les vides par de bonne terre végétale sur laquelle on répand des semences de graminées. Mais ces endroits ne doivent pas être arrosés pendant la première année.

On doit, autant que possible, recouvrir avec des gazons, même quand on doit aller les chercher à une certaine distance et qu'ils sont de mauvaise qualité. En recouvrant de gazon, on gagne une ou deux années, comparativement à l'ensemencement, et le plus mauvais gazon, placé sur une bonne terre végétale, s'améliore par l'irrigation.

Il y a même des constructeurs qui prétendent qu'on n'obtiendra jamais un bon pré arrosé si on ne recouvre pas de gazons, mais nous ne partageons pas cette opinion, et nous croyons qu'une bonne terre bien préparée peut aussi donner un bon pré, étant ensemencée de graminées bien choisies.

6. Aussitôt que les gazons sont placés, ils doivent être battus. Si on leur laisse le temps de se dessécher, ils ne s'unissent plus bien avec la terre qui est au-dessous. Mais s'il arrivait que les gazons fussent desséchés avant d'avoir pu être battus, on doit les humecter en laissant couler dans les rigoles la quantité d'eau suffisante. Pour que les gazons soient exactement et complétement tassés, on doit battre une fois sur la longueur et une autre sur la largeur de la planche.

7. Après qu'on a battu, on s'occupe de confectionner les rigoles d'irrigation. Au lieu de laisser vide l'espace qu'elles doivent occuper, il vaut mieux couvrir tout de gazon et tailler ensuite les rigoles. Si on veut tracer les rigoles en plaçant les gazons, on est cependant obligé de les retoucher, parce que le battage amène toujours des dérangemens.

8. Les canaux de distribution doivent être élevés au-dessus du pré. Pour cela il est nécessaire de retenir leurs eaux par une digue.

Cette digue doit être construite avec beaucoup de soin; si l'eau la pénètre et s'échappe, elle peut faire beaucoup de tort à la nouvelle construction. On prend pour cela de la terre, telle qu'on l'a à sa disposition; mais si on a le choix, on doit donner la préférence à la glaise ou à l'argile. Une terre sablonneuse ne s'emploie que quond on ne peut pas en avoir d'autre. Si l'on a de la glaise ou de l'argile, on ne les dame pas; on les enlève en morceaux carrés, qu'on place ensuite les uns contre les autres, et qu'on frappe avec la pelle. Si l'on n'a qu'une terre sablonneuse, il faut la damer de suite. On donne à ces digues une forte inclinaison, en dedans du canal et en dehors. En dehors, le talus doit s'étendre d'autant plus loin que le canal est plus élevé. Cette inclinaison extérieure présente encore cet avantage, qu'elle s'unit avec la pente du pré. La *fig.* 81 présente le profil d'un canal de distribution ainsi construit.

§ **III**. — **Irrigation en plan incliné.**

Cette irrigation est la plus naturelle, mais on ne peut pas la pratiquer partout. On lui consacre ordinairement les parties latérales des vallées, qui présentent naturellement la configuration la plus favorable à ce genre d'irrigation.

Pour rendre notre explication plus courte et en même temps plus claire, nous prenons sous les yeux la *fig.* 90. Soit *a b c d* une surface que nous voulons construire pour l'irrigation en plan incliné. *A* est le canal de distribution que nous supposons terminé de même que le canal d'écoulement *f*. *L* et *K* sont deux points plus bas de $0^m,10$ que le fond du canal de distribution. La ligne tirée de l'un à l'autre point est horizontale, de même que la ligne tracée par le canal de distribution. Sur le canal d'écoulement nous marquons de même deux points *Q* et *T*, qui sont aussi les extrémités d'une ligne horizontale.

Nous divisons ensuite toute la surface en quatre planches, que nous marquons par des piquets, aux points *m m... m*.

De *L* à *K* et de *Q* à *T* nous enfonçons de même des piquets *m* d'abord entre *Q* et *L,* puis entre *T* et

K', de manière que leurs sommités se trouvent sur deux

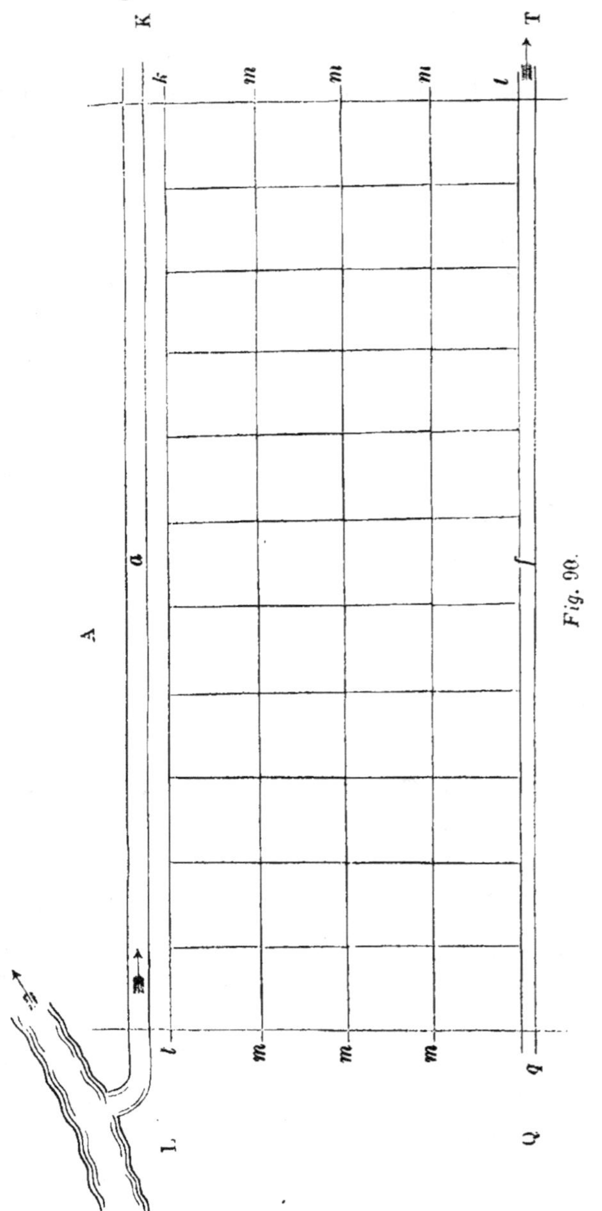

Fig. 90.

lignes, ayant de haut en bas la même inclinaison.

Les piquets entre *Q* et *T* et entre *L* et *K* sont ensuite disposés de manière que leurs sommités se trouvent sur deux lignes horizontales. Nous avons alors toute l'enceinte du pré marquée par quatre lignes de piquets; en haut et en bas deux lignes horizontales, et aux deux côtés deux lignes inclinées, qui déterminent la pente que doit avoir le pré. Au moyen de ces lignes ou plutôt des piquets qui les indiquent, il est facile de diviser le pré en carrés, ayant tous la même pente que le pré doit avoir, et tous à leurs parties inférieure et supérieure tracés par des lignes horizontales.

Pour le placement des piquets, il est entendu que là où l'on rencontre une éminence, il faut creuser un trou, et que là, au contraire, où il se trouve un creux, le piquet doit d'autant s'élever au-dessus du sol.

La surface du pré est actuellement divisée en carrés, telle qu'elle est représentée par la *fig.* 90, et de manière que chaque carré peut être construit seul et indépendamment des autres.

Pour construire, on enlève d'abord le gazon, puis on ameublit et aplanit le sol, on replace de suite le gazon, et on termine ainsi un carré après l'autre, jusqu'à ce qu'on ait construit toute la surface du pré.

Ce travail terminé, on tire la rigole d'irrigation d'après les piquets qui ont servi à tracer les carrés, puis, pour tout le pré, on tire en ligne verticale trois rigoles de distribution.

Les travaux sont alors terminés, et le pré disposé pour l'irrigation en pente. La *fig.* 91 en représente le plan, et la **92** la coupe.

L'exemple que nous venons de supposer est le plus

simple et le plus facile qui puisse se présenter dans la
réalité. On ne trouvera pas toujours un terrain qui se

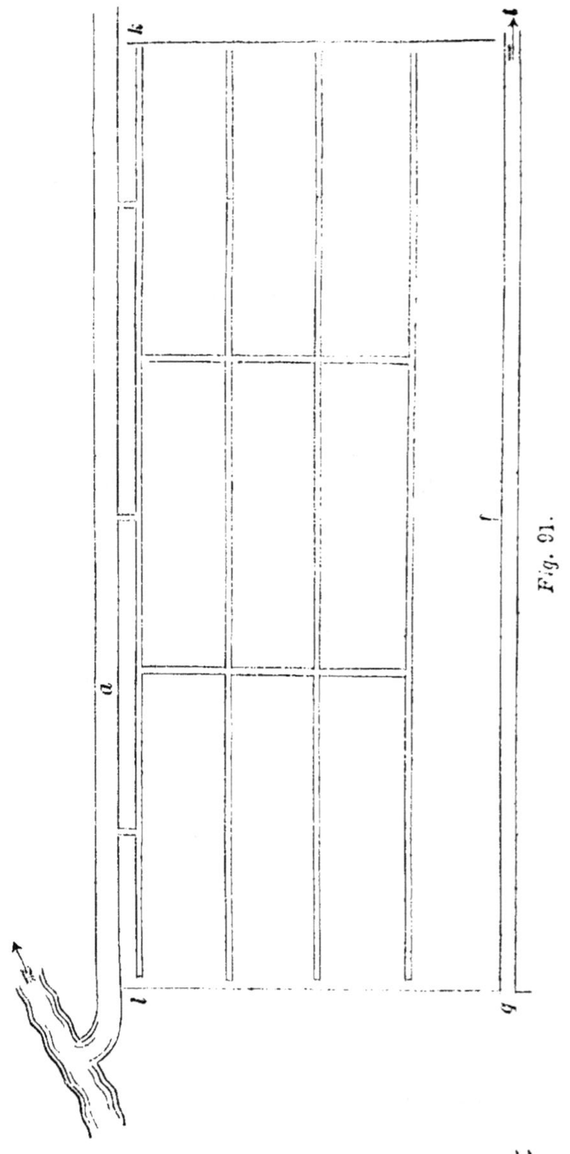

Fig. 91.

prête de même à la construction ; on n'aura pas toujours des pentes régulières. Mais tous les autres cas qui se

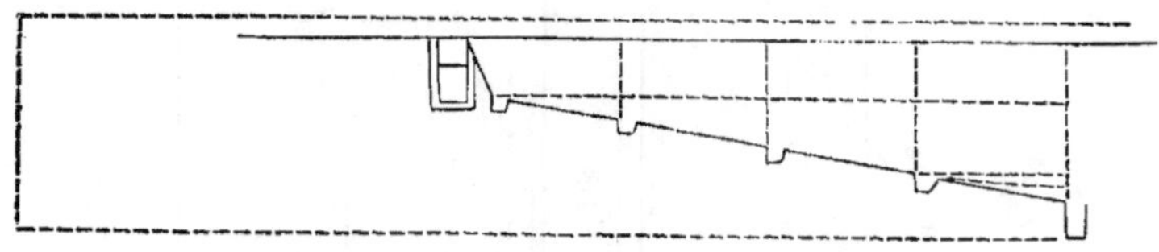

Fig. 92.

présenteront peuvent se rapporter à celui-ci, et si au premier coup d'œil ils présentent des difficultés, elles disparaissent devant un examen plus attentif, où on verra qu'elles sont faciles à surmonter.

Supposons que nous ayons à travailler une surface (*fig.* **93**) *A B C D*, qui en *E F* s'incline ou se contourne

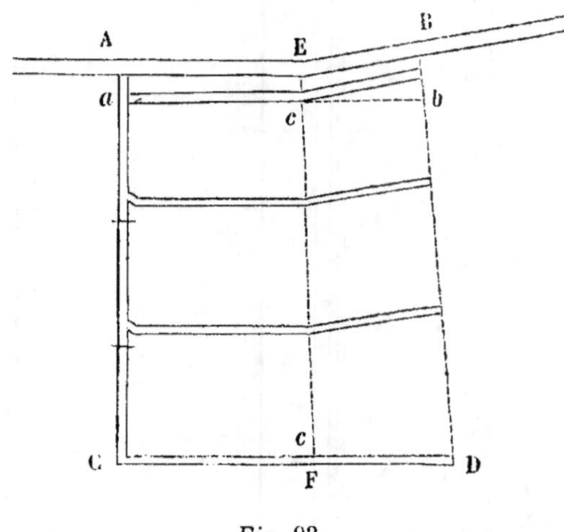

Fig. 93.

tellement, que si on tire la ligne droite *a b*, le point *c* se trouve plus élevé de quelques décimètres que les deux points extrêmes *a* et *b*. Si l'on voulait former de toute cette surface un plan régulier, il y aurait emploi inutile de temps et de travail. Pour l'éviter, nous divisons en *c* le terrain en deux parties; à l'espace compris entre *c* et *b*, nous donnons une autre direction plus conforme à la disposition naturelle du terrain, et la rigole d'irrigation parcourt une ligne brisée, au lieu de suivre une ligne droite. De cette manière nous atteignons toujours notre but, horizontalité des rigoles d'irrigation et régularité de la pente.

Si le sol se contournait encore plus fortement, ainsi, par exemple, que le représente la *fig.* 94, nous pour-

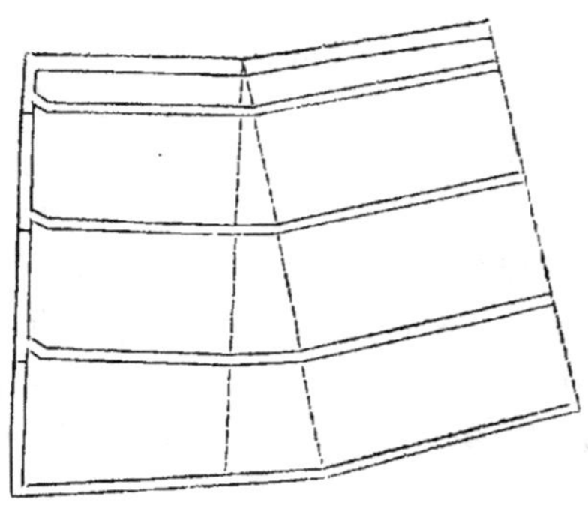

Fig. 91.

rions nous tirer d'affaire en construisant un triangle entre les deux divisions. Si la courbure du terrain existait dans le sens opposé et que la pente fût en dedans, nous donnerions au pré la forme que représente la *fig.* 95.

Il se présentera encore d'autres cas qui mettront dans la nécessité de s'écarter des règles. Ainsi un pré peut avoir dans sa partie inférieure, près du canal d'écoule-

11.

ment, une pente beaucoup plus forte qu'en haut, le long
du canal de distribution, la direction restant cependant
la même.

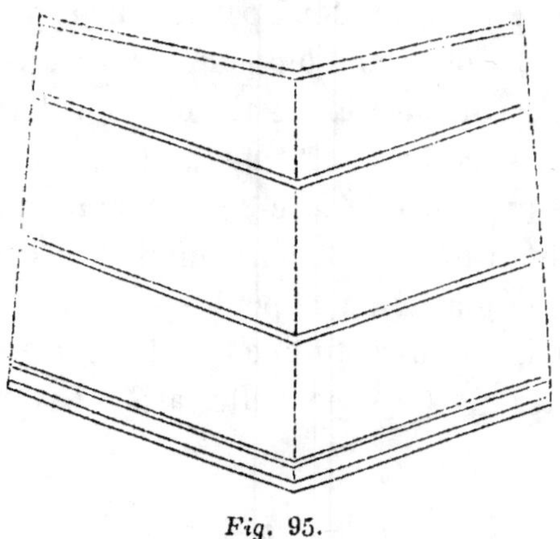

Fig. 95.

Nous disons une pente *beaucoup plus forte,* car si la
différence était peu sensible, on la ferait disparaître en
enlevant de la terre d'une part pour la transporter de
l'autre. Si, dans le cas que nous supposons, on laissait
au pré sa pente naturelle, il en résulterait la forme représentée par la *fig.* 96. Les rigoles d'irrigation, pour

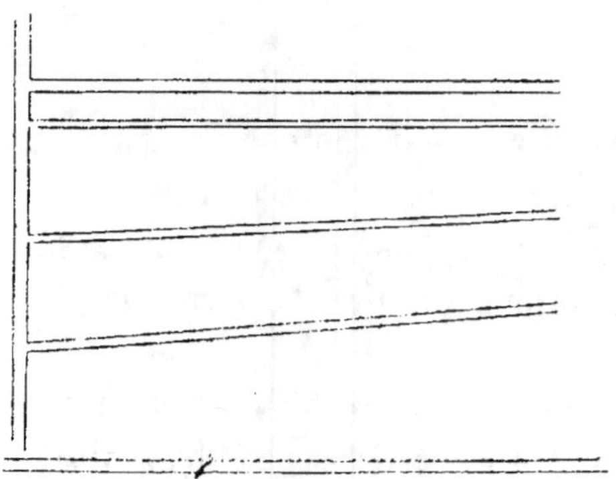

Fig. 96.

être horizontales, devraient être tirées obliquement, et il en résulterait qu'au moins deux planches, la première et la dernière, seraient irrégulières dans leur forme, ce qui entraînerait une irrigation irrégulière. Pour éviter cet inconvénient, on donne aux premières planches une pente régulière et on laisse à la dernière seule toute l'irrégularité de pente. Le pré prend alors la forme de la *fig.* 97. Les deux planches supérieures

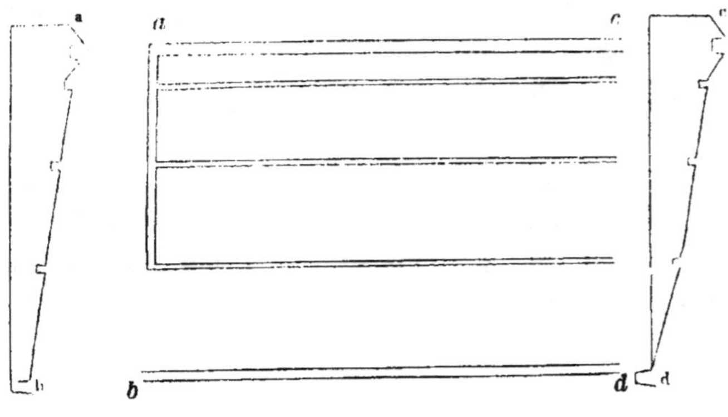

Fig. 97.

sont en étendue et en inclinaison parfaitement égales, la troisième planche a la même inclinaison près du canal de distribution, mais cette inclinaison augmente à mesure qu'on s'avance vers l'autre extrémité. Cette différence est représentée par les deux coupes de *a* en *b* et de *c* en *d* (*fig.* 97).

On ne peut pas toujours donner la même inclinaison aux planches qui se trouvent à côté ou au-dessus les unes des autres. On forme alors autant de divisions qu'il y a de pentes différentes, et on construit chaque division séparément.

La terre végétale doit être ménagée avec soin, et toujours on doit avoir attention qu'elle se trouve immédiatement sous le gazon.

Cette attention est d'autant plus nécessaire que l'irrigation en pente est ordinairement établie sur des revers où la bonne terre a peu de profondeur, et où, dans la règle, des déblais considérables sont ordinairement nécessaires.

Lorsqu'on est occupé des nivellemens, il faut vérifier fréquemment et ne pas s'en rapporter au coup d'œil qui, sur une pente, trompe plus encore qu'ailleurs. On se trouvera très bien de l'emploi de lattes en sapin, de longueur suffisante pour que, en les plaçant sur deux piquets, elles fassent voir de suite si l'intervalle de l'un à l'autre est parfaitement nivelé. Un homme peut facilement manier une semblable latte, et elle est bien plus commode et plus expéditive que le cordeau pour l'emploi duquel deux hommes sont presque toujours nécessaires.

Dans l'irrigation en pente, les planches ne devraient jamais avoir plus de 15 mètres de longueur et 4 mètres de largeur. Plus longues, les planches sont non-seulement beaucoup plus coûteuses et plus difficiles à établir, mais lors même qu'elles sont parfaitement construites, l'irrigation demande une surveillance continuelle; le moindre obstacle, une feuille, de l'herbe, même le dépôt que laisse toujours l'eau, en dérangent le cours et font qu'elle s'épanche inégalement.

La largeur des planches peut être modifiée d'après la quantité et la bonté de l'eau qu'on a à sa disposition, de même que par la pente du terrain; mais c'est seulement avec de très bonne eau et une forte pente qu'on pourra sans inconvénient dépasser la largeur de **4** mètres que nous avons indiquée. Avec des planches trop larges, la répartition de l'eau ne peut être parfaitement régulière et l'herbe est inégale.

A la tête de chaque planche, par conséquent de **15** en **15** mètres, on tire verticalement un canal de distribution, par lequel on donne à volonté de l'eau fraîche à chaque rigole d'irrigation.

Si l'on conduit les canaux de distribution jusqu'au canal de desséchement, ils servent en même temps de canaux d'écoulement, de manière que par eux on peut à volonté ôter l'eau du pré, ce qui est une perfection de l'irrigation.

Aux points où les rigoles d'irrigation sont en communication avec le canal de distribution, elles peuvent, pour faciliter l'abord de l'eau, former un coude de quelques centimètres (*fig.* 98).

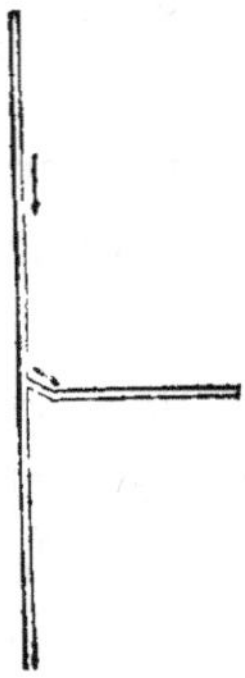

Il est bon que le fond de la rigole d'irrigation soit plus élevé d'environ $0^m,03$ que le fond du canal de distribution, afin que le sable grossier ou la vase que l'eau peut entraîner avec elle n'entrent pas dans la rigole.

Fig. 98.

Dans une prairie en plan incliné bien construite, toutes les rigoles d'irrigation doivent être en ligne droite et parfaitement horizontales. Sur une largeur de $0^m,16$, leur profondeur ne doit pas excéder $0^m,03$ à $0^m,04$.

Plus on peut donner d'inclinaison, plus la croissance de l'herbe est vigoureuse, moins on a à craindre que la gelée ne soulève le gazon ou que quelques parties ne deviennent marécageuses.

Si l'on n'a pas au moins 4 p. 100 d'inclinaison, on ne doit pas disposer un pré pour l'irrigation en pente.

Schenk recommande une règle de pratique dont il n'explique pas les motifs. Quelle que soit son inclinaison, on doit soigneusement éviter de laisser couler l'eau sur un pré en plan incliné dans les chaudes journées d'été et dans les froides journées d'hiver.

Ce qui, dit-il, a lieu ordinairement sans inconvénient dans un pré en plan incliné, qui a été formé par la nature, peut souvent causer beaucoup de dommage dans celui qui a été créé par la main des hommes.

Quand on n'a pas suffisamment d'eau pour arroser toute une pente, on en arrose successivement les diverses parties.

Comme l'eau coule d'une planche sur l'autre, c'est l'irrigation en plan incliné qui exige la moindre quantité d'eau.

Cependant il est toujours bon de donner de temps à autre de l'eau fraîche aux planches inférieures au moyen du canal de distribution.

Lorsque l'eau, au lieu de couler à la surface pénètre dans le sol, et coule entre deux terres, alors elle devient nuisible et fait croître des joncs et d'autres plantes de mauvaise qualité. Ce mal peut avoir lieu dans la partie inférieure d'un plan incliné par l'infiltration des eaux d'une rigole supérieure; il peut aussi être occasionné par des galeries de taupes. Si l'on ne peut pas arrêter l'eau en bouchant les trous et en damant le sol, il devient nécessaire de l'arrêter par une rigole transversale dont les circonstances déterminent la profondeur. Le plan à arroser se trouve alors partagé en deux et la nouvelle rigole sert à la fois de rigole d'écoulement et d'irrigation.

Les règles suivantes compléteront ce que nous avons à dire sur la construction des planches en ados.

1. Le pré divisé en ados doit être pourvu à sa partie supérieure d'un canal de distribution, et à sa partie inférieure d'un canal de desséchement. Cependant, si les planches étaient au-dessous d'un plan incliné, si elles étaient peu longues et que par conséquent elles eussent besoin de peu d'eau, on pourrait remplacer le canal de distribution par des rigoles auxquelles on a donné le nom de rigoles en ailes (*Flügelgräben*).

Ce sont deux rigoles (*fig.* 99) tirées obliquement, qui

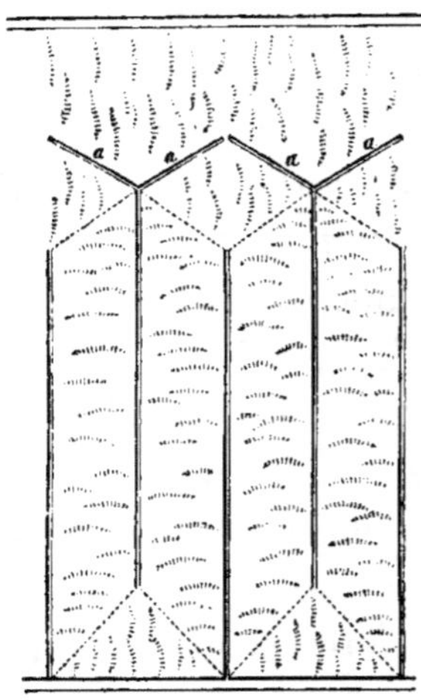

Fig. 99.

aboutissent à la rigole d'irrigation, et lui amènent l'eau qui a coulé sur le plan incliné. Il est pourtant à remarquer que ces rigoles ne s'emploient pas généralement, mais seulement dans des cas particuliers.

2. Plusieurs planches qui ont le même niveau ou la même hauteur forment une division et peuvent être pourvues d'eau par le même canal de distribution.

Le nombre des planches qui reçoivent l'eau d'un même canal de distribution dépend de la position du terrain. Si le sol a naturellement beaucoup de pente, il serait coûteux d'établir beaucoup de planches sous un même canal horizontal de distribution. Il faudrait pour cela abaisser les planches de la partie supérieure et exhausser celles de la partie inférieure. Au contraire, sur un terrain qui a très peu de pente, on peut beaucoup augmenter le nombre des planches. Ce nombre a cependant ses limites ; s'il y avait trop de planches, le canal de distribution ne pourrait plus leur fournir une suffisante quantité d'eau. Par cette raison, lorsqu'on a un grand nombre de planches sous un même niveau, on en forme ordinairement deux ou plusieurs divisions, à chacune desquelles on donne son canal de distribution particulier.

3. Si, pour la longueur des planches, le constructeur est forcé de se soumettre aux circonstances, il a plus de liberté pour la largeur à leur donner. Cependant il y a aussi pour la largeur des considérations qu'on ne peut pas négliger. Plus les planches sont étroites et plus les ados ont de pente, plus aussi leur desséchement s'opère complétement. Par cette raison on doit faire les planches d'autant plus étroites que le sol est plus humide et marécageux.

Si le terrain est sec et le sous-sol perméable, on peut, avec une pente de 4 p. 100 entre la rigole d'irrigation et la rigole d'écoulement, donner à la planche une largeur de 12 mètres, c'est-à-dire 6 mètres de chaque côté de la rigole d'irrigation.

Mais si le sol est mouillé, que le sous-sol retienne l'eau, que la position du pré soit basse, la largeur des planches ne doit pas excéder 8 mètres. Dans un terrain tout-a-fait humide et tourbeux, on ne devrait pas donner aux planches plus de 4 mètres de largeur. Dans le doute s'il convient mieux de construire les planches larges ou étroites, on donnera la préférence aux planches étroites. Un avantage qu'ont encore les planches étroites, c'est d'être plus faciles et moins coûteuses à construire, parce que la terre arrive à sa destination d'un seul jet de pelle, tandis que cela n'a pas lieu pour une planche large. Schenk compte que sur une largeur de 5 mètres les frais ne s'élèvent qu'à la moitié de ce qu'ils seraient pour une largeur de 8 mètres, et au quart de ce qu'ils seraient pour une largeur de 12 mètres par mètre carré.

4. Il existe un rapport rigoureux entre la largeur et la pente de l'ados. Une pente insuffisante est un grand défaut. L'eau qui coule trop lentement perd une partie de son efficacité, et si elle séjourne, le pré devient marécageux, acide, il fournit peu d'herbe et de mauvaise qualité. Comme, dans ce cas, on cherche à augmenter la pente des rigoles d'écoulement, il arrive que les planches perdent leur régularité et qu'elles deviennent plus hautes à mesure qu'on s'avance vers le pignon et que la rigole d'écoulement augmente de profondeur. Si, par exemple, la rigole d'écoulement a $0^m,16$ de pente, la planche, que nous supposons construite horizontalement, aura au pignon $0^m,16$ de hauteur de plus qu'à l'autre extrémité là où commence la rigole d'écoulement. On peut donner aux planches une hauteur de $0^m,45$ jusqu'à 1 mètre et même plus. Naturellement pour obtenir la pente convenable, la hauteur des planches doit toujours être en rapport avec leur largeur. Plus une planche a de hauteur relativement à sa largeur, et plus elle

a de pente. Si la hauteur est, par exemple, 0^m,48 et la largeur d'un côté 4 mètres entre la rigole d'irrigation et la rigole d'écoulement, l'ados a une pente de 0^m,12 par mètre, ou de 12 p. 100. La pente à l'extrémité, près du pignon, est toujours un peu plus forte, parce que la pente que doit avoir la rigole d'écoulement donne un peu plus de hauteur à la planche à cette extrémité.

Ainsi que nous l'avons déjà dit, l'inclinaison que doivent avoir les ados est déterminée par la nature et la quantité de l'eau dont on dispose. Il y a des planches qui, avec une pente de 33 p. 100, produisent une herbe d'une abondance remarquable. Comme pente moyenne pour des prés non humides, on peut admettre 5 à 10 p. 100.

5. Avec des ados courts, les rigoles d'irrigation sont complétement horizontales, ou on leur donne seulement une pente de 0^{m}01 à 0^{m}02. Si les planches sont longues, il est bon d'augmenter la pente que l'on répartit de la manière suivante :

Supposons une planche de 20 à 30 mètres de longueur, la pente la plus convenable à lui donner sera de 0^{m}045. On donne alors :

		m.
Aux 3 premiers mètres une pente de . .		0,015
Aux 3 seconds		0,012
3^e		0,009
4^e		0,006
5^e		0,003
Total de la pente		0,045

pour les premiers 15 mètres, qui font la moitié de la longueur de la planche, et pour les 15 autres mètres formant la seconde, la rigole est tout-à-fait horizontale.

Si on donnait une plus forte pente, l'eau s'écoulerait

trop rapidement vers le pignon de la planche, ce qui mettrait dans la nécessité de faire de distance à autre des barrages dans la rigole, avec des morceaux de gazon. On force ainsi l'eau à déborder, mais elle se répand beaucoup moins également.

6. La pente à donner aux rigoles d'écoulement a moins d'importance, et si l'on a des ouvriers exercés, on peut pour cela s'en rapporter à leur coup d'œil. Cependant il est toujours plus prudent de marquer avec des piquets, et au moyen du niveau d'eau, la ligne qui sépare deux planches voisines l'une de l'autre, et qui doit être occupée par la rigole d'écoulement.

7. Ordinairement ce n'est qu'à 1 mètre du canal de distribution que commencent les rigoles d'écoulement. Alors, depuis le commencement de la rigole d'écoulement jusqu'au canal de distribution, on forme un talus qui, s'étendant de chaque côté jusqu'au milieu des ados, prend la forme d'un triangle (*fig.* 100). Si le sol est ma-

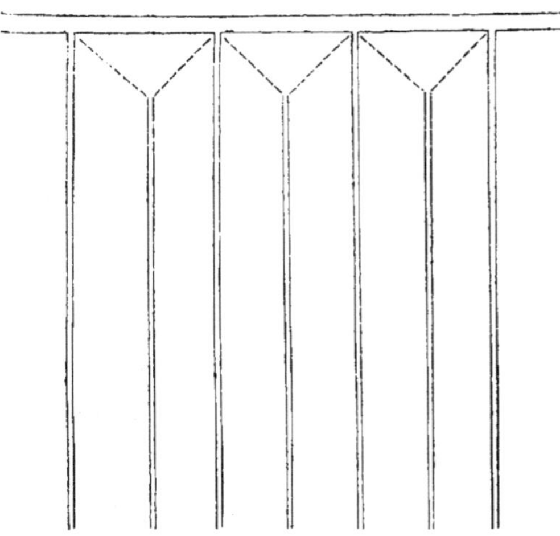

Fig. 100.

récageux, on prolonge la rigole d'écoulement aussi près qu'on peut le faire sans nuire à la solidité, et il n'y a point de talus. On peut même, au-dessous du canal de distribution et parallèlement avec lui, tirer une petite rigole d'écoulement, qui empêche l'eau de s'infiltrer dans les ados (*fig.* **101**).

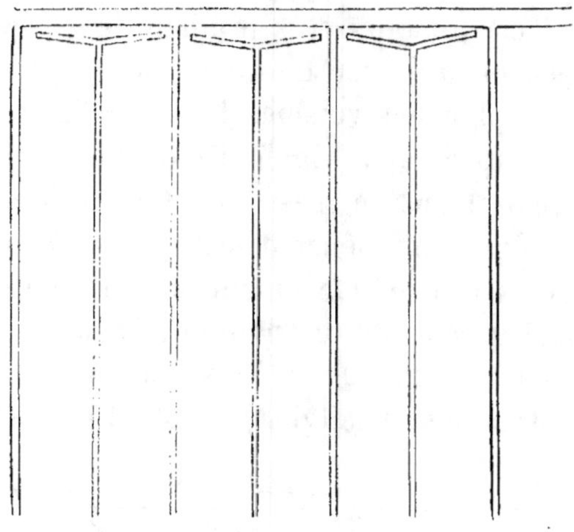

Fig. 101.

8. Dans la construction des ados, on bat tout de suite avec la pelle tout l'espace que doivent occuper les rigoles d'écoulement, afin que l'eau ne pénètre pas aussi facilement dans le sol. Tous les travaux de construction : niveler, replacer le gazon, le battre, etc., se font de même que nous les avons décrits pour le plan incliné.

Les rigoles d'irrigation, sur la crête des ados, n'ont pas la même largeur sur toute leur longueur; elles doivent être plus larges à leur origine et diminuer graduellement, de manière qu'elles aient un tiers de moins à l'extrémité. La largeur se proportionne à la quantité d'eau qu'elles doivent répandre. Les rigoles d'écoulement, au contraire, sont plus étroites au commencement et vont en augmentant, de manière qu'à la fin elles soient plus larges d'un tiers.

§ IV. — Irrigation en ados.

Lorsqu'un pré a peu de pente, qu'il est disposé à devenir marécageux, que le sous-sol retient l'eau, ce n'est plus en plan incliné, c'est en *ados* qu'on doit le disposer.

La planche disposée en *ados* est formée de deux plans inclinés, séparés par la rigole d'irrigation.

On distingue les *ados étroits* dont les deux côtés sont arrosés par une seule rigole, et les *ados larges* dans lesquels il y a encore une rigole au milieu de chaque côté. Ainsi il y a dans un ados large trois rigoles d'irrigation.

Un ados complet représente un prisme triangulaire dont le cube s'obtient en multipliant la moitié de la hauteur par la largeur et par la longueur.

§ V. — Construction des ados étroits.

La construction des ados est simple et facile. Il n'y a que la hauteur qu'on doit leur donner, ou, ce qui est la même chose, la hauteur à laquelle doit être placé le canal de distribution, qui peut être un objet de difficulté pour celui qui manque d'expérience. C'est de cette hauteur que dépend en grande partie la réussite de la construction, et quelques centimètres de trop ou de trop peu peuvent augmenter les frais dans une proportion considérable. Avec trop peu de hauteur on a des terres de reste, avec trop de hauteur on n'en a pas assez, et, dans bien des cas, on ne peut enlever ou transporter ces terres qu'avec des frais considérables.

Dans une construction bien calculée, on doit arriver à un emploi complet des terres disponibles, et voici comment on peut y parvenir.

Au dessous du canal de dérivation que nous supposons déjà établi, nous plaçons le niveau d'eau (l'instrument qui sert à niveler au moyen de l'eau) sur un point duquel on puisse facilement voir tout le terrain qu'on veut former en ados.

Nous parcourons ensuite ce terrain dans tous les sens, et nous marquons avec des piquets tous les enfoncemens et toutes les élévations du sol; on cherche à marquer tous ces points aussi exactement qu'on peut le faire à vue d'œil.

Cela fait, on constate exactement, à l'aide du niveau d'eau, la situation de chaque point, et on en tient note. Le résultat de ce nivellement doit donner la hauteur à laquelle l'ados doit être élevé.

Supposons que nous ayons nivelé 8 points, enfoncemens ou élévations. Nous désignons ces 8 points par autant de lettres, et nous notons :

<pre>
                             m.
  a plus bas de   1,80 que le niveau de l'instrument.
  b   —   1,50
  c   —   1,40
  d   —   1,92
  e plus haut de 1,20
                 ─────────
  A reporter . . 7,82
</pre>

m.
Report .   .   . 7,82
f plus haut de 4,00
g   —   0,50
h   —   0,60
                 ————
                 9,92

La hauteur de l'instrument est de 1^m,20 au-dessus du sol. Les points *a, b, c, d* sont des enfoncemens et se trouvent, *a* — 0^m,60, *b* — 0^m,30, *c* — 0^m,20, *d* — 0^m,72, plus bas que le point sur lequel est placé le niveau d'eau ; *e, f, g, h* sont des élévations ; *e* est à la même hauteur que le point du niveau d'eau, *f* — 0^m,20, *g* — 0^m,30, *h* — 0^m,40 plus haut que ce point.

Nous additionnons alors les différences des hauteurs, et nous trouvons en tout 9^m,92, qui, divisés par le nombre de points 8, nous donnent 1^m,24 pour niveau moyen de chaque point. Si nous retranchons de ce chiffre la hauteur de l'instrument 1^m,20, il nous reste 0^m,04, hauteur dont toute la surface, si elle était aplanie, serait plus basse que le point sur lequel est placé le niveau d'eau, et nous pouvons alors opérer comme si nous avions devant nous un sol uni.

Dans ce calcul, nous avons supposé que les enfoncemens et les élévations ont la même étendue ; mais cela arrivera rarement. C'est alors par le coup d'œil qu'on doit décider s'il faut donner un peu plus ou un peu moins de hauteur.

On opère de la même manière sur un terrain qui a une pente régulière d'un côté. Si on nivelle les 4 points extrêmes de la surface, on en trouve la hauteur moyenne d'autant plus exactement qu'elle est plus plane et présente moins d'inégalités.

12

Le terrain est alors divisé sur sa largeur en planches qui doivent être formées en ados, et on marque par des piquets le milieu de chaque planche et les côtés où doivent se trouver les rigoles d'écoulement.

L'ados, de forme prismatique, doit être construit avec la terre qui se trouve sur l'espace qu'il occupe. La terre qu'on enlève sur les côtés est reportée au milieu. Si donc on travaille sur un terrain horizontal, le milieu de chaque ados est plus élevé que la surface du terrain primitif.

La *fig.* 102 représente la coupe d'une planche en ados.

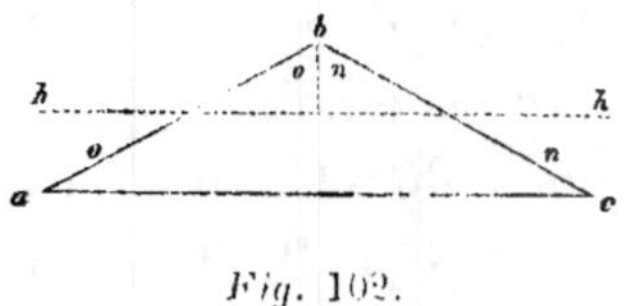

Fig. 102.

a, *b*, *c* indiquent la forme que doit avoir l'ados ; *h*,*h*, indique le niveau du pré avant la construction ; le point *b*, qui marque le sommet de la planche, doit être suffisamment élevé pour que la terre fournie par les deux triangles inférieurs *o*. *n*, puisse être toute employée à former les deux triangles du sommet, marqués par les mêmes lettres. En faisant le calcul des terres à enlever d'une part, pour être transportées de l'autre, on ne doit pas oublier que la terre remuée occupe toujours plus d'espace qu'elle n'en occupait auparavant.

Aussitôt que les proportions de l'ados sont fixées, on commence à enlever le gazon, et on en dépose moitié à gauche et moitié à droite de la planche, afin de l'avoir à portée quand on devra le replacer. Ordinairement, c'est seulement après avoir enlevé le gazon qu'on marque avec des piquets la hauteur que doit avoir l'ados, puis on commence à le construire par l'extrémité opposée au canal de distribution. On doit toujours avoir le soin que nous avons déjà indiqué, de replacer la bonne terre végétale par-dessus le sous-sol. On donne d'abord à l'ados, avec la terre sauvage du sous-sol, la forme qu'il doit avoir; on répand par-dessus la terre végétale, puis enfin on recouvre avec le gazon.

Pour la construction d'une planche étroite en ados, deux ouvriers suffisent pour jeter la terre à la pelle des deux côtés sur le haut de l'ados. Si les deux côtés ne fournissent pas la quantité de terre suffisante, celle qui manque doit être amenée à mesure des besoins par d'autres ouvriers, afin que le travail marche régulièrement et sans interruption.

A l'extrémité opposée au canal de distribution l'ados se termine par une surface triangulaire *a* (*fig.* **103**), à la-

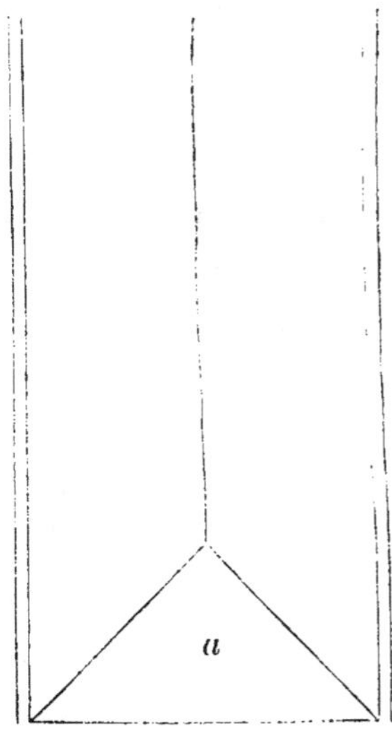

Fig. 103.

quelle on a donné le nom de pignon et à laquelle on donne la même inclinaison qu'aux côtés de l'ados. Si cependant les planches aboutissent sur un ruisseau ou une rivière, on donne aux pignons le plus de longueur possible; ils deviennent d'autant plus bas, et dans les débordemens l'eau peut s'écouler plus facilement.

§ **VI**. — **Construction des ados larges.**

Les planches larges en ados se rapprochent du plan incliné. Cette construction en planches larges peut être convenable là où le sol est sec, où il n'y a pas assez de pente pour le plan incliné et pas assez d'eau pour des planches étroites.

Plus on peut donner de pente aux deux côtés de la planche, et mieux cela vaut; mais dans le plus grand nombre de cas, on doit être satisfait si on obtient une pente de 4 p. 100. Avec cette pente il est bon d'avoir une rigole d'irrigation pour une largeur de 5 à 6 mètres. Si donc la planche a en tout 20 mètres de largeur, outre la rigole d'irrigation qui court sur la crête de la planche, il y en aura deux autres, dont chacune partagera en deux un des côtés. Toute la planche se trouvera ainsi partagée en quatre parties ou plans. Les deux plans supérieurs seront arrosés par la rigole du milieu, et les deux inférieurs par les deux rigoles qui se trouvent au milieu de chaque côté. Pour donner à volonté de l'eau fraîche à ces secondes rigoles, on tire de la rigole supérieure des rigoles verticales. Les trois rigoles d'irrigation doivent être parfaitement horizontales. La longueur de ces planches larges est illimitée; elle peut être de 100 mètres et au-delà.

Mais plus une planche est longue et plus elle a de largeur, plus il faut d'eau pour l'arroser. Si l'on dépasse en longueur et en largeur une certaine proportion, la rigole du milieu devient un canal de distribution, aux deux côtés duquel on établit des rigoles d'irrigation.

Le tout prend alors exactement les caractères du plan incliné, et toutes les règles que nous avons données pour cette dernière construction trouvent ici leur application.

Dans tous les cas, on doit chercher à donner de la pente aux rigoles d'écoulement pour que l'eau ne puisse pas séjourner et rendre le sol marécageux. Il en résulte que la planche du côté du pignon a un peu plus de hauteur et un peu plus de pente. Si l'on construit une planche large, ayant sur chacun de ses côtés une ou plusieurs rigoles d'irrigation, l'augmentation de pente sera en totalité reportée sur le plan inférieur, parce que si on voulait la répartir sur tous les plans, les rigoles perdraient leur parallélisme.

Les *fig.* 104 et 105 donnent le plan et la coupe d'une

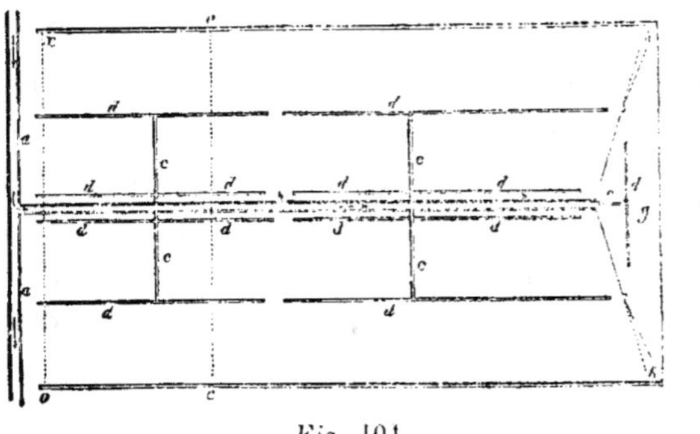

Fig. 104.

planche large avec un canal au milieu et deux rigoles d'irrigation de chaque côté.

a. a. canal de distribution; *b,* prolongement de ce canal sur la crête de la planche; *c, c, c, c, c,* rigoles verticales de distribution; *d....d,* rigoles d'irrigation; *e. e.* rigoles d'écoulement; *f,* canal de desséchement; *g,* pignon de la planche. Les deux triangles *h. h,* dont le sommet est aux points *k, k,* indiquent l'augmentation de pente, qui est reportée sur le dernier plan.

La *fig.* 105 représente la coupe de la planche à son commencement de *o* en *x.*

Fig. 105.

Les frais de construction des planches larges sont beaucoup plus considérables que ceux des planches étroites. Pour obtenir sur une largeur de 25 mètres une pente de 4 p. 100 de chaque côté, la planche doit avoir au milieu une hauteur de 0^m,50, ce qui nécessite, pour une grande étendue, une masse considérable de terre. Les terres devront être jetées à la pelle plusieurs fois, ou il faudra les transporter au moyen d'attelages, ce qui augmente les frais dans une proportion très considérable. Généralement toutes les planches larges qu'on rencontre sont trop plates. On ménage les frais, et il en résulte une construction défectueuse. Aussi ces planches larges deviennent-elles de plus en plus rares, et on ne les adopte qu'exceptionnellement, là où une disposition particulièrement favorable du sol se prête à leur construction.

Dans les prés divisés en ados, on éprouve souvent de la difficulté à sortir le foin. On remédie à cet inconvénient en laissant à l'extrémité inférieure des ados (*fig.* 106), un chemin A, c'est-à-dire un espace suffisamment

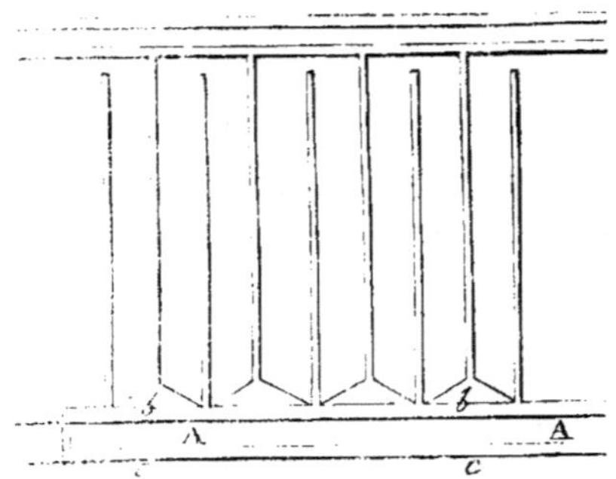

Fig. 106.

large pour le passage des voitures, et auquel on donne une légère pente pour pouvoir l'arroser en plan incliné en reprenant l'eau qui a servi à arroser les ados. La rigole *b* d'écoulement des ados, sert alors de rigole d'irrigation pour le chemin. Au-dessous du chemin, se trouve le canal principal d'écoulement *c*.

Il arrive quelquefois qu'un ruisseau traversant une prairie, le sol est conformé de telle manière que d'un côté du ruisseau il est beaucoup plus élevé que de l'autre, d'où il résulte que si l'on veut arroser la partie élevée, l'eau séjourne dans la partie basse et la détériore. Pour éviter cet inconvénient, on endigue le ruisseau en élevant ses rives pour amener l'eau à une hauteur suffisante (*fig.* 107). On arrête son cours par l'écluse A, et on la dirige en B, de manière à pouvoir arroser toute la partie où sont figurés les ados *c, c, c*. Par cette disposition, l'eau reste toujours assez basse dans le ruisseau E, au-dessous de l'écluse A, pour que ce ruisseau serve de canal d'écoulement à toute la partie D, D, plus basse que la partie c, c.

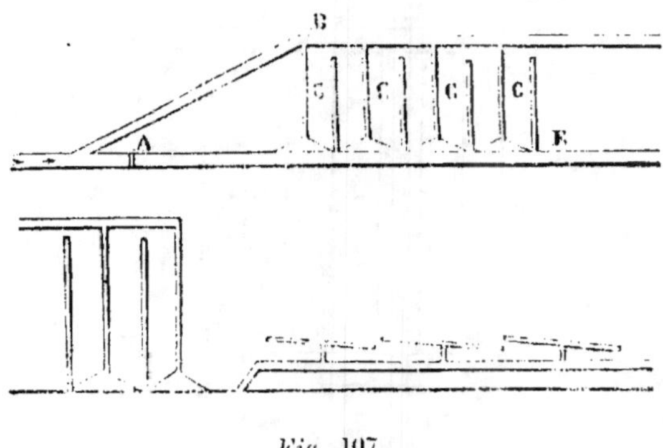

Fig. 107.

Nous devons encore mentionner un mode de construction des prés, qu'on peut nommer *construction en ados et en étages.*

§ VII. — Construction en ados et en étages.

La longueur que l'on donne aux planches en ados est de même en partie déterminée par la pente naturelle du terrain dans le sens de la longueur des ados. Si la pente était considérable, il faudrait élever beaucoup les planches à leur extrémité du côté du pignon, et les abaisser du côté du canal de distribution, ce qui entraînerait des frais considérables, et d'autant plus considérables que les planches seraient plus longues. Dans ce cas, on construit des planches courtes, et si au-dessous on ne peut pas construire un plan incliné, on construit une seconde série d'ados, plus bas que les premiers, de manière que l'eau qui a arrosé les premiers ados coule ensuite sur les seconds pour les arroser aussi. On a donné à ce genre de construction le nom de construction en *étages*. On le voit fréquemment employé dans des vallées humides et marécageuses, où cinq à six étages sont placés les uns au-dessus des autres, de manière que la même eau peut les arroser tous, passant toujours d'un étage supérieur à celui qui est au-dessous (*fig.* **108**).

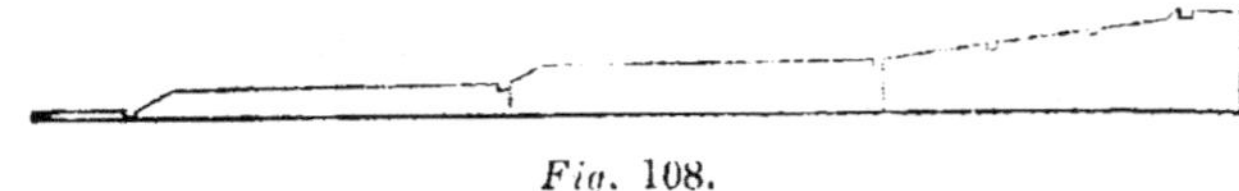

Fig. 108.

Lorsqu'un pré aurait une pente suffisante pour le plan incliné, mais que des circonstances particulières ne permettent pas cette construction, on y forme une suite d'ados placés en étage les uns au-dessus des autres, comme le fait voir la *fig.* 109.

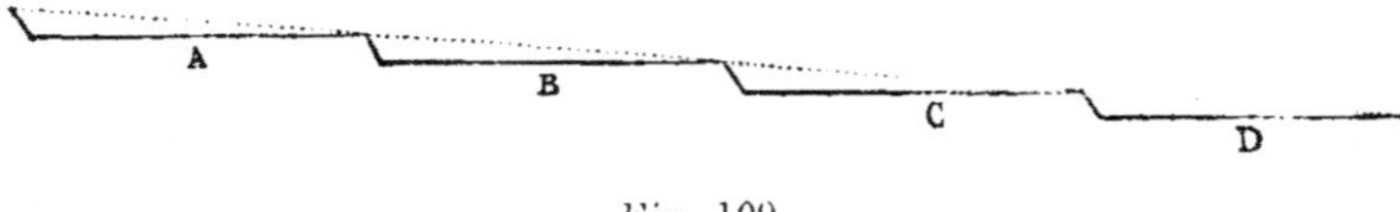

Fig. 109.

La ligne ponctuée indique la pente naturelle du terrain. A, B, C, D, sont des ados qui présentent chacun une ligne horizontale et que l'on arrose les uns après les autres. Lorsqu'on veut arroser le premier ados A, on barre avec une planche la rigole d'irrigation à son extrémité inférieure ; cet ados étant suffisamment arrosé, on ouvre la rigole pour fermer à l'extrémité de l'ados B, qui se trouve à son tour arrosé, et ainsi de suite. Pour que l'eau, tombant d'un ados sur l'autre, ne puisse pas creuser la rigole, on en garnit, à l'endroit de la chute, le fond et les parois avec des pierres dont les interstices sont remplis avec de la mousse. Les pierres du fond présentent un plan incliné, plus ou moins, selon la hauteur de la chute et la quantité d'eau.

On peut ordinairement former les ados avec la terre et les gazons qu'on obtient en creusant les fossés d'écoulement. Cette construction est si simple qu'elle ne nous semble pas avoir besoin d'autres explications, après celles que nous avons déjà données pour la construction des ados en général.

La longueur des ados est déterminée par la pente du terrain et par la quantité d'eau. Si la pente est considérable, les ados doivent avoir peu de longueur, afin que les chutes aient moins de hauteur; de même, si l'on a peu d'eau, les planches doivent être courtes pour que chacune puisse être en même temps arrosée sur toute sa longueur.

Cette construction d'ados en étages convient surtout dans d'étroites vallées resserrées entre des montagnes. Si, dans ces vallées, on voulait établir un plan incliné, ou former les ados transversalement à la vallée, on ne pourrait pas creuser de chaque côté les fossés d'écoulement qui sont presque toujours indispensables pour assainir de semblables prés. Cette considération est si importante, que nous croyons devoir y revenir encore. L'eau de pluie qui tombe sur les montagnes et qui ne s'écoule pas à la surface, s'infiltre dans la terre jusqu'à ce qu'elle rencontre un rocher ou une couche imperméable qu'elle ne peut pénétrer, elle suinte alors jusqu'au pied de la montagne, où presque toujours elle arrive oxydée, et elle achève de se corrompre dans le sous-sol du pré, où elle reste stagnante, jusqu'à ce que des fossés, suffisamment profonds, aient assuré son écoulement. Ces fossés, pour remplir complétement leur destination, devraient être creusés jusqu'au sous-sol du pré. Si le sol est tourbeux, on doit autant que possible, creuser jusqu'au sable sur lequel repose ordinairement la tourbe.

Alors les eaux ayant un écoulement facile, le sol est assaini, et seulement alors on obtient de l'irrigation tout l'effet qu'elle peut produire.

Sur un terrain uni, il serait possible de donner aux planches une longueur indéfinie. Mais de longues planches, outre qu'elles sont beaucoup plus difficiles à construire, sont aussi plus difficiles à arroser.

Il faut beaucoup plus d'eau pour arroser les longues planches, et le moindre obstacle qui se rencontre dans la rigole dérange l'irrigation. La longueur la plus convenable est de 15 à 20 mètres, quoiqu'on rencontre des planches bien construites d'une longueur de 40 mètres.

Une planche de 40 mètres de longueur a besoin de deux fois plus d'eau que deux planches de 20 mètres placées en étage l'une au-dessus de l'autre, parce que dans ce dernier cas la même eau est reprise et sert deux fois. Sur la planche de 40 mètres, il faut que la même eau arrose à la fois toute la longueur, tandis que si on a deux planches au-dessus l'une de l'autre, l'eau, après avoir arrosé le premier étage, est de nouveau réunie dans le canal qui la distribue au second étage.

Pour remédier en partie à cet inconvénient des longues planches, on peut établir au milieu de la longueur de la planche des rigoles en ailes (*fig.* **108**), qui reprennent l'eau de la rigole d'écoulement pour la reporter sur le milieu de l'ados. C'est en quelque sorte une construction en étages dont la seconde partie n'a pas de canal de distribution, mais reçoit l'eau de la première au moyen des rigoles en ailes.

Ce mode d'irrigation est représenté par la *fig*. 110 ; *a, a*, indiquent les deux rigoles en ailes.

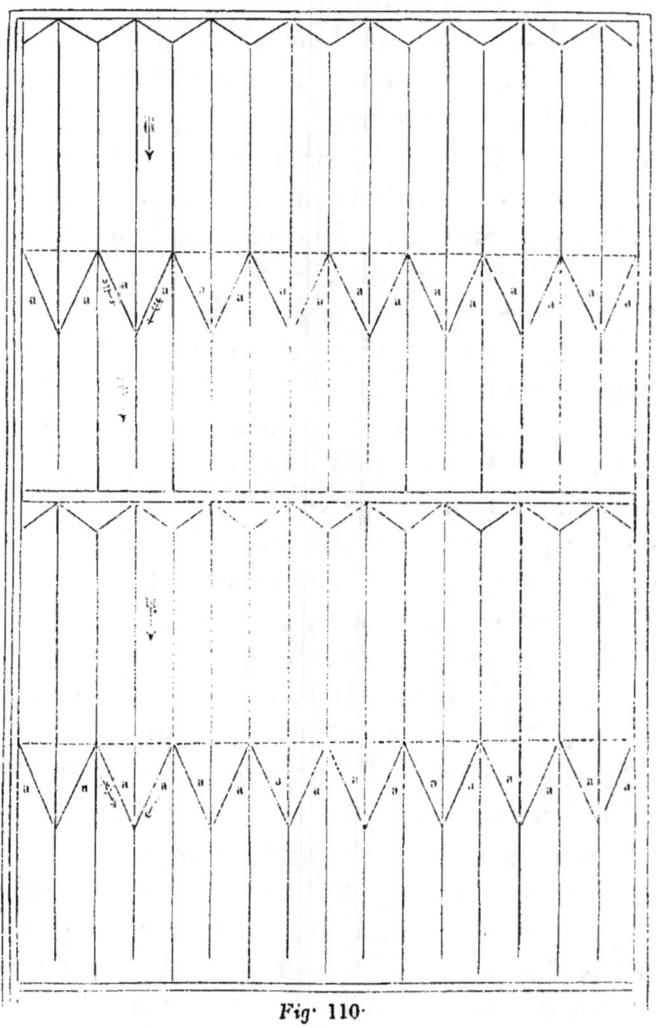

Fig· 110·

§ **VIII**. — Construction compliquée.

Il est rare qu'une étendue un peu considérable de prés puisse être construite entièrement en plan incliné, ou entièrement en ados. Le plus souvent on mettra, tant pour ménager la pente que pour employer plusieurs fois la même eau, certaines parties en plan incliné et certaines autres en ados.

Ce mélange de plans inclinés et d'ados, dans lequel l'eau, après avoir arrosé une partie, coule sur une autre partie qu'elle arrose à son tour, forme ce qu'on nomme la *construction compliquée*.

Selon la disposition naturelle du terrain, on commencera la construction au-dessous du canal de distribution, tantôt par un plan incliné, tantôt par une suite d'ados en étages, et tantôt l'eau coulera du plan incliné sur les ados, tantôt elle passera des ados au plan incliné.

Dans tous les cas, le canal d'écoulement de la partie supérieure sert de canal de distribution pour la partie qui est immédiatement au-dessous. Il s'ensuit qu'il est important que la construction inférieure soit, par rapport à la supérieure, placée assez bas pour que l'eau ait un écoulement facile et ne puisse remonter dans les canaux d'écoulement.

Quelque avantageux que soit ce mélange de constructions, on ne doit le mettre à exécution qu'après qu'on connaît la quantité d'eau qui lui sera nécessaire. Si on néglige ce calcul, on s'expose à ne produire qu'un ouvrage défectueux. Nous supposons une construction dans laquelle, au-dessous du canal de distribution, se trouve une planche large de 4 mètres et longue de 15 mètres. Pour que cette planche soit arrosée par une nappe d'eau de 0^m,003 d'épaisseur, quantité que l'on peut regarder comme la moindre qui puisse être employée à l'irrigation, il faut un abord d'eau de 0^{lit},225 par seconde, ou de 810 litres par heure, si l'eau doit couler sur le plan incliné avec une vitesse de 0^m,005 par seconde. Cette vitesse est la moindre qu'on puisse admettre, car il faut alors à l'eau 14 minutes pour parcourir les 4 mètres de largeur du plan incliné, ou, ce qui est la même chose, toutes les 14 minutes, l'eau qui couvre la surface du plan incliné est renouvelée.

Si, au-dessous de ce plan incliné, nous établissons deux planches en ados, chacune d'elles aura une largeur de 7^m,50, et si nous leur donnons une longueur de 15 mètres et qu'il ne leur arrive pas d'autre eau que celle du plan incliné situé au-dessus, il se trouvera que l'eau doit couvrir une surface de 2×15 mètres $= 30$ mètres; mais ce n'est pas tout : comme, dans les ados, l'eau doit déborder des deux côtés, il s'ensuit qu'il faut une quantité d'eau double, et ainsi, dans ce cas, il y aurait à arroser une longueur non pas de 30, mais bien de 60 mètres. La planche principale, sur une longueur de 15 mètres, est couverte d'une nappe d'eau de 0^m,003. Cette quantité d'eau était suffisante; elle aurait même pu servir encore à arroser une deuxième et troisième planche, si elles eussent été immédiatement au-dessous de la première. Mais sur les ados, cette même quantité d'eau ne donne plus qu'une épaisseur de $1/4 \times$ 0^m,003 ou 0^{m}00075, quantité si minime qu'elle serait absolument sans effet pour l'irrigation. Pour que l'irrigation des ados eût lieu dans la même proportion que celle du plan incliné, il faudrait aux ados une quantité d'eau quatre fois plus considérable (0^{lit},9 par seconde, ou **3240** litres par heure), ou il faudrait qu'au lieu de 15 mètres les ados n'eussent qu'une longueur de 3^m,75, ce qui n'est pas praticable en ce sens que le produit à retirer d'ados aussi courts n'en couvrirait pas les frais de construction. De tout ceci il résulte clairement que si la quantité d'eau est calculée pour le plan incliné, elle est tout à fait insuffisante pour les ados, et que s'il y a assez d'eau pour les ados, il y en aura trop pour le plan incliné.

Il y a cependant moyen de remédier à ces deux inconvéniens. S'il y a une quantité d'eau telle qu'elle soit trop forte pour bien arroser le plan incliné, on tire des rigoles verticales qui en conduisent une partie immédiatement aux ados, et s'il n'y a pas assez d'eau pour arroser à la fois tous les ados, on les arrose l'un après l'autre.

Dans cet exemple nous avons pris, pour la quantité d'eau nécessaire, les bases admises par les irrigateurs de Siegen. Nous manquons à cet égard d'autres données précises, et il nous semble qu'on n'a pas encore donné l'attention qu'il mérite à ce problème de la quantité d'eau nécessaire à une bonne irrigation, selon la pente du terrain et la qualité de l'eau. Patzig nous donne deux exemples; dans l'un, un pré de 23 morgen (5^{hect},87) est arrosé par un cours d'eau qui fournit 1 1/4 pied cube (**33** décim. c. ou **33** litres) d'eau par seconde. Dans l'autre, une prairie de 1000 morgen (255 hectares) peut être suffisamment arrosée par un cours d'eau qui fournit **22** pieds cubes par seconde (594 déc. c. ou litres), mais il n'indique ni la pente du pré, ni la qualité de l'eau.

Pour faire à cet égard des observations, il est nécessaire de calculer la quantité d'eau qui arrive au pré à arroser, et on la trouve approximativement en multipliant la section de l'eau dans le canal de distribution par sa vitesse. Soit, par exemple, $0^m,30$ la largeur du canal au fond, $0^m,50$ la largeur à la superficie de l'eau, et $0^m,25$ la hauteur de l'eau; son volume sera

$$\frac{0,50 + 0,30 \times 25}{2}$$

ou $0,40 \times 0,25 - 1$ mètre. Si la vitesse de l'eau est de de $0^m,30$ par seconde, le canal fournira par seconde $1 + 0^m,30 - 0^m,30$ ou 30 litres d'eau.

On sait qu'une pente de $0^m,01$ sur 10 mètres donne à l'eau une vitesse de $0^m,30$ par seconde. On peut encore mesurer la vitesse en plaçant sur l'eau un morceau de liége et mesurant l'espace qu'il parcourt dans un temps donné, dans 30 secondes par exemple. Si cet espace parcouru est de 15 mètres en 30 secondes, on en conclura que l'eau a une vitesse de $0^m,50$ par seconde.

Les parois et le fond du canal opposent cependant à l'eau une résistance, de manière que sur les côtés et au fond elle coule beaucoup moins vite qu'au milieu. Il est donc nécessaire de prendre une moyenne de la vitesse, et on la trouve si on tire la racine carrée de la vitesse de l'eau en haut, qu'on soustraie cette racine de la vitesse, et qu'au reste on ajoute 1/2 ou 0,5. Soit, par exemple, la vitesse observée 36 par seconde; la racine carrée est 0,06. Cette racine étant soustraite de 36, il reste 0,30, et en y ajoutant 1/2, on obtient 0,305 pour vitesse moyenne de l'eau.

Haefener calcule la quantité d'eau nécessaire à l'irrigation d'après la hauteur à laquelle dans un temps donné cette eau s'élèverait sur la surface du pré, en supposant qu'elle fût arrêtée par une digue et qu'elle ne pût s'infiltrer dans le sol. Il admet que l'irrigation serait *abondante* si dans **24** heures l'eau pouvait s'élever à une hauteur de 0^m,15 à 0^m,20, *suffisante*, si elle pouvait s'élever à 0^m,07 à 0^m,12 et pouvant dans quelques cas suffire *à la rigueur* si elle s'élevait seulement à 0^m,02 à 0^m,05.

Pour trouver cette hauteur, à laquelle peut s'élever l'eau, il suffit de calculer l'abord de l'eau en **24** heures et de diviser cette somme par la superficie du pré à arroser, le quotient donne la hauteur de l'eau.

Supposons que l'abord de l'eau soit de **4,000,000** de litres et que le pré à arroser ait une étendue de **8** hectares ; **8** hectares font **8,000,000** de décimètres carrés (**1** litre = **1** décimètre cube). Chaque décimètre carré de pré recevrait ainsi **1/2** décimètre cube d'eau, ou, en d'autres termes, l'eau s'élèverait à **5** centimètres.

Pour donner une idée nette de l'irrigation compliquée, et en même temps un résumé de tout ce que nous avons dit jusqu'à présent sur la construction des prés pour l'irrigation, nous empruntons à l'ouvrage de Vorlaender le dessin (*fig.* **111**), d'après nature, d'une prairie construite pour l'irrigation.

L n o m est un plan incliné, *n p q o* le premier, et *p r s q* le second étage de planches étroites en ados. Le plan incliné est large de 16^m,20, les ados de chaque étage ont une longueur de 21^m,60, et chaque ados une largeur de 7^m,20.

Par le canal *lp* large de 0^m,35 et profond de 0^m,15 on peut amener immédiatement aux ados l'eau du canal principal d'alimentation.

Afin que l'eau qui au point *n* entre dans la rigole de distribution *f* arrive facilement jusqu'à l'extrémité *o*, on

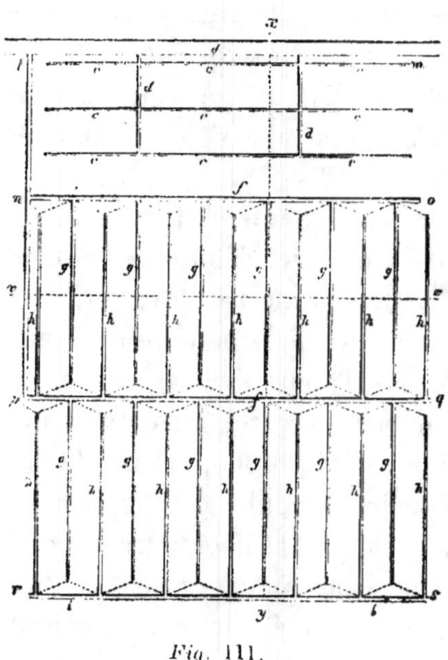

Fig. 111.

a jugé convenable de donner à toute la longueur de *n* en *o* une pente de 0^m,04.

Par suite, les ados ont dû être aussi abaissés, comme le représente la coupe *fig.* **112**.

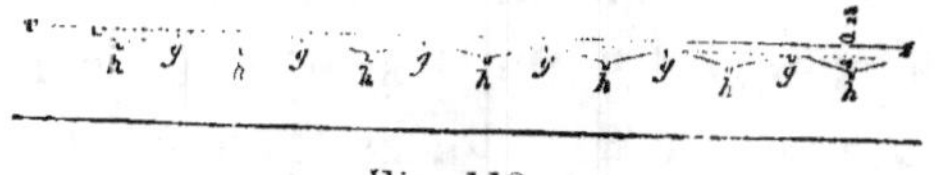

Fig. 112.

L'inspection de la *fig.* **112** fera comprendre la construction de toute la prairie. L'eau qui a arrosé le plan incliné *lo* se réunit de nouveau dans la rigole *no*. Elle se répartit immédiatement sur les ados *g*, et elle arrose l'étage *n q*. Les rigoles d'écoulement *h* de ce premier étage conduisent l'eau dans la rigole *p q*, où elle se rassemble de nouveau et d'où elle est distribuée aux rigoles *g* du second étage qui est ainsi arrosé à son tour.

Si le terrain offrait une pente plus considérable que celle existante dans la prairie dont nous donnons le plan, on pourrait apporter à la construction un sensible perfectionnement. Les rigoles *n o* et *p q* serviraient alors de rigoles d'alimentation, et immédiatement au-dessous d'elles on établirait des secondes rigoles qui seraient rigoles de distribution. On pourrait alors donner à ces dernières rigoles et aux ados une horizontalité parfaite. La *fig*. 112 donne la coupe des ados, et la *fig*. 113 donne la coupe de la prairie sur sa longueur.

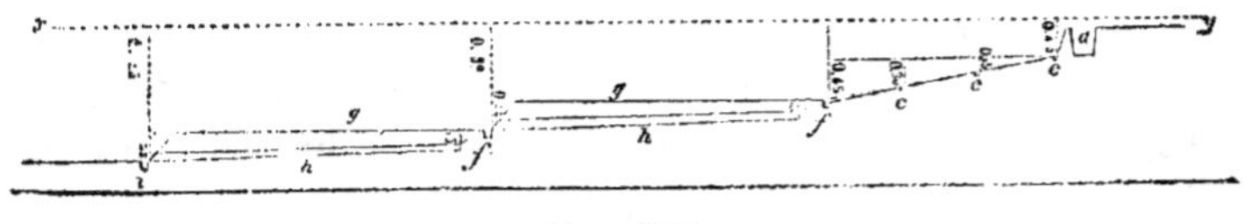

Fig. 113.

Les mêmes lettres représentent les mêmes objets sur les trois figures. Ainsi, par exemple, dans la *fig*. 112, la ligne *g* donne la hauteur des ados à la rigole d'irrigation, et la ligne *h* indique la rigole d'écoulement.

Dans cet exemple, les rigoles et les ados sont ensemble à angle droit, la construction gagne par là en régularité; mais, comme nous l'avons déjà dit précédemment, cette condition n'est pas de rigueur.

QUATRIÈME PARTIE.

Des Prés.

―◦❂◦―

CHAPITRE PREMIER.

Des prés inondés.

Comme les prés sont arrosés, de même ils sont inondés, les uns naturellement, les autres par suite du travail des hommes. Il est nécessaire pour l'inondation que la surface des prés soit à peu près horizontale. L'eau arrêtée par une digue reflue sur le pré qu'elle couvre à une plus ou moins grande hauteur. Si le terrain a une pente un peu forte, il faut d'abord donner à la digue une hauteur considérable, ensuite l'eau près de la digue aura une grande profondeur, tandis qu'à l'extrémité opposée de la prairie, elle couvrira à peine le sol. Supposons seulement une pente de 4 p. 100 sur une longueur de 100 mètres. Pour que l'extrémité de la prairie fût couverte de $0^m,50$ d'eau, il faudrait que la digue eût une hauteur de 5 mètres, plus $0^m,50$ pour qu'elle ne fût pas débordée par les vagues. Là où il existe une semblable pente, il faut pour inonder diviser la prairie en compartimens peu étendus ; mais il faut pour cela construire de grandes étendues de digues, qui occasionnent des frais considérables. D'où nous conclurons que, dans ce cas, il vaut mieux disposer le pré pour l'irrigation en plan incliné. L'établissement d'un pré inondé est si simple que les explications à cet égard semblent être superflues. Si c'est une vallée qui doit être inondée, il suffit souvent d'une digue qui la barre dans toute sa largeur. Le ruisseau qui amène l'eau sert alors en même temps de canal d'écoulement, et il suffit d'une écluse qui barre le ruisseau en même temps qu'elle ferme la digue. Mieux vaut cependant que le ruisseau qui fournit et qui écoule l'eau ait son cours hors du pré. Si le ruisseau traverse le pré, c'est dans son lit que se dépose la plus grande partie du limon fertilisant apporté par l'eau, et il est perdu pour le pré. Si le ruisseau coule hors du pré, l'espace à arroser doit être entouré d'une digne de trois côtés ; il faudra une écluse pour barrer le ruisseau et faire refluer l'eau sur le pré, et une seconde dans la digue pour laisser écouler l'eau quand on voudra mettre le pré à sec. Pour que l'inondation produise tout le bon effet qu'on peut en attendre, il faut que l'eau se répande promptement et également sur toute la surface.

Pour cela de petits fossés qui divisent le pré en planches, dans le sens de sa longueur, sont très favorables. Ces fossés partent en haut du canal de distribution, qui doit être horizontal, et ils aboutissent en bas au canal de desséchement. Quand on veut inonder, l'eau se répand rapidement au moyen de ces fossés et couvre régulièrement toute la surface du pré. Dans l'établissement de ces fossés, on trouve encore un autre avantage, c'est qu'ils fournissent de la terre et des gazons pour en hausser les parties basses et pour aider à la construction des digues. Si l'on exige que le pré soit promptement couvert d'eau, il est encore plus important au succès de l'opération que l'eau se retire promptement et ne séjourne nulle part. Les mêmes fossés sont aussi très utiles pour l'écoulement de l'eau.

Pour rendre encore plus claires les indications que nous venons de donner, nous y joignons le plan d'une prairie inondée, partagée en planches par des fossés *fig.* 114), d'après Schwerz, tome I de son *Traité d'agri-*

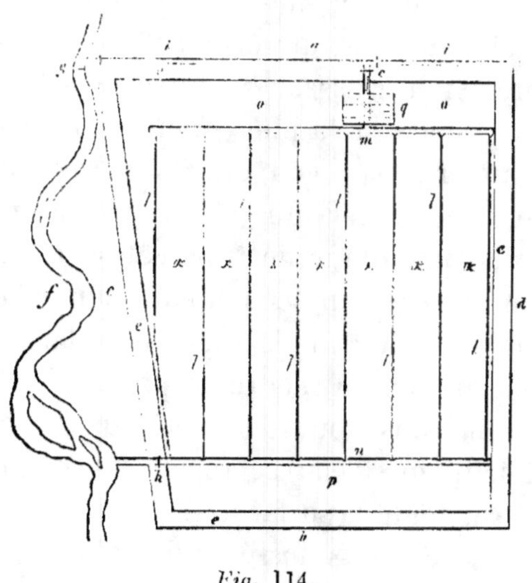

Fig. 114.

culture pratique. Le ruisseau *f* coule le long du pré. Au point *g* est une écluse qui fait arriver l'eau dans le canal de dérivation *i, e, e, e, e* sont les digues; *j,* l'ouverture par laquelle l'eau arrive du canal de dérivation sur le pré ; *h.* une autre ouverture par laquelle sort l'eau qui se réunit dans le canal d'écoulement *n ; q* est un petit pont.

L'eau arrive en *m* dans le canal de distribution ; elle se répand à droite et à gauche et pénètre dans les fossés *l...l :* de là elle gagne le canal d'écoulement *n*, qui d'avance a été fermé, puis elle monte et couvre successivement toute la surface des planches *k k.*

Schwerz conseille de donner aux planches une largeur de 5 à 6 mètres.

Si un pré présentait une pente un peu forte, ou plusieurs pentes dans des sens différens, il ne serait pas sensé de vouloir l'inonder dans une seule enceinte de digues. Dans ce cas, on divise la surface en autant de compartimens que l'indiquent la configuration et la pente du sol. Si le plan est tracé avec intelligence, on peut disposer les compartimens de manière que l'eau coule des supérieurs aux inférieurs et les inonde successivement. Cependant ce grand nombre de compartimens nécessite d'autant plus de digues qui entraînent une augmentation considérable de frais.

Si le sol de la prairie à inonder est horizontal, ou à peu près, on peut former la digue dont elle doit être entourée par des sillons tracés avec la charrue, et auxquels on donne la hauteur suffisante en endossant plusieurs fois. Plus le sol de la prairie s'éloigne de la disposition horizontale, plus les digues doivent avoir de hauteur et de solidité. Si l'étendue est considérable, la digue doit s'élever au-dessus de la surface de l'eau de $0^m,30$ au moins, et sa largeur doit augmenter en proportion de la hauteur.

A l'intérieur, c'est-à-dire du côté de la prairie ou de l'eau, la digue doit avoir un talus considérable, afin qu'elle ne soit pas minée par l'eau. Les vagues glissent et leur force est amortie sur cette surface très inclinée.

A l'extérieur, l'inclinaison peut être moindre; cependant un fort talus donne plus de solidité et produit aussi plus d'herbe.

L'aplanissement de la surface des planches d'une prairie inondée s'opère de la même manière que nous avons décrite pour les prés arrosés. On a souvent recommandé les labours réitérés, en rejetant toujours la terre du côté inférieur, pour rapprocher de la forme horizontale un terrain en pente. Mais, d'une part, il faudrait des labours bien souvent répétés pour amener un résultat un peu sensible, et, d'autre part, la partie supérieure de la prairie se trouverait ainsi totalement dépouillée de la couche supérieure de terre. Il est plus facile et plus avantageux de recourir à la brouette ou au tombereau, et de transporter de suite la terre à sa destination. On n'oubliera pas qu'on doit, autant que possible, enlever seulement le sous-sol et conserver la couche supérieure de terre, pour la replacer sous le gazon.

Quelquefois aussi on peut employer l'eau au transport des terres. Pour cela il est nécessaire d'établir un canal de dérivation à la partie supérieure du pré, là où se trouve une élévation qui doit être enlevée, et il est nécessaire que ce canal fournisse une suffisante quantité d'eau. On fait alors au canal de dérivation, à l'endroit où l'élévation commence, une étroite et profonde coupure par laquelle l'eau s'échappe avec force pour s'écouler vers la partie qui est trop basse et qu'on veut exhausser. Dans ce courant, on jette à la pelle la terre qu'on a préalablement ameublie, jusqu'à ce que la hauteur soit suffisamment abaissée, et elle est entraînée par l'eau. Il faut avoir la précaution d'arrêter par un clayonnage cette masse de terre délayée, afin qu'elle reste au point où l'on en a besoin, et que l'eau ne puisse pas l'entraîner plus loin. De cette manière, on peut ainsi, quand la disposition du terrain et du cours d'eau le permet, transporter à peu de frais une grande masse de terre et obtenir l'horizontalité du sol. Cette méthode est fréquemment employée dans l'Allemagne du nord, et les prés ainsi formés, y reçoivent la dénomination particulière de *Schwemmwiesen*, prés formés par alluvion artificielle.

Pour la formation des digues, on prend d'abord la terre et les gazons qui proviennent de l'abaissement des parties trop élevées de la prairie. Si ces matériaux ne suffisent pas, on creuse le long de la digue, à son côté extérieur, un fossé qui fournit de quoi l'achever.

Voici comment Schwerz expose les avantages et les inconvéniens de l'inondation, comparativement à l'irrigation des prés :

1. Par l'inondation, on peut mieux et plus complétment mettre une prairie à l'abri d'une température défavorable.

2. L'établissement et l'entretien des prés inondés sont en général moins coûteux que la construction des prés arrosés.

3. Aucun des animaux nuisibles qui souvent font tant de tort aux irrigations, tels que taupes, souris, courtillières, ne peut résister aux inondations.

4. Par l'inondation, l'eau chargée d'un limon fertilisant a plus de temps pour le déposer.

5. Enfin, si un sol aride et ingrat est couvert de genêts, de bruyères, de bugrane épineuse et autres semblables plantes grossières, elles sont détruites par une inondation longtemps prolongée en été. A la vérité cette inondation détruit aussi l'herbe, mais celle que produit naturellement un tel sol a bien peu de valeur.

Les inconvéniens de l'inondation des prés sont les suivans :

1. Beaucoup de bonnes plantes qui entrent dans la composition des prés ne peuvent résister à l'inondation longtemps prolongée.

2. L'herbe qui croît sous l'eau de l'inondation est beaucoup plus délicate et résiste ensuite moins aux accidens de température.

3. Si pendant l'inondation il survient de belles journées chaudes ou des pluies fertilisantes, ces bienfaits atmosphériques sont perdus pour la prairie.

4. On ne peut pas inonder, comme on peut arroser, jusqu'au moment où l'herbe va fleurir.

5. Le foin des prés inondés est beaucoup inférieur en qualité à celui des prés arrosés.

6. Le pré inondé devant être rapidement et tout entier mis sous l'eau, il faut pour cela une quantité d'eau plus considérable que pour arroser.

7. Il y a beaucoup de terres qui s'amollissent extrêmement par le séjour de l'eau.

De ces considérations pour et contre, Schwerz conclut que si on a le choix entre l'irrigation et l'inondation, on doit sans aucun doute donner la préférence à l'irrigation. « Seulement, ajoute-t-il, sur des prés tourbeux, sur un sol très perméable à l'eau, l'inondation peut être plus avantageuse. »

De tout ceci il résulte que l'inondation des prés n'est guère pratiquée que dans des vallées unies où il serait très difficile de se procurer de la pente et que la nature semble avoir disposées pour cela.

L'Allemagne septentrionale, les Pays-Bas, la Lombardie, nous en fournissent des exemples. Dans ces pays, d'abondans cours d'eau et même la mer fournissent les eaux nécessaires aux inondations.

Dans les pays de montagnes on trouve rarement une localité où l'inondation doive être préférée à l'irrigation.

Il est encore à observer que là où l'une des deux méthodes est depuis longtemps en usage, il est prudent de la conserver, lors même que l'autre paraîtrait plus avantageuse, parce qu'il convient toujours d'avoir égard aux habitudes d'un pays, et que les travaux dont les hommes ont l'expérience, pour lesquels ils ont même une prédilection, sont toujours mieux exécutés.

CHAPITRE II.

Des roues hydrauliques et des cercles magiques.

§ Ier. — Des roues hydrauliques.

Pour compléter, autant que possible, ce qui est relatif aux irrigations, nous devons encore indiquer les roues hydrauliques servant à élever l'eau destinée à arroser les prés.

Si l'on a à sa disposition un fort cours d'eau, mais tel qu'on ne puisse pas établir de digues pour élever les eaux, alors il peut être avantageux de les faire monter au moyen d'une roue hydraulique. Zeller de Darmstadt, que nous avons déjà cité, a apporté des perfectionnemens à cette roue qui fonctionne dans de grands établissemens d'irrigation du duché de Hesse-Darmstadt.

En France, MM. Thomas et Laurens, ingénieurs civils ont publié le dessin d'une roue élévatoire des eaux de la rivière de Fesle pour l'irrigation d'un terrain de la contenance de 110 hectares, situé à Ciry-Salsogne, département de l'Aisne.

Les cas où l'on pourra faire usage d'une semblable roue étant tout exceptionnels, nous renvoyons ceux que cette question pourra intéresser au rapport de la Société d'encouragement, sur le Mémoire de MM. Thomas et Laurens, 1848.

§ II. — Des cercles magiques.

Dans les prés secs, et particulièrement dans ceux consacrés au pâturage, on remarque souvent des cercles d'un plus ou moins grand diamètre, formés par une herbe d'une végétation beaucoup plus vigoureuse et d'un vert plus foncé. On les nomme en Allemagne cercles magiques, et aussi cercles ou ronds des sorcières. Les paysans, dans leur simplicité superstitieuse, ont cru que ces ronds étaient formés par les danses nocturnes des sorcières, ou provenaient de conjurations de magiciens.

La nature et l'origine de ces cercles ne sont pas encore suffisamment éclaircies, quoique des observateurs s'en soient déjà occupés, et qu'en Angleterre, dans une réunion de naturalistes, l'un d'eux ait présenté une dissertation sur ce phénomène.

Si l'on examine de près ces cercles, on trouve que dans toute leur circonférence, sur une largeur de 15 à 30 centimètres, l'herbe a une végétation aussi vigoureuse que si elle eût été fortement fumée, tandis qu'à côté elle est maigre et misérable. J'ai souvent remarqué que sur la ligne qui forme le rond, le dactyle pelotonné (*dactylis glomerata*), est l'herbe dominante. Or, cette graminée ne se trouve guère que dans les sols riches ou fumés. En automne, on remarque entre les touffes d'herbe, toujours sur la ligne du rond, une foule de petits champignons, que le naturaliste anglais, cité tout-à-l'heure, croit être l'*agaricus grave olens*. Les champignons sont un puissant engrais ; ils sont riches en azote, en phosphore et autres sels, et leur présence suffit pour expliquer la vigueur de végétation de l'herbe qui forme le cercle. Mais ces champignons sont-ils réellement la cause qui a produit le cercle? — Et s'ils ont formé le cercle, à quelle cause eux-mêmes doivent-ils leur naissance? — D'où vient que leur présence est limitée à cette bande étroite, tandis que ni à l'intérieur, ni à l'extérieur du rond, on n'en voit aucune trace ?

Je trouve dans un journal d'agriculture une explication de ce phénomène, que je donne telle qu'elle est, et en attendant qu'on en ait trouvé une autre plus satisfaisante.

« Les cercles magiques sont produits par des cham-
« pignons, dont ils prouvent la force d'action fertili-
« sante. Les champignons naissent ordinairement sur
« les racines des plantes en décomposition, mais ils
« sont aussi produits par un engrais azoté, tel que
« les déjections du bétail. L'engrais détermine la for-
« mation d'un groupe de champignons ; lorsque la vé-
« gétation de ceux-ci est accomplie, ils meurent et se
« décomposent en une substance fluide, qui est un en-
« grais assez actif pour faire périr les plantes qui en
« sont saturées. Mais les autres plantes qui formaient
« la bordure de ce groupe de champignons, en reçoi-
« vent seulement une dose d'engrais suffisante pour
« déterminer chez elles une vigoureuse végétation. Ce
« cercle est à son tour envahi par les champignons qui
« s'avançant toujours du centre vers la circonférence,
« peuvent produire dans une couple d'années des ronds
« de 3 à 4 mètres de diamètre, après que les champi-
« gnons ont détruit l'herbe au milieu de laquelle ils
« végétaient, et qu'eux-mêmes, faute d'alimentation, ne
« se reproduisent plus. Cet espace dénudé se regarnit,
« soit par quelques racines qui y sont restées, soit par
« les graines qui y tombent, de manière que le centre
« du cercle se regarnit bientôt, et qu'il reste seulement
« sur le bord intérieur du cercle une lisière étroite
« privée de végétation.

« Dans un pâturage qui m'appartient, sur un terrain
« tourbeux, j'ai pu observer, cet été, environ dix de ces
« cercles magiques. »

Telle est la citation, dont je regrette de ne pouvoir
indiquer ni la date, ni l'auteur. Voici comment je com-
prends qu'elle explique le phénomène qui nous occupe.

Une quantité d'engrais fortement azoté, se trouve
par une cause quelconque apportée au point A (*fig.* 115).

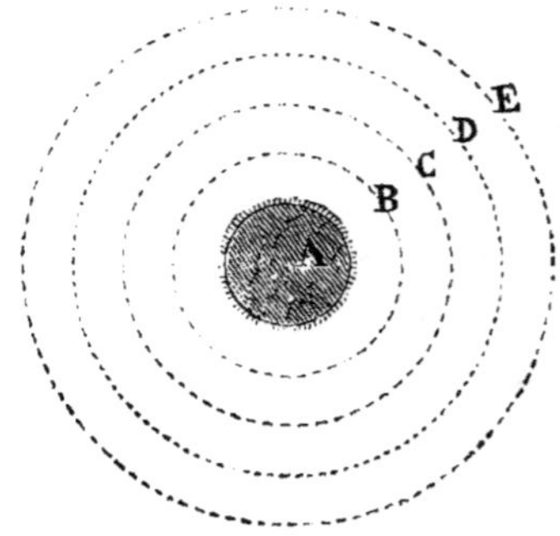

Fig. 115.

Dès le premier automne, il s'y développe un groupe de
champignons, qui, par leur décomposition, font périr
toutes les plantes au milieu desquelles ils ont végété,
de sorte qu'au printemps suivant, il n'y a plus là qu'un
espace nu, entièrement dégarni d'herbe.

Mais la puissance fertilisante des champignons décomposés profite aux plantes voisines, et détermine une
vigoureuse végétation sur toute la circonférence du
point A. Dans le cercle même, les plantes ont été détruites, les champignons n'y trouvent plus de racines
sur lesquelles ils puissent végéter, ils s'avancent plus

loin et s'emparent du cercle B. Là déjà leur influence a commencé la destruction des plantes et ils s'établissent sur leurs racines.

Cette seconde génération de champignons périt à son tour l'automne suivant, et détruit toutes les plantes qui formaient le cercle B.

Au printemps ils envahissent le cercle C, et les mêmes causes ramènent successivement les mêmes effets sur les cercles D, E, etc.

Pendant ce temps, le point central A (*fig.* 115) s'est regarni d'herbes, soit par des graines qui y sont tombées, soit par des racines traçantes, et il s'y forme un nouveau gazon qui plus tard s'étend au cercle B, et successivement aux autres.

On pourrait croire que la partie intérieure du cercle doit se couvrir d'une végétation aussi riche que la bordure, qui se trouve en dehors de la ligne occupée par les champignons, puisque cette partie intérieure a reçu le même engrais et même en plus grande quantité. Mais ceci s'explique par l'extrême facilité avec laquelle se vaporise cet engrais si riche en azote, et par cette circonstance que l'intérieur du cercle a été quelque temps tout-à-fait dégarni de plantes. Lorsqu'elles y reparaissent, le sol est redevenu aussi pauvre qu'il était auparavant, et sa végétation ne se distingue pas de celle qui existe au-delà des limites du cercle.

On comprend facilement que le cercle s'agrandit d'autant plus lentement qu'il devient plus étendu, et qu'il finit par disparaître entièrement.

Quoi qu'il en soit de ces explications, le cercle magique est un phénomène remarquable, qui mérite de fixer l'attention des naturalistes et des cultivateurs.

CHAPITRE III.

Des prés tourbeux et des prés secs de montagnes.

Les prés tourbeux diffèrent tant par leur nature de tous les autres prés, qu'ils doivent aussi être traités d'une manière particulière. Nous ne savons pas que personne ait encore rien écrit sur les marais tourbeux, et nous nous bornerons à faire connaître la manière dont on traite un marais qui est dans notre voisinage. Si nous ne pouvons pas donner des préceptes d'une application générale, on trouvera cependant dans les indications que nous allons donner d'utiles enseignemens pour des positions analogues.

Ce marais s'étend le long et à gauche de la grande route (*) de Paris à Mayence, depuis Hombourg (**) jusqu'à Kaiserslautern. Il a une longueur de 20 kilomètres sur une largeur de 1 à 2 kilomètres. Sa position est tout-à-fait défavorable : une chaîne de montagnes escarpées le borne du côté du sud, et lui intercepte en grande partie les rayons bienfaisans du soleil. Il est une grande partie de l'année couvert de brouillards, et les gelées tardives y détruisent souvent, jusqu'au milieu de l'été, les espérances des cultivateurs. Il y a trente ans, ce marais était complétement inculte et sauvage, couvert de

(*) Cette route, construite par Napoléon, n'est désignée dans le pays que sous le nom de *route impériale*.

(**) Hombourg est une petite ville de la Bavière-Rhénane à 40 kilomètres de Forbach.

bruyères et de broussailles; il n'avait aucune valeur. L'activité infatigable des habitans en a déjà transformé une grande partie en prés, et le reste ne tardera pas à subir la même transformation.

Les modes de culture suivis se réduisent à deux principaux. Ou bien la tourbe est d'abord extraite pour être utilisée comme combustible, ou la surface de la tourbe même est de suite convertie en pré, le combustible restant enfoui jusqu'à ce que le besoin s'en fasse un jour sentir.

Pour pouvoir extraire la tourbe, il faut, avant tout, faire écouler les eaux. L'établissement d'un canal qui dessèche le marais est un travail considérable, qui ne peut être exécuté que par les communes. A ce canal principal aboutissent d'autres canaux, qui, eux-mêmes, reçoivent les eaux d'une multitude de fossés, de sorte qu'un réseau de canaux, fossés et rigoles de dessèchement divise à l'infini tout le marais.

La pente étant partout très peu considérable, on ne donne point de talus aux fossés taillés dans la tourbe. On extrait la tourbe avec une espèce de bêche dont le fer est long de $0^m,45$ à $0^m,60$ et large de $0^m,15$ (*fig.* **116**). On commence par enlever et mettre de côté la couche supérieure qui contient un peu de gazon et de terre. La tourbe qui est au-dessous est coupée en mottes longues de $0^m,32$ et épaisses de $0^m,16$. L'ouvrier qui coupe ces mottes les jette à mesure sur le gazon qui est devant lui, un autre les transporte avec la brouette à l'endroit où elles doivent être séchées, et les empile par cinq. Plus tard, lorsqu'elles ont subi un commencement de dessiccation, on en forme des tas de **20**. Par un temps favorable, les mottes restent ainsi jusqu'à ce qu'elles

soient complétement sèches; mais si la température est
pluvieuse, il faut les retourner plusieurs fois.

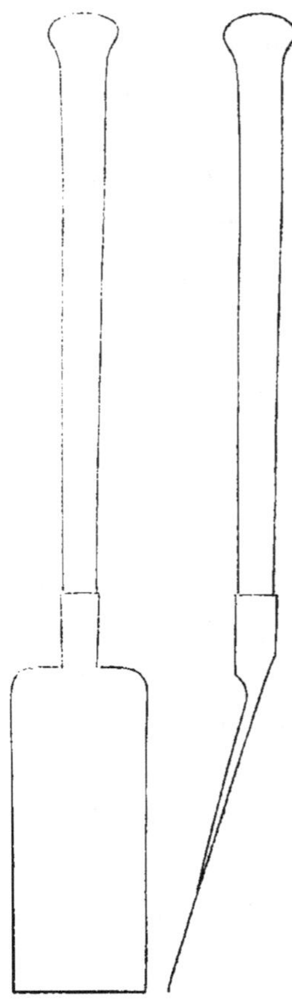

Fig. 116.

Enfin, on forme des tas ronds et pointus par le
haut, qui contiennent 1000 mottes, et elles sont ainsi
prêtes pour la vente. On enlève la totalité de l'épaisseur de la couche de tourbe lorsque l'eau ne s'y oppose
14.

pas. L'épaisseur de la couche varie de **1** à **3** mètres. On compte que ce marais fournit par année environ **27** à **30** millions de mottes de tourbe.

La qualité varie beaucoup. La tourbe de qualité inférieure n'a que la moitié, que le tiers même de la valeur de la bonne ; la tourbe est d'autant meilleure qu'elle est plus noire, que la substance est plus homogène, que les plantes dont elle est formée sont plus décomposées. Plus la tourbe réunit ces qualités et plus elle diminue de volume en séchant. Le volume de la tourbe de première qualité se réduit de moitié lorsqu'elle est tout-à-fait sèche. Le prix de **1000** mottes, prises dans le marais, varie de **1** fl. à **2** fl. **20** kr. (**2** fr. **15** c. à **5** fr.). On estime que **1000** mottes de tourbe valent à-peu-près un stère de bois de hêtre.

Après que la tourbe est enlevée jusqu'à quelques centimètres au-dessus du niveau de l'eau, on unit le terrain et on y amène de la terre, telle qu'on l'a à sa disposition ; le sable est ce qui convient le mieux. Mais il en faut quelquefois une énorme quantité pour obtenir une surface solide. La substance spongieuse de la tourbe s'affaisse et se tasse sous le poids dont elle est chargée. Les paysans disent proverbialement qu'une première voiture de sable conduite dans un marais tourbeux ne sert qu'à faire de la place pour dix autres voitures. Lorsqu'enfin on a obtenu un sol ferme, on recouvre le sable d'une mince couche de terre végétale, et la construction du pré est terminée.

Très rarement de tels prés peuvent être arrosés, et encore on n'obtient de bons effets de l'irrigation que si on peut y employer de très bonne eau de source, qui ne soit pas froide. En outre, comme ils sont très peu élevés au-dessus de la surface de l'eau, le besoin d'arroser ne s'y fait pas sentir.

On ne peut pas toujours amener une quantité de sable suffisante pour élever le pré au-dessus de la surface de l'eau. Dans ce cas, on étend une couche de branchages; les branches de pin sont celles auxquelles on donne la préférence. Par-dessus on répand les débris de la tourbe extraite, le peu de gazon qui couvrait la couche de tourbe, et enfin un peu de bonne terre. Un pré ainsi préparé se gazonne promptement; mais son origine se reconnaît toujours au mouvement d'oscillation qu'il éprouve lorsqu'on marche dessus.

Dans les environs de Kaiserslautern, on forme de la même manière les prés arrosés dans de petites vallées marécageuses, qui contiennent des sources et qui sont ordinairement dans le voisinage des forêts. On étend d'abord une couche assez épaisse de branches de pin, puis on la couvre de pierre, de sable, des matériaux qu'on peut le plus facilement se procurer, et que fournit ordinairement le côteau qui borde la prairie. Les branches de pin procurent cet avantage qu'il faut moins de sable pour combler le marais, qu'elles supportent d'abord les hommes, puis les brouettes et bientôt les tombereaux attelés, quand leur emploi est nécessaire et que les branches sont seulement recouvertes d'une épaisseur peu considérable de sable. Dès qu'on a obtenu partout une surface solide, on marque la largeur et la hauteur des ados, et on les forme en continuant à amener du sable. Lorsque les ados sont ainsi formés, on les recouvre d'une couche de terre végétale, ordinairement peu épaisse, et on y répand des graines de foin. Dès que la surface est suffisamment gazonnée, c'est-à-dire dès que les racines de l'herbe peuvent maintenir la terre assez pour que l'eau ne l'entraîne pas, on trace les rigoles d'irrigation, on creuse les rigoles d'écoulement, et on commence à arroser. Avec de bonne eau, en suffisante quantité, on peut ainsi créer de bons prés sur un terrain tout-à-fait improductif, avec des matériaux qui n'ont aucune valeur, et un marais malsain devient un pré fertile.

L'entretien des prés formés sur le terrain dont on a extrait la tourbe est ordinairement plus coûteux que leur formation. L'humus acide de la tourbe ne fournit rien pour la nutrition des graminées, il favorise seulement la végétation de la mousse de la tourbe, qui croît avec une rapidité étonnante sur les prés négligés, qu'elle couvre bientôt à une hauteur de $0^m,30$. C'est du dehors qu'il faut amener à ces prés les principes fertilisans dont ils ont besoin. Heureusement on peut y employer toutes les substances qui contiennent seulement quelques principes pouvant servir à la nourriture des plantes. Ainsi, on y répand des boues de routes, les balayures des cours, des granges, des gazons décomposés, de la bonne terre végétale, etc. On mêle toutes ces substances, on les arrose d'urine, et si on les laisse une année en tas, en les retournant plusieurs fois, on en obtient un excellent engrais. La chaux ajoute beaucoup à l'efficacité de ces composts. Les cendres produisent d'excellens effets sur les prés tourbeux ; les cendres de bois ne s'emploient qu'après qu'elles ont servi pour les lessives. Les cendres de tourbe et de houille sont ordinairement réunies dans un creux pratiqué pour cet usage dans un coin de la cour. On a soin qu'elles y soient maintenues dans un état constant d'humidité, et on leur laisse passer ainsi l'année. On croit que si ces cendres ne sont pas traitées ainsi, leur effet est incertain. Si elles sont arrosées d'urine, les cendres deviennent un engrais d'autant plus actif. La tourbe elle-même peut être facilement convertie en engrais, quand au moyen de la chaux ou de l'urine on neutralise l'acide qu'elle contient. On réunit tous les débris de la tourbe, les mauvais gazons de la surface des tourbières, on les imbibe d'urine en les étendant sous les bêtes dans les étables, puis on les mêle par couche avec le fumier.

Ces prés tourbeux ont besoin d'être régulièrement fumés, au moins tous les trois ans. On répand plus ou moins d'engrais, selon qu'il est plus ou moins riche ; mais dans aucun cas on n'en répand assez pour que le gazon en soit tout-à-fait couvert.

On transporte les engrais pendant l'hiver, lorsque la terre est gelée.

Lorsque le terrain est assez solide pour porter les bêtes d'attelage, et lorsqu'on a en abondance et à proximité les matériaux nécessaires pour élever le sol, il arrive quelquefois qu'on le cultive avant de le mettre en pré. On peut y récolter de l'avoine, du seigle, même de l'orge ; le lin, la spergule, le trèfle, sont les plantes qui réussissent le mieux dans ce sol trop peu élevé au-dessus du niveau de l'eau pour qu'il ne conserve pas une fraîcheur continuelle. Mais souvent, comme nous l'avons déjà dit, des gelées tardives viennent tout-à-coup arrêter les plantes au milieu d'une vigoureuse végétation et enlever au cultivateur le fruit de ses travaux.

On a calculé que le marais qui nous occupe peut fournir de la tourbe encore pendant plus d'un siècle, en supposant l'extraction continuée comme elle a lieu

actuellement. Il y a encore des étendues considérables
qui ne seront pas entamées de longtemps. Dans bien
des endroits les cours d'eau et les moulins dont ces
cours d'eau sont la propriété ne permettent pas l'extraction de la tourbe. On cherche alors à établir des prés et
même des champs cultivés sur la tourbe. Comme on ne
peut faire écouler les eaux, la superficie du sol se trouve à
peine de quelques centimètres au-dessus de leur niveau.

Un desséchement complet du sol tourbeux serait nuisible, et les plantes ne pourraient végéter faute d'humidité.

Pour établir ces prés sur la tourbe, on forme, par des
rigoles, des planches de 5 à 6 mètres de largeur, on
unit la surface, et on fume le plus souvent qu'on peut.
Le compost forme avec le temps une couche solide, sur
laquelle se développe une vigoureuse végétation. Le
feu est encore un moyen d'enlever à la tourbe son acidité, et on y a souvent recours là où la tourbe est recouverte d'un peu de terre qui forme une mince couche
de gazon. On détache ces gazons à une épaisseur de
$0^m,20$ à $0^m,30$, on les empile, et dès qu'ils sont suffisamment secs on les brûle. On répand ensuite les cendres,
puis on amène du sable, ou de la terre, si on peut en
avoir, dans la proportion de **3** parties de sable à **1** partie de cendres, et on mêle cendres et sable. C'est seulement lorsque ce mélange est opéré parfaitement qu'on
obtient de l'écobuage tout le bon effet qu'il peut produire. Si à cause de l'éloignement, ou parce que la surface écobuée est trop étendue, on ne peut pas amener
du sable, on mêle par un léger labour les cendres avec
la surface du sol. Ce labour doit être tout-à-fait superficiel, pour que le hersage qui suit puisse compléter parfaitement le mélange. Enterrées trop profondément, les

cendres ne produisent plus d'effet. Après l'écobuage, on prend ordinairement une récolte de grain, dans laquelle on sème du trèfle. Après le trèfle, le sol se gazonne de lui-même, ou bien on y répand encore des graines de foin. Le pré est alors établi, traité et fumé comme les autres.

Les parties écobuées ne sont pas toujours de suite converties en prés. Quelquefois une famille n'a pas d'autre propriété, et il faut qu'à force de travail et d'industrie elle en tire sa subsistance. Ces terrains écobués conviennent particulièrement à la navette d'été ; l'avoine, l'orge, le lin, le sarrasin y réussissent, mieux encore les vesces, la spergule et le trèfle. Les grains d'hiver craignent l'excès d'humidité et les gelées tardives. Le seigle y donne de la paille, mais peu de grain. Avec du fumier, on y obtient des légumes, surtout des choux. Les pommes de terre sont une des plantes qui y réussissent le moins ; cependant la nécessité force souvent à les y cultiver. Les effets de l'écobuage ne s'étendent pas au-delà de deux récoltes, et si on ne peut pas fumer, il faut écobuer de nouveau. Aussi cette culture est-elle très pénible, très coûteuse, et elle ne peut avoir lieu que là où elle est imposée par la nécessité.

§ Ier. — **Prés célestes.**

Les Allemands désignent sous le nom de prés célestes, ou prés du ciel (*himmelswiesen*), les prés élevés qui ne reçoivent d'eau que celle que leur procurent les pluies. Quelquefois ces prés se trouvent au milieu des champs, dans des endroits où le sol est trop humide pour convenir à la culture. Si l'on remarque dans un champ des plantes aquatiques, telles que des joncs, c'est un indice que le sol contient de l'eau, à laquelle il faut chercher une issue. On doit alors creuser un fossé au-dessus de la place humide, et souvent on obtient ainsi une quantité d'eau suffisante pour pouvoir arroser.

Ces prés secs doivent être régulièrement fumés tous les trois ou quatre ans. Le compost, formé comme nous l'avons dit pour les prés tourbeux, est l'engrais qui leur convient le mieux. On regarde comme avantageux d'alterner en répandant une fois du compost et une autre fois des cendres. Le plâtre convient aussi. Lorsqu'une fois on a commencé à fumer un pré, il est de nécessité de continuer à lui fournir régulièrement de l'engrais, autrement son produit deviendrait moindre qu'il n'était avant qu'on eût commencé à le fumer. Par l'engrais, on favorise la végétation des bonnes plantes qui étouffent les autres ; si l'on cesse de donner de l'engrais, ces bonnes plantes, qui ne vivaient que par lui, disparaissent successivement ; on n'a plus celles dont elles ont pris la place, et le produit du pré doit être ainsi considérablement diminué.

CHAPITRE IV.

De l'entretien des prés.

Le pré le mieux construit et qui se trouve placé dans les circonstances les plus favorables, ne tardera pas à être ruiné s'il n'est soigné convenablement.

L'entretien des prés exige une attention continuelle, qui doit s'étendre jusqu'aux moindres détails, et ce n'est pas sans raison que les irrigateurs de Siegen disent qu'il est plus facile de construire un pré que de l'entretenir après qu'on l'a construit. A l'aspect d'un pré on connaît tout de suite ce qu'est son propriétaire. L'état du gazon, celui de l'herbe, trahissent bientôt la négligence, et il n'est aucune branche de l'agriculture dans laquelle l'incurie soit punie comme elle l'est pour les prés.

Les travaux d'entretien des prés comprennent : le curage des canaux, des fossés et rigoles, l'entretien des digues et des écluses, le détournement des eaux pluviales, dans les temps où elles peuvent nuire, la destruction des animaux nuisibles, celle des mauvaises plantes, le soin de répandre la terre des taupinières, d'abattre les fourmilières, de remplir les creux qui peuvent se former sur la surface du pré ou qui n'ont pas été complétement nivelés lors de son établissement.

Dans la plupart des prés, les fossés (*) doivent être curés tous les ans. Ils se rétrécissent par le dépôt que laisse l'eau, et par la croissance plus vigoureuse de l'herbe sur leurs bords. Si le besoin du curage se fait peu sentir, on peut en conclure que l'eau a peu de valeur pour l'irrigation. On doit commencer les travaux de curage dès que la récolte du regain est terminée, et ils doivent être finis au plus tard pour le 1ᵉʳ octobre, afin de pouvoir utiliser pour l'irrigation les eaux des premières pluies d'automne. Dans les prés qu'on laisse pâturer, on doit faire entrer le bétail avant le curage des

---

(*) Par le mot *fossé*, nous entendons les fossés de toute dimension depuis la rigole jusqu'au canal.

fossés, afin qu'il profite de l'herbe qui est encore sur leurs bords et que la faux n'a pu atteindre. Les fossés et rigoles sont taillés avec le croissant ou avec la pelle-bêche. Les ouvriers doivent pour cela toujours se servir du cordeau ; l'ouvrage en est plus régulier et plus propre. Il est important que les fossés ne deviennent ni plus larges ni plus profonds qu'ils étaient ; les outils doivent toujours être bien tranchans. On forme au bord des fossés, avec les gazons, la vase, etc., qu'on en tire, de petits tas desquels on retire ensuite ce qui est nécessaire pour remplir des creux, pour garnir le bord des rigoles, là où leur niveau ne serait pas parfait, et le reste doit être immédiatement enlevé. Il y a peu de prés à la surface desquels on ne trouve de petits vides à remplir. On peut même remplir des vides considérables, en y employant seulement chaque année les produits du curage des fossés. Si ce sont des gazons, on les étend les uns près des autres, puis on les dame. Si les gazons sont trop épais pour être employés ainsi, on les divise, et on les unit aussi bien que possible.

Le curage des fossés produit souvent aussi une terre noire et grasse, qui, répandue sur les prés, est un très bon engrais ; quelquefois aussi il ne donne qu'un sable infertile. Le sable est très bon pour être répandu sur les endroits humides, qui produisent des joncs ou qui sont couverts de mousse. On peut aussi l'employer à combler les creux, si on en enlève d'abord le gazon, pour le replacer ensuite. On peut se débarrasser de la même manière des pierres, des mottes de terre, des débris de gazon, en un mot de toutes les ordures qu'on ramasse en nettoyant la surface d'un pré.

Au printemps, par une température favorable, il ar-

rive fréquemment que l'herbe pousse assez vigoureusement pour boucher les rigoles et arrêter le cours de
l'eau. On les nettoie au moyen du couteau à rigoles, qui
n'est ordinairement qu'une vieille faux fixée à un manche
long d'environ **2** mètres.

En même temps qu'on s'occupe du curage des fossés,
on visite les digues et écluses pour y faire les réparations nécessaires. Enfin on ne doit pas négliger le
moindre détail, et on doit être bien convaincu qu'une
petite réparation qui n'est pas faite à temps peut amener
plus tard un dommage considérable.

Les souris se tiennent volontiers autour des écluses ;
leurs galeries peuvent donner passage à l'eau et occasionner des éboulemens considérables. On doit chercher et boucher les trous de souris partout où on les
trouve.

Par une forte pluie, l'eau entraîne souvent du sable,
du gravier, même des pierres. Cette eau doit être soigneusement détournée des prés ; elle peut tout au plus
servir à combler des creux. Mais si elle n'est pas chargée de parties aussi grossières, elle est utile dans des
prés naturels, sur les parties où il y a de la mousse et
des joncs.

Lorsque l'eau n'apporte qu'une vase ou un limon très
délayés, on peut, à l'automne et au commencement du
printemps, l'employer à l'irrigation des meilleurs prés
pour lesquels elle est un engrais. Lorsqu'à l'approche
de la fenaison les irrigations cessent complétement,
toutes les écluses doivent être ouvertes, de même que
toutes les rigoles, tous les canaux, afin que si une forte
pluie amenait de grandes eaux, elles puissent rapidement s'écouler.

Les souris et les taupes peuvent difficilement se tenir dans des prés convenablement et régulièrement arrosés. Si on s'aperçoit de leur présence, on peut ordinairement s'en défaire en dirigeant une forte irrigation dans leurs galeries. Si on ne peut les atteindre par l'eau, il faut chercher à les prendre avec des piéges. Les taupes n'attaquent pas les plantes, elles cherchent les vers qui font leur principale nourriture. Elles ne nuisent qu'en minant le sol par leurs galeries, et en le couvrant de buttes formées de la terre qu'elles poussent au dehors. Ces buttes ne sont nuisibles qu'autant qu'elles arrivent quand l'herbe a déjà quelque hauteur et qu'on ne peut plus les répandre tout de suite ; autrement elles sont un engrais. Car les taupes ne travaillent que là où il y a des vers, et les vers ne se trouvent que dans une bonne terre.

Dans les prés arrosés, les galeries des taupes détournent l'eau, l'irrigation devient irrégulière, et souvent le sol se trouve miné de telle manière que le dégât ne peut être réparé qu'avec beaucoup de travail. Partout où se trouvent les taupes, on doit les poursuivre et chercher à les détruire. Les taupinières encore fraîches sont faciles à répandre. S'il y en avait beaucoup, dans un pré d'une grande étendue, et que ce fût un travail trop long de les étendre au moyen de la pelle, de la pioche et du râteau, on peut faire usage d'un instrument qu'indique Schwerz, et auquel il donne le nom de rabot des prés. L'instrument, *fig.* 117 et 118, est formé de trois fortes pièces de bois *a, b, c,* réunies par trois traverses *d, d, d.* Au-dessous de la première pièce *a* est fixée par des écrous une forte lame de fer *e.* Au-dessus de la seconde pièce *b,* s'en trouve une seconde *c,* un peu moins forte.

Dans la pièce *b* sont fixées trois broches en fer *v, v, v,* terminées par des vis, et dix autres broches, distribuées entre les trois premières, et qui n'ont pas de vis. Ces

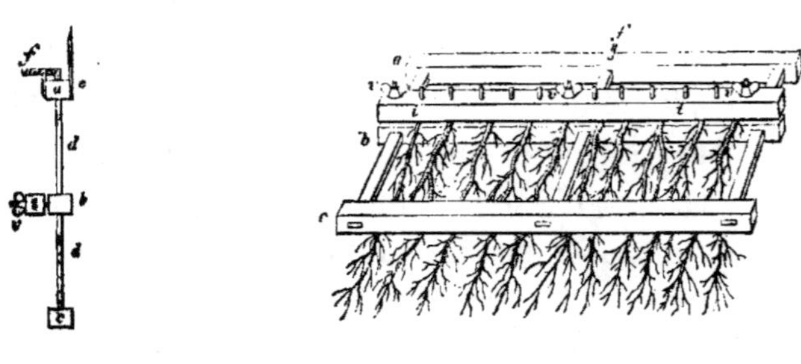

Fig. 117.   *Fig.* 118

treize broches traversent la pièce *i,* qu'on peut soulever et abaisser à volonté. Cette pièce *i* étant soulevée, on place entre elle et *b* des branches d'épine qu'on fixe en serrant les écrous des broches *v, v, v.* La lame en fer tranche par leur base les taupinières, et les épines en étendent la terre.

Les mêmes lettres indiquent les mêmes pièces de l'instrument sur les deux figures.

La *fig.* 117 représente une crémaillère *f,* à laquelle s'accroche le palonnier. Un cheval peut facilement tirer l'instrument.

Pour les anciennes taupinières, on les aplatit en les damant par un temps humide, ou bien, si elles sont trop fortes, on les fend en croix, on renverse les quatre morceaux de gazon, on enlève à la pelle la terre qui est de trop, on rabat le gazon et on le presse. Les fourmilières qui ne sont pas trop anciennes peuvent ordinairement être aplaties.

Les gros vers de terre (lombrics) sont aussi un ennemi des prés. Nous connaissons un pré, non arrosé, auquel ils font le plus grand tort. Le gazon y est presque détruit, et le sol y est couvert de petits tas de terre, comme pétrie et moulinée, qui sont les déjections des vers. On a rompu le pré, on l'a cultivé pendant trois années, fortement chaulé, puis remis en herbe, et les vers s'y sont retrouvés en aussi grande quantité qu'auparavant. On y a laissé multiplier les taupes, et on a eu le dommage causé par les taupes, sans que celui des vers fût diminué. Le propriétaire se propose d'essayer un moyen qui a été recommandé pour la destruction des vers ; c'est la suie délayée dans de l'urine.

Dans les prés nouvellement établis, on a quelquefois de la peine à détruire les rejets des arbres qui étaient auparavant en possession du sol. Le meilleur moyen est de les couper dès qu'ils paraissent.

Chaque printemps, les prés doivent être nettoyés. On enlève au râteau les feuilles, les petites branches, etc., que l'eau ou le vent peuvent avoir amenés. On ramasse avec soin toutes les petites pierres. Enfin on ne laisse rien qui puisse gêner l'action de la faux ou souiller plus tard le foin.

§ Ier. — De la destruction des mauvaises herbes.

Quoique par une irrigation bien dirigée et avec de bonne eau, le plus mauvais pré puisse devenir bon et produire, au lieu de jonc, de mousse, de carex, du foin d'excellente qualité, il y a cependant des plantes à racines pivotantes que l'eau ne fait pas périr, dont, au contraire, elle favorise la végétation.

L'irrigation ne change pas les mauvaises plantes en d'autres de bonne qualité, mais elle donne à ces dernières une force de végétation telle que successivement elles prennent le dessus et finissent par étouffer les autres.

Parmi les plantes nuisibles aux prés, et dont la destruction demande des soins particuliers, il faut surtout remarquer la colchique, vulgairement veilleuse (*Colchicum autumnale*), l'oseille (*Rumex*), la patience (*Rumex patientia*), le chardon (*Carduus*), le tussilage (*Tussilago farfara*), l'œnanthe (*OEnanthe crocata*), le cerfeuil sauvage (*Charophillum*), la berce branc ursine (*Heracleum sphondilium*).

Beaucoup de ces plantes peuvent être arrachées au printemps, quand elles commencent à pousser et que la terre est encore humide ; pour quelques-unes il suffit de les couper avant qu'elles aient porté graine.

D'autres, notamment la colchique, ne peuvent être détruites qu'en cherchant profondément en terre leurs racines ou en retournant le pré à la charrue, lorsque cela est possible.

§ II. — De la destruction des mauvaises herbes dans les prés.

L'irrigation ne change pas les mauvaises plantes en d'autres de bonne qualité, mais elle donne à ces dernières une force de végétation telle que successivement elles prennent le dessus et finissent par étouffer les autres. Il y a cependant des plantes nuisibles aux prés, dont l'eau et l'engrais favorisent la végétation et dont la

destruction ne peut avoir lieu qu'en les attaquant individuellement ; telles sont le chardon (*Carduus*), le tussilage (*Tussilago farfara*), l'œnanthe (*OEnanthe crocata*),
le cerfeuil sauvage (*Charophillum*), la berce branc ursine (*Heracleum sphondilium*).

On détruit les mauvaises herbes par l'eau, par les en
grais, par le fer en les extirpant une à une, ou en mettant le pré en culture. Il y a cependant peu de plantes
qu'on puisse d'une manière absolue déclarer vraiment
nuisibles dans les prés. Beaucoup d'entre elles, qu'un
bon irrigateur travaille à détruire, ont peut-être une
grande valeur pour le pauvre qui a une vache à nourrir;
c'est le pauvre que dans sa grande fabrique la nature a
le moins oublié. Ainsi la calta, qui croît dans un sol humide et gras, donne au printemps une bonne nourriture pour les vaches, lorsque les autres herbes ne sont
pas encore développées : on la nomme ici fleur au
beurre, parce qu'elle donne au beurre une belle couleur
jaune. Si on l'enlève en la coupant en terre, alors les
places qu'elle occupait se couvrent encore de bonnes
graminées pour l'époque de la fenaison; nous croyons
qu'on peut la détruire en la fauchant à plusieurs re-
prises. Le *Charophillum* et le *Heracleum* donnent aussi
tous deux un fourrage hâtif et nourrissant; ils ne croissent que dans un bon sol humide ; si on a le soin de ne
pas les laisser porter graine, on peut s'en débarrasser
au bout de trois ans. Le *Charophillum* peut s'arracher à
la main lorsque la terre est détrempée par la pluie. Les
chardons coupés en hiver et au printemps donnent une
bonne nourriture pour le bétail. Les pauvres gens les
font cuire et en préparent pour leurs vaches de bonnes
soupes. Dans la cavalerie prussienne, on fait usage des

jeunes chardons pour rafraîchir les chevaux à la sortie de l'hiver, à une époque où il n'y a encore aucun fourrage vert. On les hache très menu pour les faire manger aux chevaux.

La colchique est une plante vénéneuse. Un moyen de la détruire consiste à arracher à la main les plantes lorsque les feuilles ont atteint leur développement, à la fin d'avril ou au commencement de mai. La tige se sépare ainsi de la bulbe qui périt; l'année suivante on ne verra plus repousser que les plantes dont la tige n'a pas été arrachée entière, et en renouvelant l'opération, on se délivre à peu de frais d'une mauvaise plante qui même, si elle n'est pas vénéneuse, nuit toujours beaucoup à la qualité du foin.

On se sert aussi d'une espèce de tarrière pour déraciner la colchique. Si les colchiques sont en abondance, on pourra trouver de l'avantage à retourner le pré à la charrue, dans le cas où cela est possible. Si l'on a recours à la charrue, il faut labourer assez profondément pour ramener les bulbes à la surface.

La patience a une forte racine qui s'enfonce profondément; pour la sortir, on saisit la racine avec une pince en fer, ou dans une fourche dont les deux branches forment un angle très aigu. On place sous l'instrument, contre la racine, un bloc en bois d'environ $0^m,06$ d'épaisseur et $0^m,20$ de longueur, puis on fait levier en appuyant sur l'extrémité du manche et on arrache ainsi la racine. Cependant elle glisse souvent et échappe à l'instrument. Nous avons trouvé plus commode d'employer un fort couteau à asperges, avec lequel on la coupe à une profondeur de $0^m,20$ à $0^m,25$.

La fougère, les queues de chat, enfoncent leurs ra-

15.

cines à une très grande profondeur. On a recommandé
de les couper et de répandre sur les plaies des tiges
coupées du sel, ou mieux de l'huile de vitriol. Ce
moyen ne serait à employer qu'en petit. On peut plus
facilement les détruire en les coupant à mesure qu'elles
paraissent.

Les joncs sont une des plantes les plus difficiles à
détruire. Patzig croit avoir remarqué que les joncs ne
croissent que là où il y a de l'acide dans le sol; on le
reconnaît à l'odeur et à une couleur rougeâtre de la
terre sous le gazon. Il recommande de dessécher le sol
par un profond fossé immédiatement au-dessus des
joncs, puis d'arroser ou de fumer. Les joncs ne disparaissent cependant pas tant qu'il y a de l'acide dans le
sol, ce qui peut durer deux ou trois ans.

L'irrigation détruit la mousse infailliblement et en
peu de temps; elle détruit aussi la bruyère. Les prés
qu'on ne peut pas arroser doivent être améliorés par les
engrais, qui agissent comme l'eau en favorisant la végétation des bonnes herbes, de manière à leur donner
la force d'étouffer les autres.

Les prés maigres, non arrosés, se couvrent volontiers de mousse; le meilleur moyen de la détruire est
de répandre un bon compost. Avant de le répandre, on
fera bien de herser fortement et d'enlever la mousse arrachée par la herse. Quelques personnes conseillent de
donner ce hersage en automne; mais comme il met à
découvert les racines des plantes, il les expose à souffrir
du froid de l'hiver, et il vaut mieux, par cette raison,
ne le donner qu'au printemps.

Nous avons déjà indiqué la manière de former les
composts. Les cendres, la suie, le plâtre, peuvent se

répandre seuls au printemps, lorsque les plantes commencent à végéter. Dans la formation du compost, on ne doit pas employer ensemble la chaux et l'urine, non plus que la chaux et le fumier; car la chaux vive a pour effet immédiat de dégager l'ammoniaque des combinaisons dans lesquelles il existe dans l'urine ou le fumier, et ce gaz précieux se trouve ainsi, en s'évaporant, perdu pour la végétation.

L'urine qui s'écoule immédiatement des étables, et le purin ou jus de fumier, qui est aussi de l'urine, produisent des effets remarquables sur les prés où on les répand en hiver. La plupart des auteurs prescrivent de ne les employer, soit seuls, soit en compost, qu'après qu'ils ont fermenté. Cependant parmi tous les cultivateurs qui recueillent les urines de leur bétail, nous n'en connaissons point qui aient à cet effet plus d'un réservoir. Il est probable que dans un réservoir qui n'est jamais vidé, la fermentation une fois établie se communique rapidement à l'urine fraîche à mesure qu'elle y arrive. D'un autre côté, par la fermentation, l'urine est transformée en produits dont quelques-uns sont volatils, notamment le carbonate d'ammoniaque, et il y a perte, si on ne s'oppose pas à l'évaporation de ce sel en le transformant en un sel fixe. Pour cela, il suffit d'ajouter à l'urine fermentée du sulfate de fer (vitriol vert) dans la proportion de **2 1/2** kilogr. pour **1000** litres d'urine. Avec cette addition de sulfate de fer, l'urine répandue sur le sol lui profite en totalité, tandis que sans cette précaution, il y a une perte considérable d'engrais par évaporation. L'utilité de cet emploi du sulfate de fer a été reconnue en pratique par les cultivateurs de la Suisse, et son usage se généralise de plus en plus chez eux. On délaie le sulfate de fer dans de l'eau pour le mélanger à l'urine.

On recommande fortement les os pulvérisés, pour les prés soumis à une irrigation régulière. On les répand en petite quantité, environ 2 quint. métr. par hectare. Immédiatement après qu'on a répandu les os, on n'arrose pas ; on n'arrose ensuite [que très faiblement ; plus tard on arrose comme de coutume. On peut répandre cet engrais au printemps, à l'automne et même après la récolte du foin.

Relativement aux cendres de bois et de houille, nous ferons l'observation qu'on doit les employer sur les prés secs, et qu'elles perdent presque toute leur efficacité sur les prés humides.

Un moyen infaillible de détruire la plupart des mauvaises herbes et de régénérer un pré, c'est d'enlever le gazon de la manière que nous avons indiquée pour la construction des prés ; de donner une culture à la bêche ou à la pioche au sous-sol, puis de replacer le gazon. Si l'on fume ensuite, on assure aux graminées qui existent dans le gazon une végétation vigoureuse ; toutes les mauvaises herbes qui enfonçaient leurs racines dans le sous-sol sont détruites, et on s'assure un bon pré sans perte de temps.

Ce procédé, quoique coûteux, est à recommander pour améliorer des parties peu étendues d'une prairie. Nous n'en conseillerions pas l'application en grand, à moins qu'il ne s'agisse de construire un pré dont on peut considérablement augmenter le produit par l'irrigation, comme nous l'avons expliqué au chapitre II, *Construction des Prés*, page 135.

Il y a des prés secs, particulièrement dans les sols

argilo-calcaires, qui produisent du foin de bonne qualité, mais dans lesquels il y a une grande quantité de
plantes autres que des graminées. Si l'on voulait détruire ces plantes, il n'y aurait d'autre moyen que de
mettre la prairie en culture, pour la resemer ensuite
avec les graminées qu'on jugerait les plus convenables
au sol. Pour cette opération, nous engageons à étudier
l'instruction contenue dans le *Calendrier du bon cultivateur*, de Dombasle. — *De la meilleure manière de mettre
les prés en culture et de convertir les terres arables en prés.*

Il y a encore un autre moyen de donner une culture
aux prés et par conséquent de détruire les plantes qui
ont leurs racines dans le sous-sol. Ce moyen, en théorie, présente beaucoup d'économie. Nous n'en avons pas
fait l'expérience, mais nous croyons cependant devoir
l'indiquer. Il appartient à M. Zeller, qui a fait paraître
sous le titre suivant un ouvrage intéressant sur les prairies : *Der Wiesenbau im Grossherzogthum Hessen, von D[r]
Zeller. Oeconomie-Rath.* — De la construction des prairies
dans le grand-duché de Hesse, par M. le Dr Zeller, conseiller. Darmstadt, chez Gustave Jonghaus.

Zeller s'est posé la question suivante : Donner une
culture au sol d'un pré, au moyen de la charrue, sans
qu'il soit nécessaire d'enlever le gazon ni par conséquent
de le replacer, et sans que ce gazon soit endommagé.

M. Zeller annonce avoir trouvé la solution la plus
satisfaisante de la question, au moyen de la charrue
dont voici le dessin (*fig.* 119), et que nous indiquons
sans en avoir nous-même fait l'essai.

A un bâtis ordinaire de charrue, on adapte un soc
légèrement bombé, de manière à ce qu'il soulève le
gazon, un versoir perpendiculaire qui ne retourne pas

le gazon, mais seulement le pousse de côté, et un prolongement du soc, à angle droit avec le versoir, qui

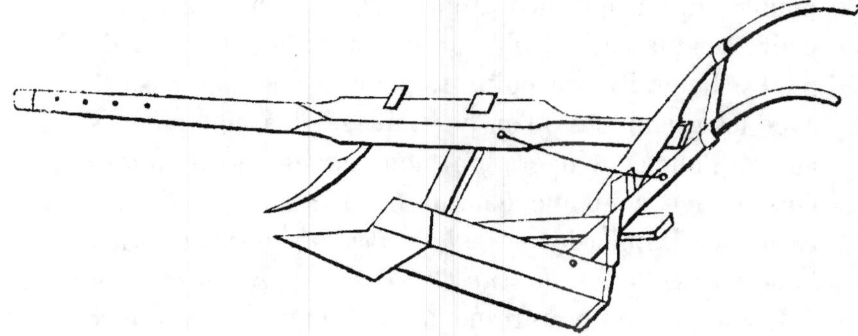

Fig. 119.

aide à pousser de côté les bandes de gazon sans les
briser. On opère de la manière suivante :

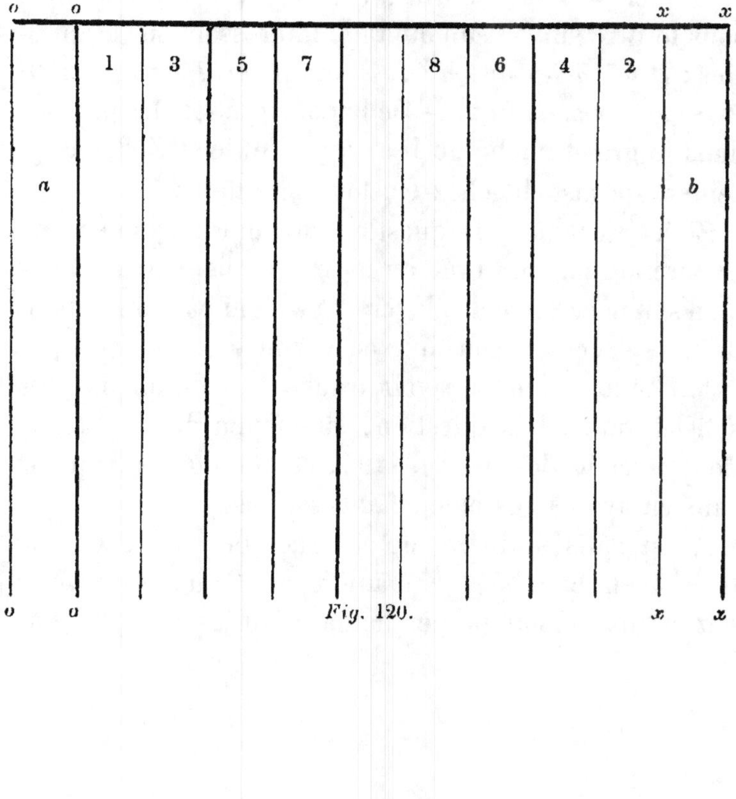

Fig. 120.

La *fig.* 120 représente l'espace à cultiver. On trace d'abord avec des jalons les lignes *oooo, xxxx*, desquelles dépend la régularité et la perfection du travail.

Ce que Zeller ne dit pas et qui nous semble pourtant indispensable, c'est que sur les deux lignes extérieures, le gazon doit être d'abord coupé avec une charrue garnie d'un contre sans soc.

La charrue détache d'abord la bande de gazon 1 et la pousse sur l'espace *a*. De là, elle passe à la bande 2 et la pousse sur l'espace *b*, continuant ainsi jusqu'à ce qu'elle ait opéré sur toute la largeur de la planche. Cette première charrue est suivie d'une autre qui remue le sous-sol sans le ramener à la surface, et de deux hommes prêts à corriger toutes les irrégularités qui pourraient survenir dans le travail. Cet ouvrage terminé, il ne reste plus qu'à transporter au milieu de la planche, sur les espaces 7 et 8, les deux bandes de gazon qui ont été détachées les premières et poussées par la charrue sur *a* et *b*. On finit en faisant passer le rouleau sur le tout, et après cela, quoique le pré ait reçu une bonne culture, la surface paraît aussi unie que si on n'y eût point touché. Si même il y avait des éminences ou des creux, on profite de cette opération pour les faire disparaître, en enlevant la terre là où il y en a de trop, en en rapportant là où il en manque.

§ III. — Des abris, du pâturage et des plantations.

On n'apprécie pas à leur valeur les abris qu'on peut donner aux prés, contre les vents froids et desséchans, par des haies vives et des arbres. Partout où de tels abris ont été établis avec intelligence, les prés se distin-

guent par leur précocité et par un produit plus abondant.

Relativement au pâturage des prés, les avis des cultivateurs sont partagés : les uns proscrivent tout à fait
le pâturage ou ne le permettent que rarement; les autres le permettent même jusqu'au mois de mai.

On ne doit pas permettre au gros bétail l'entrée des
prés qui ont été construits pour l'irrigation, non plus
que de ceux qui ont une pente rapide. Les pieds des
animaux, enfonçant dans ce sol mou, font le plus grand
tort au gazon et aux fossés et rigoles.

Par un temps sec, et lorsque l'eau a été retirée depuis assez longtemps pour que le sol soit sec, on peut
toujours laisser entrer les moutons dans les prés. L'é-
poque à laquelle le pâturage des moutons doit cesser
au printemps dépend de la température et de la marche
de la végétation. Aussi longtemps que l'herbe ne pousse
pas avec vigueur, et chez nous cela a lieu rarement
avant le 15 avril, on peut permettre aux troupeaux
l'entrée des prés. Quelquefois les prés verdissent déjà
en mars ; mais ordinairement il survient encore des gelées qui arrêtent la végétation de ces pousses précoces;
mieux vaut alors les abandonner aux bêtes à laine, pour
lesquelles elles sont une excellente nourriture.

Nous ne terminerons pas ce chapitre sans parler des
plantations qui peuvent accompagner les prés de quelque étendue.

A Gerhardsbrunn, on a l'usage de border d'une ligne
de quetschiers les prés qui, pour la plupart, occupent
de petits vallons et sont entourés de terres en culture.
Ces arbres ne s'élèvent pas à une grande hauteur; par
conséquent ils font peu d'ombre ; ils donnent un pro-

duit considérable en bons fruits, et ils contribuent à embellir le paysage. Il y a peu de prairies où, sans leur faire un tort sensible, on ne puisse planter quelques arbres qui donnent un produit utile et contribuent tant à la décoration d'une campagne. Le cultivateur doit, avant tout, s'occuper de l'utile ; cependant il lui est permis d'accorder quelque chose à l'agréable ; nous dirions volontiers que c'est pour lui un devoir d'embellir le séjour où il doit ordinairement passer sa vie, où ses enfans doivent lui succéder.

Si l'on plante des arbres au bord d'un pré, on doit éviter ceux à racines traçantes. De ce nombre sont le peuplier de Hollande, l'orme, l'acacia. Parmi les peupliers, ceux de Virginie et du Canada méritent la préférence. Bien dirigés, ils s'élèvent à une grande hauteur et nuisent peu par leur ombre. Leurs feuilles font du tort au gazon sur lequel on les laisse pourrir ; on doit à l'automne les râteler et les enlever avec soin. Le mélèze est un bel arbre qui croît rapidement, qui aime un terrain frais et qui nuit très peu aux prés. Parmi les arbres fruitiers, le pommier s'accommode de l'exposition du nord, et la Normandie nous montre quels produits on peut en obtenir.

Dans les pays de pâturages, on plante souvent d'arbres les pentes exposées au midi, pour conserver à la terre sa fraîcheur, en l'abritant des rayons du soleil.

CHAPITRE V.

De l'irrigation et des prés inondés.

§ Ier. — De l'irrigation.

Tous les travaux que nous avons jusqu'à présent décrits ont pour unique but de disposer les prés de la manière la plus favorable pour les soumettre à l'irrigation.

L'irrigation consiste à faire couler à volonté sur le pré une certaine quantité d'eau, et à le mettre à sec aussi à volonté.

C'est en couvrant d'eau et en mettant alternativement à sec un pré qu'on en obtient une vigoureuse et abondante production d'herbe.

Par l'irrigation, l'eau pénètre la terre et donne aux racines des plantes l'humidité dont elles ont besoin, elle leur apporte des principes fertilisans, elle détruit la mousse, et, en outre, elle les met à l'abri des effets nuisibles des gelées (*).

Ces divers effets de l'eau et la variété des compositions du sol concourent à modifier de beaucoup de manières la pratique de l'irrigation, et rendent nécessaire, de la part de l'irrigateur, une attention continuelle.

(*) Davy a trouvé la température de l'eau d'irrigation coulant sous une couche de glace à +- 5° Réaumur, pendant que la couche supérieure était comme l'atmosphère au-dessous de zéro. C'est ce qui fait le succès des prés d'hiver, où l'herbe continue de végéter et de croître alors même que la nappe d'eau qui les arrose se gèle quelquefois (Puvis. *Directions pratiques pour les irrigations*).

Du moment qu'il a commencé à arroser, l'irrigateur doit visiter ses prés plusieurs fois par jour. Souvent un morceau de gazon, quelques feuilles sèches, de l'herbe, arrêtent dans une rigole le cours de l'eau et font qu'elle est répartie irrégulièrement ; un trou de taupe ou de souris peut aussi détourner l'eau. L'irrigateur doit voir si l'aspect du gazon lui indique qu'il a été suffisamment arrosé et qu'il doit être mis à sec ; enfin il doit s'assurer si partout l'irrigation a lieu régulièrement et aussi bien que possible.

Rarement un cultivateur parcourra ses prés arrosés sans y trouver quelque chose à réparer ou à améliorer. Sans aucun doute, l'irrigation, par tous les travaux et tous les soins minutieux qu'elle exige, serait un des plus fatigans travaux de l'agriculture, si elle ne procurait des jouissances qui l'emportent sur toutes les peines qu'elle occasionne.

L'irrigateur est créateur ; il façonne à son gré le sol ; il fait couler à sa surface une nappe d'eau qu'il a détournée de son cours naturel ; il dirige cette eau ; il en augmente ou diminue la quantité, il la retire à volonté ; il observe chaque jour les progrès d'une végétation due à ses soins intelligens, il couvre de riches récoltes un sol auparavant improductif, et il se voit largement payé de ses avances et de ses peines. Aussi, de tous les travaux des champs, nul n'est plus attrayant que celui des irrigations, et on voit sans étonnement le véritable irrigateur se passionner pour son art.

Partout où l'irrigation des prés sera introduite, il sera bon d'avoir, comme en Allemagne, un irrigateur en chef (*Wiesenvogt*) qui, pendant toute l'année, a la surveillance des prés et est chargé de leur entretien et des irrigations ; il exécute lui-même les petits travaux qui peuvent journellement se présenter ; et pour les grands travaux, on lui donne les ouvriers dont il a besoin et dont il a la direction. On admet qu'un homme peut surveiller ainsi 50 à 80 hectares de prés. Il est entendu que ces prés sont disposés pour l'irrigation et ne sont pas des prés qui, dans leur état naturel, doivent être arrosés. Dans les fermes où l'on n'a qu'une étendue de prés beaucoup moindre, il est cependant indispensable d'avoir un homme spécial pour les travaux et pour l'irrigation des prés. On lui donne des aides lorsqu'il en a besoin, et on peut toujours l'occuper ailleurs lorsqu'il n'y a pas d'ouvrage dans les prés.

Nous avons dit que l'irrigation se modifie d'après la nature de l'eau, la température et la nature du sol. Voici les règles relatives à la nature du sol :

La glaise ne doit être arrosée qu'avec beaucoup de précautions ; elle demande moins d'eau que les autres terres : les irrigations doivent être de courte durée. Une irrigation prolongée refroidit et délaie cette terre, et elle souffre d'autant plus lorsqu'elle est ensuite mise à sec.

L'argile, mêlée d'une petite quantité de sable, est plus facile à arroser que la glaise tenace. Cette argile est le sol qui convient le mieux aux prés, celui qui produit le plus d'herbe et en même temps de la meilleure qualité. C'est aussi sur l'argile que les semis de graminées réussissent le plus sûrement. L'argile exige plus d'eau que la glaise tenace ; on peut moins lui nuire par excès d'eau, et elle souffre aussi moins si on la laisse longtemps à sec.

Le sol calcaire est dit chaud, parce que l'évaporation

de l'eau y a lieu promptement ; il fournit sans contredit le fourrage le plus nutritif, et l'eau y produit des effets merveilleux. Il demande une irrigation peu abondante, mais souvent répétée. Une irrigation trop forte et prolongée lui est nuisible, moins cependant que si on le laisse trop longtemps à sec.

Le sable peut supporter une forte irrigation et longtemps prolongée. Si l'on veut transformer en pré un sable inculte, il faut y laisser couler l'eau jusqu'à ce qu'un gazon vert commence à se montrer. L'eau trouble et chargée convient bien au sable en contribuant à améliorer le sol.

Pour les sols tourbeux et marécageux, si l'on a de l'eau de ruisseau ou d'étang, à une température élevée, il faut la leur donner largement. De l'eau froide, surtout si elle sort d'un marais, est souvent sans effet. L'eau trouble, quand même elle n'est chargée que de sable, est très avantageuse sur les prés tourbeux.

Sur les prés qui ont été construits pour l'irrigation, elle doit en général être moins longtemps prolongée, parce que le sol, qui a été ameubli, serait délayé par trop d'eau. On doit donc arroser ces prés fréquemment, mais donner peu de durée à chaque irrigation. Ces prés sont aussi exposés à être soulevés par la gelée, et il faut avoir grande attention à ne pas y mettre l'eau quand on a à craindre la gelée. Mieux vaut cesser complétement d'arroser que de courir risque d'être surpris par le froid.

Sur les prés naturels, c'est-à-dire qui n'ont pas été construits pour l'irrigation, l'eau trouble est presque toujours utile, pourvu qu'elle n'entraîne pas avec elle des parties trop grossières et aussi longtemps que l'herbe n'a pas commencé à pousser. Dès qu'au printemps les prés commencent à verdir, il ne faut plus y laisser couler l'eau trouble, qui retarderait d'une manière sensible la croissance de l'herbe.

L'action de l'eau trouble sur les prés construits pour l'irrigation est la même que sur les prés non construits. Mais le dépôt que laisse l'eau trouble élève toujours un peu le sol; cette élévation n'est pas la même partout, et il en résulte que la surface du pré devient inégale. Souvent aussi il arrive qu'on ne peut pas élever comme on voudrait le canal de distribution, et qu'alors on doit chercher à éloigner toutes les causes qui pourraient contribuer à exhausser la surface du pré. Par ces motifs, on évite l'emploi de l'eau trouble sur ces prés ou on ne l'emploie qu'avec circonspection.

C'est surtout en automne que l'emploi de l'eau trouble peut être avantageux. Au printemps, les grandes eaux proviennent de la fonte des neiges, et alors elles sont trop froides, ou bien elles viennent trop tard, lorsque l'herbe a déjà commencé à pousser. En général, l'irrigation d'automne a pour effet d'engraisser les prés, et celle de printemps de leur fournir l'humidité dont ils ont besoin. C'est pour cela que l'irrigation d'automne a une grande influence sur les produits des prés et qu'on doit chercher à utiliser les eaux qui proviennent du lavage des terres lors des premières fortes pluies d'automne.

Une propriété importante de l'eau, c'est de mettre les plantes à l'abri des effets de la gelée. En hiver, aussi longtemps qu'on a la gelée à craindre, on doit laisser les prés à sec. Il est toujours nuisible à un pré d'être couvert de glace. Non-seulement la glace nuit à la végétation des plantes, mais elle rend le sol inégal là où il n'est pas tout à fait ferme. Si l'on est surpris par la gelée, comme cela peut arriver à l'irrigateur le plus soigneux, on ne doit pas ôter l'eau des prés ; on doit, au contraire, chercher à la leur donner en plus grande abondance. On prévient les mauvais effets de la glace si l'eau coule toujours par dessous. Si la glace fond par la pluie ou par l'eau de l'irrigation, elle est peu nuisible au pré ; elle l'est beaucoup, au contraire, si elle est fondue par le soleil de mars. On croit que la glace fait alors l'effet d'un verre sous lequel le soleil développe une température élevée qui fait pourrir l'herbe et ses racines. Les nuits froides et les gelées blanches du printemps sont surtout nuisibles à la croissance de l'herbe. On doit ôter l'eau le matin, afin que le pré soit bien égoutté et sec lorsqu'arrive le froid de la nuit.

L'herbe jeune et tendre craint les gelées blanches. Si l'on craint une nuit froide, on met le soir l'eau sur le pré pour le garantir du froid ; si même le pré est le matin couvert de gelée blanche, on en prévient encore les mauvais effets en y mettant l'eau avant que le soleil ou la chaleur ait fondu la gelée. L'irrigation se divise, selon les saisons, en irrigation d'automne, d'hiver, de printemps et d'été. L'année d'irrigation commence le 1er octobre, et l'irrigation d'automne comprend les mois d'octobre, de novembre et de décembre.

Octobre. — Le curage des canaux et rigoles et tous les autres travaux des prés doivent être terminés à la fin du mois de septembre, afin de pouvoir profiter des premières pluies d'automne pour l'irrigation. On ne peut, pour ainsi dire, pas trop arroser dans le mois d'octobre. Seulement, sur la glaise, quand on voit qu'elle commence à s'amollir, il faut interrompre l'irrigation. Mais sur tous les autres sols, on peut laisser couler l'eau sans interruption.

Novembre. — Si l'on a pu arroser complétement en octobre, de manière que la surface du pré soit d'un vert foncé, on n'arrose en novembre que par intervalles, en mettant le pré à sec, après quelques jours d'irrigation. Si le mois d'octobre a été sec, on donne en novembre une irrigation complète. La neige, à cette époque, ne doit pas arrêter l'irrigation ; mais si l'on craint la gelée, on ôte tout de suite l'eau des prés et on les met complétement à sec.

Dans la plupart des exploitations, on a ordinairement le temps d'exécuter, à cette époque, des transports et des travaux d'amélioration qui n'ont pu être faits en septembre.

Décembre. — Pendant ce mois, l'irrigation dépend uniquement de la température. Si le temps est doux, on continue à arroser comme en novembre, en arrosant et mettant alternativement à sec pendant quelques jours. Dès qu'on craint la gelée, on cesse complétement d'arroser.

Janvier et *février.* — Pendant ces deux mois, l'irrigation est ordinairement interrompue. A la fonte des neiges, on peut encore arroser les prés tourbeux et marécageux. L'eau chargée de sable ou de limon peut leur être utile, surtout s'ils n'ont pas été arrosés complétement en automne.

Mars. — Ce mois appartient encore à l'hiver ; il est ordinairement sec ; les gelées blanches y sont fréquentes. L'eau, si l'on arrose, fait croître de jeunes pousses que la gelée détruit ordinairement plus tard. Mieux vaut ne pas arroser du tout et laisser les prés complétement à sec, lors même qu'il semblerait que le gazon est tellement sec qu'il est tout à fait mort. En cet état, les gelées ne peuvent lui nuire, et il végète d'autant plus vigoureusement lorsqu'ensuite une température plus douce permet d'arroser de nouveau.

C'est dans ce mois qu'on répand les engrais pulvérulens, tels que la cendre et le plâtre, qui produisent des effets remarquables sur les prés arides.

Quant au compost, on profite, pour le transporter, des momens où la terre n'est pas couverte de neige et est assez gelée pour porter les voitures et les bêtes de trait. Autant que possible, on le répand immédiatement, puis au mois de mars on le divise complétement; on l'étend avec le râteau et on enlève les petites pierres et toutes les ordures qui ont pu être apportées avec lui.

Si l'on a des composts préparés, et si l'on a le temps, on se trouvera très bien de les transporter et de les répandre immédiatement après la récolte du foin. C'est une méthode recommandée par les Anglais. En général, pour tous les travaux de l'agriculture, on est si souvent contrarié par les circonstances atmosphériques, qu'on doit se hâter de profiter de tous les momens favorables et ne jamais remettre au lendemain ce qu'on peut exécuter tout de suite.

Avril. — Aussitôt que le printemps donne aux plantes une nouvelle vie, à la fin de mars ou au commencement d'avril, on peut recommencer à arroser; mais l'irrigation ne doit pas être prolongée comme en automne et elle doit être régulière. On laisse couler l'eau sur les prés pendant deux ou trois jours, puis on les met à sec pendant un jour ou deux.

A cette époque de l'année, on ne doit pas arroser avec

de l'eau trouble. Si l'on craint une gelée blanche, qui est d'autant plus nuisible que la saison est plus avancée, on met le soir l'eau sur les prés. Si on a été surpris par une gelée blanche, on arrose le matin, ainsi que nous l'avons déjà dit, et on laisse l'eau jusque vers 9 heures.

Dans le courant de ce mois, les prés doivent être complétement nettoyés ; si les taupes ont fait de nouvelles buttes, on les répand.

Mai. — Au commencement de ce mois, on arrose encore régulièrement comme en avril, mais on diminue l'irrigation à mesure que l'herbe grandit et que la température devient plus chaude.

Si le temps est sec, on arrose tous les deux jours, mais pendant la nuit seulement.

Juin. — Si la température est pluvieuse, on n'arrose plus du tout pendant ce mois. Si elle est sèche, on arrose tous les trois jours, pendant la nuit seulement.

Huit jours avant la fenaison, on cesse complétement d'arroser.

Juillet. — Après la récolte du foin, on laisse les prés à sec pendant quinze jours. Lorsque les tiges des plantes qui ont été tranchées par la faux sont desséchées, on recommence à arroser, mais avec ménagement. On ne donne d'abord l'eau que pendant la nuit.

Août. — Lorsque dans ce mois l'herbe a déjà acquis quelque hauteur, les prés n'ont plus besoin que d'être humectés tous les deux ou trois jours.

Les prés tourbeux et marécageux demandent une plus grande quantité d'eau.

Les prés humides et acides, qui ne craignent pas la sécheresse, ont rarement besoin d'être arrosés à cette époque.

Septembre. — C'est ordinairement dans ce mois qu'a lieu la récolte du regain. Quinze jours avant, on cesse toute irrigation.

Après que la récolte du regain est rentrée, on commence les travaux préparatoires de l'irrigation d'automne.

§ II. — Des prés inondés.

Voici les règles que prescrit Schwerz pour les prés inondés :

1. L'inondation a lieu en automne, en hiver et au commencement du printemps.

Du moment où l'herbe commence à pousser, elle ne doit plus avoir lieu, à moins qu'elle n'excède pas une hauteur de $0^m,04$ à $0^m,05$.

2. On laisse l'eau jusqu'à ce qu'on pense que la terre en est complétement pénétrée.

3. Si, par une température chaude, on remarque de l'écume à la surface de l'eau, on doit se hâter de faire écouler l'eau et de mettre le pré à sec. Cette règle est de la plus grande importance. L'écume indique un commencement de décomposition putride.

4. La première inondation d'automne, selon que le sol ou le sous-sol sont moins compactes et plus perméables, peut durer deux à trois semaines et même plus longtemps. Ensuite on met l'eau et on l'ôte à des intervalles plus rapprochés, jusqu'à ce que l'hiver commence.

5. Une condition indispensable, c'est que le pré soit parfaitement desséché avant d'y remettre l'eau. C'est ce desséchement préalable qui détermine le moment où l'on peut de nouveau inonder.

6. Si l'on est surpris par l'hiver et que l'eau se couvre de glace, on la laisse ainsi, et il ne doit pas en résulter de suites fâcheuses. Mieux vaut pourtant que le pré soit à sec pendant l'hiver.

7. La première inondation de printemps peut durer une à deux semaines, selon la nature du sol. Les inondations suivantes sont de plus courte durée, et on cesse entièrement lorsque l'herbe commence à pousser.

Voici les règles très concises que donne Thaër pour l'inondation :

Plus le sol est perméable, plus les inondations peuvent être longues et fréquentes. Plus, au contraire, le sol est compacte, plus les inondations doivent être de courte durée et moins fréquentes.

Par un temps sec, on inonde plus; moins par un temps humide.

Par un temps froid, on peut prolonger l'inondation; par un temps chaud, on doit la cesser entièrement.

Les Italiens couvrent en hiver leurs prés de fumier court, puis ils les inondent. On peut penser qu'avec un tel traitement la production de l'herbe ne peut manquer d'être très abondante.

CHAPITRE VI.

Des foins doux et des foins aigres.

Nous croyons que si les animaux pouvaient, comme nous, choisir, comparer les alimens dont ils se nourrissent et leur appliquer une valeur, il existerait dans le foin, selon sa qualité, d'aussi grandes différences qu'il en existe pour les hommes dans les prix du vin.

Il y a des foins que les animaux mangent avec plaisir, il y en a d'autres que la faim seule les contraint à manger. Nous nommons les premiers bons foins, ou foins doux ; les autres foins mauvais ou aigres. Entre les deux extrêmes il y a une foule de nuances. Les derniers se composent surtout de plantes de la famille des *Carex*.

Nous ne pouvons pas considérer comme fourragères les plantes vénéneuses, quoique malheureusement il s'en trouve souvent dans les mauvais prés. Même des graminées qui entrent dans la composition des meilleurs foins, tels que les paturins, les fétuques, la houlque laineuse, paraissent changer de nature et prendre un goût désagréable aux bêtes, lorsqu'elles croissent sur un terrain qui de sa nature ne produit que de mauvaises plantes aigres. Il paraît que la constitution physique du sol des prés a sur le fourrage une influence beaucoup plus grande qu'on ne le suppose généralement.

Il n'y a à notre connaissance aucun écrivain qui se soit occupé de cette question et qui ait donné des indications précises. Sinclair, dans ses recherches, s'est bien plus occupé de la composition du sol, des matières dont

il est formé, argile, sable, chaux, etc., de voir s'il est
fumé ou non fumé, arrosé ou non arrosé. D'autres trai-
tent de la manière d'être et de la composition chimique
de chaque espèce de plantes qui se trouvent dans un
certain état normal et sur une même nature de sol. Cette
question a une assez grande importance pour que nous
croyions devoir indiquer les résultats de notre expérience et de nos observations. Espérons que la chimie
organique s'occupera bientôt de cette partie de la croissance des plantes et éclairera cette question.

Les mauvaises herbes des prés, notamment les carex,
ne croissent que dans des terrains humides, là où il
existe dans le sous-sol des eaux stagnantes auxquelles
on ne peut pas donner d'écoulement, ou qui sont arrêtées par des barrages, des digues, etc. Dans ces terrains,
il se forme ordinairement de l'humus acide, et il n'est
pas invraisemblable que des plantes qui dans la règle
ne contiennent que peu ou point d'acide, en absorbent
alors une plus grande quantité qu'elles n'en doivent
contenir dans leur état normal. M. de Gasparin (*Cours
d'agriculture*) dit que dans une infusion de foin aigre, on
peut constater la présence de l'acide au moyen du papier de tournesol (*). Si l'on mâche de ce foin aigre, on

(*) Au commencement du mois de juin, nous avons recueilli de la
flouve odorante dans quatre prés de natures différentes: 1° Sol argilo-
calcaire, sec ; 2° Sable, pré de montagne, sec; 3° Sable, pré arrosé
dans une vallée humide ; 4° Tourbe, sol acide produisant un fourrage
de la plus mauvaise qualité.

Après avoir fait sécher ces herbes avec soin, nous les avons remises
à un chimiste, qui, en notre présence, les a fait séparément infuser
dans de l'eau distillée, chaude, puis a soumis les infusions à l'épreuve
du papier de tournesol. Aucune des quatre infusions n'a accusé la
présence de l'acide, le papier n'a subi aucune altération.

lui trouve un goût âcre et désagréable. En outre, d'autres parties constituantes du sol peuvent se dissoudre en plus grande quantité qu'il n'est nécessaire pour la production de bonnes plantes. On sait que les carex contiennent une quantité relativement considérable de silice.

On trouve ordinairement dans le sable de l'oxyde de fer. La présence continuelle de l'eau peut rendre solubles ces matières, les faire passer dans les plantes, et leur communiquer ainsi des qualités qu'elles n'auraient pas dans leur état normal.

Ordinairement on améliore ces prés en les desséchant. Souvent il suffit de creuser des fossés pour l'écoulement des eaux. Mais là où s'est formée depuis longtemps une masse d'humus acide, la culture du sol est presque toujours nécessaire pour y faciliter l'accès de l'air. Dans certains cas, l'emploi de la chaux est très utile pour détruire l'acide. Dans un maigre sol de sable, ce sont souvent les principes nutritifs qui manquent aux plantes après le desséchement. Aussi longtemps que le sol était saturé d'eau, une quantité suffisante de silice y était dissoute, pour pouvoir, avec quelque peu d'autres parties constituantes du sol, suffire à l'alimentation des joncs et des carex. Après le desséchement, cette dissolution n'a plus lieu; les plantes qu'elle alimentait ne peuvent plus vivre, et les bonnes plantes manquent complétement de nourriture. Dans ce cas, il est nécessaire d'apporter un engrais, ou tout au moins de recouvrir le sol d'une mince couche de bonne terre.

La construction des prés selon la méthode de Siegen a le grand avantage de donner une culture au sol, et de le disposer de telle manière que de profonds fossés d'écoulement ne sont pas ordinairement nécessaires. Mais sans le desséchement préalable, on n'arrivera jamais à transformer des prés aigres en prés doux.

Ainsi le desséchement d'abord, puis la culture, les amendemens, les engrais, sont les moyens de transformer en bons prés des prés aigres. Pour l'exécution, nous ne pouvons que renvoyer à ce que nous avons déjà dit sur la construction des prés pour l'irrigation.

Il y a des cas où l'amélioration est très difficile; il y en a d'autres où il est facile de remédier au mal. Dans une belle et riche vallée de notre voisinage, qui produit généralement de bons fourrages, il y a des parties où le foin a une belle apparence, aucun goût désagréable à l'odorat, et cependant les bêtes à cornes le refusent, ou si la faim les force à s'en nourrir, elles ne tardent pas à dépérir et à être couvertes de poux. Nous connaissons, dans la vallée de la Sarre, une autre prairie dont le foin donne aux bêtes à cornes une diarrhée qui finirait par les faire périr si on ne changeait pas leur alimentation. Dans ces deux cas, le mal réside certainement dans le sous-sol. Comme ces prés appartiennent à toute une commune et sont très divisés, on ne fait rien pour leur amélioration; mais s'ils appartenaient à un seul, ou si les divers propriétaires pouvaient s'entendre, il est bien probable que par de profonds canaux de desséchement on parviendrait à changer leur nature.

Il y a beaucoup de vallées qui ont été primitivement des marais; on y trouve encore de la tourbe à une profondeur plus ou moins grande. L'acide qu'elle contient s'élève jusqu'à la surface, par le fait de l'ascension capillaire. Cet effet peut cesser lorsque la tourbe est recouverte d'une épaisseur suffisante de terre. Nous avons sous les yeux un pré marécageux sur lequel des pluies d'orage ont amené une quantité considérable de sable pur. L'influence de l'acide ne peut plus se faire sentir, et avec l'irrigation, ce sable produit à présent de très bon foin.

Nous connaissons une prairie, située dans une vallée peu large et resserrée entre des coteaux de bonne terre argileuse. Le sol de la prairie est bon, et elle donne de bon foin ; mais le ruisseau qui la traverse fait aller un moulin, et pour le service de ce moulin, on a construit une chaussée qui traverse la vallée et retient les eaux. En amont de la chaussée, le ruisseau est toujours à pleins bords ; en aval, au contraire, l'eau est de 1 à 2 mètres au-dessous de la surface du pré. Des deux côtés, le gazon a la même apparence ; vues de la chaussée, les herbes ne paraissent pas être de nature différente ; mais en amont le foin est aigre, tandis qu'il est doux en aval. Celui qui se récolte au-dessous peut avoir une valeur double de celui qu'on récolte au-dessus de la chaussée. Il y a quelques années, le moulin a été vendu pour 4,000 florins (8,600 fr.). Si les propriétaires des prés gâtés par ce moulin l'eussent acheté, sinon pour le détruire, au moins pour laisser un libre cours aux eaux, ils faisaient certainement une excellente opération.

Dès longtemps Schwerz s'est plaint du tort que les moulins font aux prairies en empêchant les irrigations. Les cultivateurs élèvent encore bien d'autres justes plaintes contre les meuniers ; ce n'est pas ici le lieu de nous en occuper. Nous avons cru devoir attirer l'attention sur ces faits qui, nous l'espérons, provoqueront d'autres observations. Si l'on considère quelles immenses différences il existe dans la qualité des foins, et quel rôle joue le foin dans l'alimentation du bétail, on comprendra toute l'importance de cette question.

------◦❖◦------

CHAPITRE VII.

De la récolte du foin et du regain, et de leur conservation.

Les procédés de la fenaison sont tellement connus de tous les cultivateurs qu'il peut sembler superflu que nous en parlions ; cependant nous croyons pouvoir faire à cet égard quelques observations qui ne seront pas sans utilité.

On fait faucher à la journée ou à forfait. A forfait, les ouvriers font plus d'ouvrage qu'à la journée ; mais s'ils font plus vite, leur travail est d'autant moins soigné. On doit surtout avoir attention que l'herbe soit coupée très près de terre. Bien rarement il arrivera qu'elle soit coupée trop près. Si l'herbe est fauchée trop haut, non-seulement il y a une perte considérable sur la récolte de foin, mais la perte se fera encore sentir sur la récolte du regain : la faux ne pourra trancher ces vieilles tiges durcies et glissera par-dessus.

La perte occasionnée par un fauchage trop haut peut être très considérable. Supposons que l'herbe est haute de $0^m,32$ et que les faucheurs la coupent à $0^m,02$ trop haut : c'est un seizième de perdu. Mais si l'on considère que l'herbe est beaucoup plus touffue près de terre, on

verra que cette perte peut sans exagération être évaluée
à un huitième. On peut aussi faucher trop près. Un propriétaire de nos environs avait vendu sur pied et par
petits lots la récolte de regain d'une prairie dont le sol
est parfaitement uni. Cette année-là, le fourrage était
cher ; ceux qui avaient acheté le regain étaient de pauvres gens qui devaient y trouver la nourriture d'hiver
de leurs vaches ; ils fauchèrent si près que les racines
des gazons furent endommagées, et que l'année suivante la prairie ne rendit guère que la moitié de son
produit ordinaire.

S'il est important de faucher assez près de terre, il
l'est au moins autant de faucher également. Un faucheur maladroit ou qui ménage sa peine fauche beaucoup plus haut au commencement et à la fin de chaque
coup de faux. Il forme ainsi des lignes où les portions
de tiges qui restent sur pied arrêtent le limon et toutes
les parties étrangères dont l'eau peut être chargée ; le
sol s'élève, et la surface du pré prend une forme ondu-
lée qui nuit plus tard à la régularité de l'irrigation et
du fauchage. Cet inconvénient a toujours lieu, un peu
plus ou un peu moins, même avec de bons faucheurs.
On y remédie en fauchant une fois dans le sens de la
longueur, et l'autre fois dans la largeur de la prairie.

On doit aussi avoir soin que les faucheurs abattent
toute l'herbe qui se trouve sur les bords des canaux et
rigoles.

C'est le matin, lorsque l'herbe est encore humide de
rosée, que le fauchage s'exécute le mieux. Mais cette
herbe est plus difficile à sécher que celle qui est fauchée plus tard. L'herbe coupée encore chargée de rosée
reste en *andains* jusqu'à ce que le soleil ou le vent l'aient

séchée. Celle qu'on fauche le soir reste en *andains* jusqu'au lendemain matin.

Quand on répand l'herbe à l'aide de fourches ou de râteaux, on doit la diviser et l'éparpiller avec soin.

Pendant la journée, on retourne l'herbe avec les râteaux, et on l'étend autant que possible. Si l'herbe n'est pas bien divisée, il reste des paquets encore verts à l'intérieur lorsqu'ils sont secs à l'extérieur, et l'opération du fanage est retardée ou mal faite. Le même résultat a lieu lorsque des faneuses négligentes ne retournent pas complétement l'herbe et en laissent sur le sol une couche qui ne peut pas sécher.

Par un temps favorable, il suffit de retourner l'herbe deux fois, jusqu'à ce qu'on puisse la mettre en petits tas. Si le temps est couvert, il faut la retourner plus souvent. Les tas doivent être formés le soir avant le coucher du soleil, c'est-à-dire avant que la rosée ait humecté l'herbe. On les fait d'autant plus petits que l'herbe est encore plus verte. Il s'opère pendant la nuit une évaporation, et on trouve le matin ces petits tas sensiblement plus légers qu'ils n'étaient la veille au soir. Dès que la rosée est dissipée, on répand les petits tas, et, après avoir été retournée une ou deux fois, l'herbe est ordinairement assez sèche.

Par une forte chaleur, il ne faut pas trop remuer et retourner le foin, parce qu'alors les fleurs des graminées et les feuilles des trèfles se détachent et restent sur le pré. L'opération du fanage ne doit enlever à l'herbe que l'eau de végétation qu'elle contient, et les sucs nutritifs doivent rester dans le foin. C'est par une dessiccation lente et à l'ombre que ce résultat s'obtiendrait le mieux, si cela était possible en grand pour le foin, comme le font les herboristes et les pharmaciens pour les plantes qu'ils conservent. Ainsi le foin le mieux fané serait celui qui aurait été séché lentement et sans être exposé aux rayons brûlans du soleil. Mais comme l'important est que le foin soit promptement séché et mis à l'abri, et que la pluie est bien plus nuisible à sa qualité que la grande chaleur, le cultivateur est heureux lorsqu'un ciel sans nuage et les rayons ardens du soleil lui permettent de terminer sa récolte et de la mettre à couvert le plus tôt possible. La pluie fait perdre à l'herbe sa couleur verte ; la rosée suffit déjà pour produire cet effet, et avec la couleur le foin perd son parfum et une partie de ses principes nutritifs. Du foin qui a été exposé à la pluie et est devenu blanchâtre ne vaut guère plus que de la paille pour la nourriture des bestiaux.

Si le foin qui a déjà subi un commencement de dessiccation a été mis en petits tas et qu'il survienne une pluie de durée, il court risque de se gâter. On doit profiter de tous les rayons de soleil, même des momens sans pluie où le vent souffle, pour retourner chaque jour les tas et secouer le foin. Si on néglige ce soin, le foin se tasse, fermente et moisit.

Quand la pluie ne dure pas trop longtemps, les petits tas restent ordinairement secs à l'intérieur. Le foin qui est en tas pendant une longue pluie est exposé à être gâté. Celui qui est étendu perd sa couleur, mais ne moisit pas. Ainsi, comme du foin qui a perdu sa couleur vaut encore mieux que du foin moisi, on court moins de risque, par une pluie de longue durée, à avoir le foin répandu qu'à l'avoir en tas.

Si le temps est favorable, le foin est ordinairement bon à rentrer le jour qui suit celui où il a été fauché.

Par un temps très favorable, on peut souvent rentrer le soir le foin qui a été fauché le matin. Nous devons cependant faire une observation : c'est qu'il est ici question de prés arrosés, dont le produit consiste presque entièrement en graminées. Il y a de très bons prés, qui contiennent beaucoup de plantes autres que des graminées, dont la dessiccation est moins prompte et moins facile.

Le mieux est de rentrer toujours le foin dès qu'il est suffisamment sec, et on ne doit le laisser en gros tas sur le pré que quand on ne peut pas faire autrement. C'est, à notre avis, un grand abus que de laisser, comme on dit, le foin jeter son feu en meules sur le pré, ainsi que cela se pratique dans certains pays. Lorsqu'il s'agit de rentrer les récoltes, un retard peut souvent causer un grand dommage, et le cultivateur doit toujours se conduire comme s'il était sûr qu'il pleuvra le lendemain.

Un autre abus, c'est de botteler le foin sur le pré. L'important est de mettre la récolte à l'abri, et en bottelant on perd un temps précieux ; en outre, beaucoup de petites feuilles, les fleurs et les parties les plus délicates, se détachent et restent sur le pré ; enfin le foin bottelé prend beaucoup plus de place dans les greniers, il ne peut pas se tasser régulièrement, et s'il n'est pas parfaitement sec il est exposé à moisir.

La récolte du regain est plus difficile que celle du foin. L'herbe est encore tendre et aqueuse, les jours sont courts, les nuits brumeuses, les rayons du soleil ont moins de chaleur. Il faut ordinairement trois jours pour bien sécher le regain. On ne saurait trop le retourner pour hâter la dessiccation, et comme peu des plantes qui le composent sont en fleurs, il n'y a pas à le retourner et à le secouer les mêmes inconvéniens que pour le foin. Une très bonne précaution à prendre avec le regain, pour assurer sa conservation, est d'y mêler, lorsqu'on le rentre, de la paille par couches alternatives. Les pailles d'orge et d'avoine sont celles qui conviennent le mieux, parce que déjà par elles-mêmes elles sont bonnes pour la nourriture des bêtes à cornes. Ainsi mêlées au regain pendant sa fermentation, il paraît qu'elles prennent une partie de sa saveur, et le bétail les mange aussi volontiers que le regain lui-même.

Dans quelques parties de l'Allemagne et de la Suisse, on fait ce qu'on appelle du foin brun. On le rentre imparfaitement sec, on a soin de le tasser fortement, et la fermentation qui s'y développe lui fait prendre une couleur brune, en même temps qu'il forme une masse compacte, qu'on tranche avec une longue lame ou avec une bêche.

Le bétail mange avec avidité ce foin brun, et on le regarde comme très favorable pour l'engraissement.

Sans pousser les choses à ce point, on ne doit pas craindre, lorsque le temps est incertain ou qu'on a une récolte considérable, de rentrer du foin qui n'est pas parfaitement sec. La chose importante, c'est qu'il soit bien tassé, qu'on ne laisse aucun vide, et surtout qu'il n'y ait pas de courant d'air. Mathieu de Dombasle est, nous croyons, le premier qui ait fait connaître cette dernière circonstance. S'il n'y a pas de courant d'air, le foin fermente, s'échauffe à devenir brun, mais il ne s'enflamme pas et ne moisit pas. Si l'on trouve dans les greniers du foin moisi, c'est dans des endroits où le tassement n'a pu avoir lieu, comme dans des angles de murs ou sous des pièces de charpente. Ordinairement la surface du tas de foin dans les greniers est gâtée. Les vapeurs que détermine la fermentation s'élèvent à la surface des tas ; là, par le contact de l'air, elles se condensent, et restent dans la couche supérieure du tas de foin qui est tout à fait gâtée. On prévient cette perte en couvrant le tas de foin de paille dans laquelle se fixent les vapeurs et qui préserve le foin qui est au-dessous. On enlève cette paille après que la fermentation est terminée, et elle peut encore servir de litière.

Dans une exploitation bien organisée, tout le fourrage est bottelé et régulièrement distribué. Le bottelage a lieu successivement, à mesure des besoins. On y consacre les journées pluvieuses où l'on ne peut travailler dehors. C'est un travail qui convient à l'irrigateur.

Un manœuvre un peu habile fait dans une journée **200** bottes de **5** kilogrammes. Nous connaissions **un** homme qui bottelait dans une journée d'été jusqu'à **400** bottes de **5** kilogrammes pour lesquelles il faisait encore les liens. Le poids de chaque botte doit être vérifié à la balance.

Le foin ne doit pas être arraché au tas avec un crochet. L'ouvrage se fait bien mieux, plus proprement, plus régulièrement, et sans que les fleurs et les petites feuilles se détachent des tiges en coupant le foin. Nous nous servons pour cela d'une bêche (*fig.* **121**) dont voici en regard le dessin. L'ouvrier placé sur le tas coupe perpendiculairement, ne laissant à chaque tranche qu'une largeur suffisante pour qu'il puisse se tenir debout dessus.

On rentre ordinairement le foin dans des greniers placés au-dessus des étables. Quand l'espace manque,

on est forcé de faire des meules. Il y a des pays où cet
usage des meules est général pour les grains et pour le

Fig. 121.

foin. Les gerbes et le fourrage s'y conservent bien ;
mais si l'on est surpris par la pluie, la construction
d'une meule est difficile. Il y a toujours perte plus ou
moins considérable de temps et de fourrage. On doit
comparer ces pertes avec les frais de construction d'une

17.

grange. Quand on fait des meules, il est bon d'avoir des toiles pour les couvrir jusqu'à ce qu'elles soient terminées. On donne aux meules la forme ronde ou celle d'un carré long. La forme ronde est la plus ordinaire.

Cette forme se rapproche de celle d'un œuf. A partir de terre, elle va en s'élargissant jusqu'au point où commence le toit en paille dont elle est couverte.

Dans les pays où l'usage des meules est général, leur construction présente beaucoup moins d'inconvéniens que dans ceux où l'on manque d'ouvriers exercés. Dans ce dernier cas, il sera bon de planter, au point qui doit être le centre de la meule, une perche perpendiculaire qui en détermine la hauteur et qui servira plus tard à fixer le toit. Plusieurs autres perches marquent la circonférence, et on leur donne l'inclinaison que doivent avoir les parois de la meule. Pour obtenir une entière régularité, on se sert d'un cordeau fixé à la perche qui est au centre.

Dans les pays où le sel est à bon marché, on en répand, au moment où on les rentre, sur les foins aigres ou mal récoltés. Par la fermentation, ce sel, s'il y en a en suffisante quantité, s'incorpore à toute la masse du fourrage, et il est d'un excellent effet pour le bétail.

Une dernière observation qui nous reste à faire relativement à la récolte du foin, c'est que pour le rentrer on devrait avoir des roues à larges jantes, surtout pour les prés dont le sol n'est pas bien ferme. Si l'on dispose pour l'irrigation une prairie de quelque étendue, on doit, comme nous l'avons déjà dit, ménager des chemins pour la sortie des foins.

CHAPITRE VIII.

Du choix des plantes qui entrent dans la composition des prairies.

Quoique dans la construction des prés on regarde comme une condition importante de recouvrir le sol de gazon, lors même qu'il faut aller le chercher loin, il arrive cependant quelquefois que cette condition ne peut être remplie. Dans ce cas il faut semer.

Le sol ensemencé et convenablement arrosé finit par se couvrir d'herbe ; mais comme il faut plusieurs années pour qu'il soit complétement gazonné, il est toujours préférable de répandre des graines de graminées.

On peut se procurer ces graines par le commerce ou les récolter soi-même. Dans ce dernier cas, on choisit un bon pré, et, autant que possible, dont le sol est de même nature que celui qu'on veut semer. On partage ce pré en deux parties ; on fauche la première moitié lorsque les herbes hâtives sont arrivées à maturité, et la seconde lorsque les herbes tardives sont mûres. De cette manière, on est sûr d'avoir de la graine de toutes les plantes. Si dans le nombre il s'en trouvait quelques-unes de mauvaise qualité ou qui ne convinssent pas au sol, on ne doit pas s'en inquiéter. L'irrigation favorise la croissance des bonnes plantes ; les mauvaises finissent par être étouffées, et celles auxquelles le sol ne convient pas disparaissent successivement.

On atteint cependant plus sûrement et plus promptement le but si l'on peut acheter de bonnes graines choisies parmi celles qui conviennent le mieux à la situation du pré et à la nature de la terre. Nous donnons ici l'indication des plantes qui conviennent le mieux à chaque sol. Il n'est pas d'absolue nécessité qu'on soit si sévère dans le choix ; si quelque erreur a été commise, la nature sait bientôt la réparer.

I. — PLANTES POUR UNE TERRE FORTE.

Dactilis glomerata (Dactile pelotonné).
Alopecurus pratensis (Vulpin des prés).
Festuca pratensis (Fétuque des prés).
Cinosurus cristatus (Cinosure à crête).
Avena elatior (Avoine élevée ou fromental).
Holcus lanatus (Houlque laineuse).
Phleum pratense (Fléau des prés).
Trifolium repens (Trèfle blanc).
Trifolium pratense (Trèfle rouge).

II. — POUR UN SOL SEC.

Holcus lanatus (Houlque laineuse).
Festuca elatior (Fétuque élevée).
Festuca pratensis (Fétuque des prés).
Anthoxanthum odoratum (Flouve odorante).
Poa pratensis (Paturin des prés).
Bromus mollis (Brome doux).
Dactilis glomerata (Dactile pelotonné).
Alopecurus pratensis (Vulpin des prés).
Lolium perenne (Raigras anglais).
Lolium Italicum (Raigras d'Italie).
Trifolium repens (Trèfle blanc).
Trifolium pratense (Trèfle rouge).
Lotus corniculatus (Lotier corniculé).
Medicago lupulina (Lupuline).
Vicia cracca (Vesce multiflore).
Lathirus pratensis (Gesse des prés).
Poterium sanguisorba (Pimprenelle).

III. — POUR UN SOL HUMIDE DE BONNE QUALITÉ.

Lolium Italicum (Raigras d'Italie).
Festuca pratensis (Fétuque des prés).
Alopecurus pratensis (Vulpin des prés).
Phleum pratense (Fléau des prés).
Anthoxanthum odoratum (Flouve odorante).
Poa angustifolia pratensis (Paturin des prés).
Avena flavescens (Avoine jaunâtre).
Medicago lupulina (Lupuline).
Vicia cracca (Vesce multiflore).

IV. — POUR LE SABLE.

Trifolium repens (Trèfle blanc).
Lolium Italicum (Raigras d'Italie).
Holcus lanatus (Houlque laineuse).
Anthoxanthum odoratum (Flouve odorante).
Achillea millefolium (Achillée millefeuille).
Poterium sanguisorba (Pimprenelle).
Plantago lanceolata (Plantin lancéolé).

A ces graminées, on pourrait encore en ajouter quelques autres :

L'*Agrostis capillaire*, pour un sol tourbeux, sable humide.
La brise tremblante, pour un sol sec, élevé, pauvre.
Brome des prés,   *id.*
Fétuque ovine.   *id.*

CHAPITRE IX.

De la jouissance en commun de l'eau par plusieurs propriétaires.

Pour obtenir de l'irrigation tous les bons résultats qu'elle peut produire, il faut être complétement maître de l'eau, il faut pouvoir à volonté la mettre sur les prés, l'en ôter, l'y faire couler en plus ou moins grande quantité. Ces conditions se trouvent rarement réunies, si ce n'est dans une prairie qui appartient à un seul propriétaire et qui est traversée par un ruisseau.

Le plus souvent plusieurs propriétaires reçoivent l'eau d'un même canal ; quelquefois le principal canal traverse des terres auxquelles l'eau ne peut être d'aucune utilité ; d'autres fois la digue au moyen de laquelle est alimenté le canal de dérivation se trouve loin sur le territoire d'une autre commune ; les frais de construction d'une telle digue et de tous ses accessoires sont souvent si considérables qu'il faut, pour y suffire, le concours d'un grand nombre de propriétaires, parfois même de plusieurs communes, et souvent la mauvaise volonté d'un meunier ou du propriétaire d'une usine s'oppose à des irrigations qui auraient pour l'agriculture d'immenses résultats.

Dans tous ces cas, il faut le concours de l'autorité législative pour l'exécution des travaux préparatoires à l'irrigation, pour régler dans quelle proportion chacun des intéressés doit contribuer aux frais et pour les bases d'après lesquelles chacun peut jouir de l'eau.

Les avantages qui peuvent résulter de l'irrigation pour les particuliers, pour des communes entières, et par conséquent pour l'État, sont tellement grands, qu'une loi sur les irrigations est de première importance. Aussi longtemps que cette loi n'existera pas, il n'y aura d'autre moyen d'établir des irrigations que l'accord des propriétaires qui y sont intéressés. Là où cet accord n'existe pas, là où l'égoïsme, la jalousie, l'ignorance, arrêtent le progrès, les prés sont ordinairement dans un triste état. S'il y a un cours d'eau, chacun veut en jouir exclusivement, tous veulent arroser et personne ne peut arroser; il s'ensuit des querelles, des voies de fait et des procès. L'eau, qui, sagement distribuée, aurait porté la fertilité sur toute une prairie, reste stagnante dans une partie qu'elle change en marais, tandis qu'une autre partie est brûlée par le soleil faute d'humidité. Heureusement les exemples ne sont pas rares de particuliers, même de communes, qui se sont entendus pour de grands établissemens d'irrigation.

La première et la plus grande difficulté réside toujours dans l'établissement des deux canaux d'écoulement et de distribution. Si l'on peut à volonté mettre la prairie à sec et détourner les grandes eaux dans les momens où elles seraient nuisibles, si l'on peut amener à la hauteur convenable l'eau nécessaire à l'irrigation, on peut s'en rapporter aux propriétaires pour donner à leurs prés les soins convenables. L'amour-propre, l'intérêt, sont des mobiles assez puissans, et l'exemple d'un seul pré bien construit, bien arrosé et en plein rapport, suffira pour faire successivement construire tous les autres.

Si l'on n'a pas assez d'eau pour arroser à la fois toute

une prairie de quelque étendue, on en arrose successivement les diverses parties. On en use de même si cette prairie appartient à plusieurs propriétaires qui tous ont les mêmes droits à l'eau. Dans ce dernier cas, il est de nécessité absolue que l'usage de l'eau soit réglé. Si la quantité d'eau ne permet pas d'arroser plus d'un pré à la fois, il faut déterminer un espace de temps pendant lequel l'usage de la totalité de l'eau appartient à chaque propriétaire. Si la quantité d'eau est trop considérable pour un seul pré, deux ou plusieurs propriétaires peuvent arroser en même temps. Pour que chacun ne puisse prendre que la quantité d'eau à laquelle il a droit, selon l'étendue de sa propriété, on fixe, par une garniture en pierre ou en bois, les dimensions de la rigole qui reçoit l'eau du canal de distribution pour l'amener sur le pré.

Si beaucoup d'intéressés ont droit au même cours d'eau, il vaut mieux laisser à chacun l'usage de l'eau pour un temps court, et qui revient plus fréquemment, que de prolonger la durée de chaque irrigation.

L'irrigation de courte durée, et qui revient plus souvent, est plus avantageuse que celle qui dure longtemps, pour ensuite laisser le pré à sec pendant longtemps.

Plus les périodes d'irrigation sont courtes et plus les intéressés ont de chances d'avoir la jouissance de l'eau pendant des momens favorables.

Au reste, dans cet usage en commun de l'eau, il y a toujours cet inconvénient que chacun ne peut l'avoir lorsqu'elle lui serait le plus utile, et qu'elle manque souvent quand on en a le plus grand besoin, comme, par exemple, au printemps, après une forte gelée blanche.

Par cette considération de la gelée, on règle le partage de l'eau de manière que la jouissance de chacun commence le matin ou à midi, et jamais le soir.

Le partage le plus facile de l'eau est celui qui a lieu par semaine. Chacun des intéressés entre toujours en jouissance de l'eau le même jour de la semaine. On peut aussi adopter la division par décades, en donnant toujours à chacun le même jour de la décade. Ainsi, par exemple, ce sera le **3**, le **13** et le **23**. Si le mois a plus de trente jours, le trente-et-unième est accordé à celu des intéressés qui, dans la répartition de l'eau, peut avoir été moins bien traité que les autres.

Le partage de l'eau ne se borne pas à celle qui vient immédiatement du canal de distribution ; il faut aussi avoir égard à celle qui, après avoir servi une fois, est reprise et sert à une seconde irrigation.

Il y a bien des prés qui, recevant les eaux d'autres prés situés au-dessus d'eux, ne peuvent prétendre qu'à une très petite quantité d'eau sortant immédiatement du canal de distribution.

Après un partage équitable de l'eau, les chemins sont un objet de première importance. Ils doivent être distribués de telle manière que chaque propriétaire puisse toujours et facilement arriver à son pré, y amener des engrais, en enlever les récoltes, sans être forcé de passer sur les prés des voisins.

Comme modèle et comme preuve des heureux résultats qu'amènent la bonne intelligence et l'union entre les propriétaires, on peut encore citer la commune de Gerhardsbrunn. Dans les partages on n'a pas morcelé les propriétés, comme malheureusement cela arrive presque partout ; on a laissé les pièces aussi grandes que possible, et presque toutes aboutissent sur des chemins. En l'absence d'une loi, les habitans se sont entendus ensemble pour le partage des eaux. Chaque source, chaque petit cours d'eau, même accidentel, si faible qu'il soit, est réparti entre les intéressés proportionnellement aux droits de chacun.

La jouissance de l'eau est quelquefois réduite à **12** heures. Cet ordre, qui préside aux irrigations et à tout ce qui s'y rattache, a duré quarante ans, ne reposant que sur des conventions verbales arrêtées dans le principe entre les chefs de famille. Combien de querelles et de procès ce bon accord n'a-t-il pas évités, et que d'avantages matériels n'en est-il pas résulté, lorsque pendant ce temps les eaux ont été toujours employées de la manière la plus avantageuse! Cependant, pour que cet ordre et cette union ne puissent jamais être troublés, l'opération du cadastre, qui vient récemment d'être faite, a fourni aux habitans de Gerhardsbrunn l'occasion de mettre par écrit leur législation des prés et des irrigations, et il en a été dressé un acte notarié qui est annexé au livre foncier cadastral de la commune. Puisse cet exemple trouver beaucoup d'imitateurs!

Pour les communes dont les habitans ont le désir de s'entendre entre eux pour l'irrigation de leurs prés, et pour ceux que leur position sociale met dans le cas de s'occuper des questions d'irrigation, nous donnons ici le texte d'une loi sur les irrigations, rendue récemment dans la principauté de Birkenfeld (*).

(*) La principauté de Birkenfeld appartient au grand-duché d'Oldenbourg. Sa population est d'environ 30,000 âmes. Elle est enclavée dans la Prusse rhénane, entre la France et le Rhin. La route de Metz

§ Iᵉʳ. — Ordonnance sur les expropriations pour l'établissement d'irrigations de prés.

Pour favoriser l'amélioration des prés dans notre principauté de Birkenfeld, pour y faciliter les irrigations et les desséchemens, nous ordonnons ce qui suit :

1. Chacun peut être forcé de céder sa propriété ou de souffrir qu'elle soit grevée de servitudes (moyennant complète indemnité), pour l'établissement de travaux ayant pour but l'irrigation des prés, qui sera considérée comme objet d'utilité publique.

2. L'administration de la Principauté sera appelée à décider la question d'utilité, sauf le recours au cabinet.

3. Pour tout le reste, on se conformera à la loi existante sur les expropriations.

Birkenfeld, le 20 août 1844.

AUGUSTE,
Grand-Duc d'Oldenbourg.

§ II. — Instruction relative à l'expropriation pour irrigation des prés.

1. Celui qui veut établir une irrigation de prés, et qui ne peut s'entendre avec ceux dont les propriétés devraient pour cela lui être cédées ou être grevées de servitudes, doit adresser au bailliage dans le ressort duquel sont situées les propriétés une demande en expropriation, accompagnée d'un plan qui représente com-

---

à Bingen, par Sarrelouis, traverse Birkenfeld. On sait que les provinces rhénanes ont conservé la législation française telle qu'elle était avant 1814.

plétement les travaux à exécuter et de tous les docu-
mens qui doivent éclairer la question.

2. Le bailliage devra s'occuper de l'affaire dans un
délai qui ne pourra excéder quinze jours, et il prévien-
dra les propriétaires intéressés, en leur faisant expressé-
ment savoir que si, dans le délai fixé, ils ne se présentent pas ou ne produisent pas leurs motifs d'opposition,
ils seront considérés comme donnant leur consentement
à la demande et renonçant à toute opposition.

3. Dans les débats qui auront lieu devant le bailliage,
et dont procès-verbal doit être dressé, on examinera
soigneusement toutes les questions relatives à l'irrigation, et particulièrement s'il est nécessaire ou utile que
les propriétés soient cédées ou grevées de servitudes,
ou si l'irrigation ne peut pas être établie d'une autre
manière sans de grandes difficultés et sans de grands
frais.

4. Si les parties ne peuvent être amenées à une con-
ciliation, le bailliage transmet les actes, avec son opinion motivée, à l'administration supérieure de la Principauté. Celle-ci ordonnera, s'il y a lieu, une nouvelle
instruction, ou un nouvel examen sous les rapports
techniques et économiques, et prononcera sur la question d'expropriation.

Dans cette décision, dont une expédition sera remise
à chacune des parties, les propriétés cédées ou grevées
de servitudes seront exactement désignées.

5. S'il y avait lieu à un appel de cette décision, il doit
être déclaré à la régence supérieure dans le délai de
huit jours, et l'acte d'appel doit lui être remis dans le
délai de quinze jours.

6. Si les parties ne peuvent s'entendre sur la cession

réelle des propriétés ou sur l'indemnité, elles s'adresse-
ront pour cela aux tribunaux ordinaires. Les bailliages
doivent faire tout leur possible pour obtenir des arran-
gemens amiables, afin que des procès ou de longues
enquêtes ne mettent pas obstacle à d'utiles entreprises
d'irrigation.

7. Les honoraires et le papier timbré ne doivent pas
dans la règle être comptés, pour tous les débats qui ont
lieu devant l'autorité administrative ; cependant la régence peut mettre ces frais à la charge d'une des parties dont la prétention ou l'opposition seront reconnues
frivoles.

8. Si plusieurs propriétaires sont intéressés à une
grande irrigation, on leur conseille de mettre par écrit
les statuts de leur association pour l'exécution des travaux, la répartition des frais, la jouissance commune de
l'eau, etc., et de la soumettre à la sanction de la régence,
ce qui leur donnera force d'une loi de police.

9. Il est enjoint aux autorités municipales d'user de
toute leur influence pour amener leurs administrés à
s'entendre amiablement pour l'établissement d'irrigations. La régence, de son côté, est prête à donner tout
l'appui possible à ces utiles entreprises, par les conseils
d'hommes de l'art, par son intervention pour concilier
les différends, par des secours pour couvrir une partie
des frais ; elle est de même disposée à consentir que des
emprunts aient lieu sur les caisses communales, lorsqu'ils seront demandés par les autorités municipales.

Birkenfeld, le 30 août 1844.

§ III. — Calcul des frais des divers travaux de construction des prés, d'après Patzig. (*Pracktischer Rieselwirth.*)

Les frais d'établissement d'un pré arrosé varient nécessairement beaucoup, selon la situation du pré, selon la nature du sol, l'habileté des ouvriers et les prix de main d'œuvre. Patzig ne compte la journée d'un ouvrier qu'à 90 centimes, et il est bien peu d'endroits où l'on puisse faire travailler à ce prix ; nous en faisons la remarque expresse, afin que chacun, d'après le prix de main d'œuvre de sa localité, puisse établir proportionnellement son compte.

Dans des circonstances défavorables, on compte qu'un ouvrier peut faire par jour une demi-verge, ou 7 mètres carrés, ce qui porte le prix d'un hectare à 1,300 francs.

Ce compte est calculé pour les circonstances les plus difficiles et peut être considéré comme maximum. Dans les circonstances les plus favorables, un ouvrier peut faire par jour 1 1/2 verge ou 22 mètres carrés, ce qui porte les frais d'un hectare à 430 francs.

En prenant un terme moyen entre ces deux extrêmes, un hectare de pré coûterait à construire dans des circonstances ordinaires 800 francs.

§ IV. — Travaux de nivellement.

Dans la construction des prés, il ne doit pas y avoir de transports à une distance au-delà de 20 verges ou 100 mètres.

Un bon ouvrier transporte par jour avec une brouette

contenant **1 1/2** pied cube (à **30** centimes) = **33** déc. cubes :

A une distance de 15 mètres, 150 brouettes.
Id.   25   120
Id.   35   90
Id.   50   70
Id.   75   50
Id.   100   30

Ces chiffres peuvent être admis comme le minimum de ce que peut faire un bon ouvrier. Un ouvrier peut *unir* ou *aplanir* au cordeau, par jour, **215** mètres.

Pour *bêcher*, lorsque la terre ne présente pas de difficultés particulières, un ouvrier peut retourner par jour :

Glaise. . . . . 1 are.
Argile . . . . 1 , 12
Sable. . . . . 1 , 10 jusqu'à 1 , 75

Jusqu'à une distance de **100** mètres, la brouette est le moyen de transport le plus économique ; au delà de **100** mètres, on doit faire usage de bêtes de trait.

Si l'on avait une distance de **100** mètres à faire parcourir par des brouettes, on devrait la diviser en établissant des relais de manière que chaque ouvrier n'ait pas à parcourir avec la brouette chargée une distance de plus de **30** mètres environ. Dans le cas où l'on établit des relais, une grande surveillance est nécessaire, parce que, si un seul homme s'arrête, le mouvement est interrompu sur toute la ligne.

Pour *enlever les gazons*, soit en carrés, soit en rouleaux, pour que l'ouvrage marche bien, trois hommes sont nécessaires. Ces trois hommes doivent, dans une journée, en sol argileux, détacher les gazons et les transporter hors de la planche en construction, sur un espace de 4,25 ares.

Si le sol est plus difficile, si la pelle rencontre des obstacles, on ne compte que 2,80 ares. Un homme peut tailler autant de gazons que trois ou quatre hommes peuvent en détacher et en enlever.

Pour *replacer les gazons,* un bon ouvrier, lorsqu'on lui amène les gazons sur place, en recouvre par jour 2,80 ares. Si les gazons sont roulés, deux hommes sont nécessaires pour les étendre, et ils peuvent recouvrir 4,25 ares.

Pour *battre les gazons,* si on relaie les ouvriers, **un** homme peut battre par jour 4,25 ares.

§ **V.** — **Canaux et fossés.**

Souvent on fait creuser à forfait les canaux et fossés. Patzig nous donne le tableau suivant du salaire à payer par verge de 5 mètres.

LARGEUR MOYENNE.		PROFONDEUR.		PRIX DE LA VERGE DE 5 MÈTRES.	
				Sol compacte renfermant des obstacles à vaincre.	Sol meuble sans obstacles particuliers.
mètres.	pieds.	mètres.	pieds.		
3,00 (*)	(10)	1,80	(6 »)	2 fr. 18 c.	1 fr. 85 c.
2,70	(9)	1,50	(5 »)	1 85	1 56
2,40	(8)	1,20	(4 »)	1 09	» 85
2,10	(7)	1,05	(3 ½)	» 85	» 55
1,80	(6)	0,30	(3 »)	» 62	» 40
1,50	(5)	0,75	(2 ½)	» 55	» 32
1,20	(4)	0,60	(2 »)	» 32	» 23
0,90	(3)	0,45	(1 ½)	» 23	» 16
0,60	(2)	0,30	(1 »)	» 13	» 08

(*) Le pied égale 0^m,30.

On n'oubliera pas l'observation que nous avons faite en commençant ce chapitre, que tous ces prix ont pour base un prix de journée de 90 centimes.

§ **VI**. — **Du fauchage.**

Il y a peu de travaux agricoles qui demandent autant d'habileté de la part de l'ouvrier que le fauchage. Beaucoup n'apprennent de leur vie à bien faucher, tandis que d'autres et pour ainsi dire sans leçons, apprennent en peu de temps à manier la faux avec habileté. Cette habileté dépend de si petites circonstances à peine perceptibles, qu'il est très difficile de donner à cet égard des règles, et qu'il faut en grande partie laisser à la sagacité de l'ouvrier le soin de les trouver.

Pour bien faucher, il faut avant tout une bonne faux, bien montée. Celui qui ne sait pas bien monter sa faux ne devra jamais avoir la prétention d'être un bon faucheur. La direction de la faux, c'est-à-dire l'ouverture de l'angle qu'elle forme avec la monture, est d'une grande importance. En mesurant de l'extrémité inférieure de la monture, la pointe de la faux doit être d'environ 0^{m},05 plus basse que l'autre extrémité de la lame. Pour trouver cette mesure, la faux étant debout, on place à côté de la monture un bâton que l'on saisit en haut de manière que le tranchant de la faux, à sa partie la plus large, repose sur l'index de la main. Si l'on incline alors le bâton, sans changer la position de la main, lorsqu'on arrive à l'autre extrémité de la faux, la pointe doit être à la hauteur du troisième doigt. C'est ce que les faucheurs appellent le *cercle parfait* (*fig.* **121**).

18.

a, la lame ; *b*, la pointe ; *c*, la queue ou le talon ; *d*, l'arête ; *e*, le tranchant ; *f,* le coin ; *g*, l'anneau ou virole ; *h*, la monture ; *i, i,* les poignées.

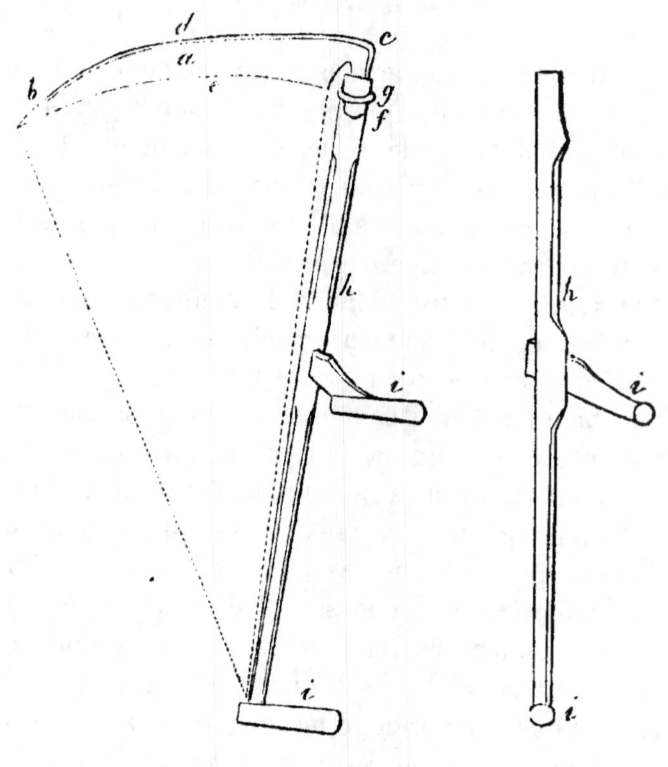

Fig. 121.

c est la partie par laquelle **la lame** est fixée à la monture ; *f* est un bouton carré qui entre dans le bois de la monture.

La faux ainsi disposée se trouve dans une direction oblique avec l'herbe qu'elle doit couper et agit par un mouvement analogue à celui d'une scie. Plus la pointe

est élevée, ou plus ouvert est l'angle formé par la lame
et la monture, plus aussi la direction du tranchant sur
les tiges qu'il doit couper se rapproche de la perpendiculaire, et plus par conséquent le fauchage exige de
force. Plus au contraire la pointe de la faux est basse,
ou moins l'angle est ouvert, moins le fauchage exigera
de force, mais aussi alors chaque coup de faux em-
brasse un espace moindre. C'est pourquoi lorsque l'herbe
est très-forte, on diminue l'ouverture de la faux, et on
ne donne le *cercle parfait* que pour de l'herbe qui n'est
ni très-forte, ni très-difficile à faucher.

Dans l'action du fauchage, la faux décrit un arc de
cercle. Le faucheur est au milieu. La pointe de la faux
entre dans l'herbe vis-à-vis de son pied droit. En commençant plus loin, il se donnerait une fatigue inutile ;
moins loin, chaque coup de faux n'aurait pas une étendue suffisante. Par le poids de la lame, la pointe tend
toujours à s'enfoncer en terre ; le faucheur doit donc
tenir toujours la pointe un peu élevée et raser le sol
seulement avec la partie inférieure de la lame.

L'ouvrier inexpérimenté doit surtout avoir attention,
dans le mouvement de retour, de laisser glisser légèrement la faux sur le sol, sans l'élever ; s'il l'élève, le
coup suivant attaque l'herbe trop haut. De même l'action doit être énergiquement soutenue jusqu'à la fin du
coup de faux ; autrement la pointe tendant toujours à
s'élever, l'herbe n'est pas coupée aussi près de terre, et
les mauvais faucheurs font ce qu'on appelle des *peignes*,
des lignes qu'on remarque sur le pré quand le foin en
est enlevé. Il faut aussi éviter de vouloir abattre une
trop grande largeur à la fois ; le fauchage devient irré-
gulier, en escaliers, et de temps à autre il échappe un

touffe d'herbe qui oblige le faucheur à donner un nouveau coup de faux.

Le faucheur doit se baisser suffisamment; s'il se baisse trop, il augmente sa fatigue; ne se baisse-t-il pas assez, il manque de la liberté de mouvements nécessaire pour bien manier sa faux. La position du faucheur est déterminée par la manière dont la faux est montée. Dans les prairies en plaine, la monture de la faux est plus longue, son extrémité n'a pas de poignée et repose sur le bras gauche de l'ouvrier, au pli du coude; la poignée que saisit la main droite est plus éloignée de la faux. Le faucheur se tient alors presque droit; mais si cette longueur plus grande de la monture lui évite la fatigue de se baisser, les coups de faux sont aussi moins assurés, et il ne pourrait éviter les obstacles qui se présentent si souvent au faucheur dans les montagnes.

La faux des montagnes a une monture plus courte et pourvue d'une poignée à son extrémité. Le faucheur la tient ainsi dans ses deux mains, et il est parfaitement maître de tous ses mouvements.

Dans le fauchage, le corps de l'ouvrier ne doit que très peu se mouvoir; toute l'action est dans les bras qui dirigent l'instrument. Tous les mouvements du corps à droite et à gauche sont fatigans et disgracieux.

Pour pouvoir bien faucher, il faut aussi que la faux coupe bien, et celui qui ne sait pas rendre sa faux bien tranchante, ne saura pas non plus bien la manier. On affile le tranchant de la faux en la battant avec le marteau et en l'aiguisant avec la pierre.

Pour bien aiguiser, il faut une longue pierre. Le faucheur tenant de la main gauche la faux par la pointe, tient la pierre de la main droite, sous le tranchant de la faux, sur lequel il passe la pierre en lui faisant décrire des arcs de cercle alternativement à gauche et à droite. Ce mouvement de la pierre se fait sans que la main change de place. Quand la pierre est longue, son extrémité s'élève jusqu'à l'arête de la faux, et les deux lignes qu'elle décrit dans son double mouvement sur les deux côtés de la lame, doivent former ensemble un angle très-aigu. Pour que le tranchant ne s'incline pas d'un côté ou de l'autre, il faut avoir attention que le frottement de la pierre soit égal des deux côtés. La pierre ne doit pas être tenue serrée dans la main, et elle doit être passée légèrement sur le tranchant de la faux. On peut placer la faux droite devant soi, la tenant de la main gauche par la pointe de la lame, et on aiguise alors de droite à gauche ; ou bien on peut placer la faux appuyée obliquement sur le bras gauche, et on aiguise alors de gauche à droite. Dans les deux cas, on commence à aiguiser près du talon pour finir à la pointe. Chacune de ces deux manières a ses avantages et ses inconvénients, et dépend surtout de l'habitude du faucheur. Exceptionnellement, on rencontre des faucheurs qui aiguisent de la main gauche.

La pierre doit être tenue constamment mouillée ; c'est pourquoi les faucheurs la mettent dans une sorte d'étui en bois ou en fer-blanc, que chacun porte suspendu à une ceinture de cuir et qu'ils ont soin de tenir toujours pleine d'eau. On a conseillé d'ajouter à l'eau du vinaigre ou de l'acide sulfurique ; le tranchant en devient plus dur, mais s'use plus vite. Le faucheur doit avant tout chercher à se procurer une bonne pierre, suffisamment dure et douce en même temps.

Avant d'être aiguisée, la faux doit avoir été battue.

Par le battage, on amincit le tranchant de la faux sur une largeur de $0^m,003$. C'est une opération qui paraît être extrêmement simple, mais qu'il n'est pourtant pas si facile de bien exécuter. L'enclume est fixée sur une pierre ou sur un bloc de bois. Le bloc de bois est généralement préférable, parce qu'il est élastique et qu'on ne risque pas de trop amincir le tranchant ou de le briser. La pierre, au contraire, vaut mieux, quand l'on a à battre une faux dure et épaisse.

On place l'enclume de manière que le faucheur puisse s'asseoir commodément en l'ayant entre ses jambes, et qu'elle soit presque à la hauteur de ses cuisses. La faux posant sur l'enclume, doit être appuyée sur les cuisses, de façon que par un léger mouvement on puisse la faire avancer à droite ou à gauche. La main gauche tient fortement la faux; la droite fait agir le marteau à coups précipités, jusqu'à ce que le tranchant soit suffisamment aminci. Il doit alors se plier sous la pression de l'ongle. Il est important qu'il soit partout également mince, et qu'il conserve partout la même direction droite. La largeur de la partie battue ne doit pas excéder 3 millimètres. Il y a des contrées où l'enclume présente une surface carrée sur laquelle on appuie la faux, et on frappe avec un marteau étroit; chez nous, au contraire, le marteau est carré, tandis que l'enclume est longue et étroite. Dans le premier cas, l'ouvrier frappe sur la partie concave de la faux; dans le second, il frappe sur le côté convexe, et c'est l'enclume qui opère l'amincissement. Cette dernière manière nous semble être plus sûre et exiger moins d'adresse de la part de l'ouvrier. On a inventé un instrument pour opérer le battage régulièrement, de manière que le tranchant soit partout également mince et également large ; mais cet instrument est inutile à un ouvrier un peu adroit.

Pour pouvoir donner plus ou moins de largeur à l'angle formé par la lame et la monture, on fait le trou dans lequel entre la queue un peu plus grand qu'il n'est nécessaire, et au moyen d'un petit morceau de cuir qu'on place dans le trou, d'un côté ou de l'autre de la queue, on règle à volonté l'inclinaison de la lame. On peut aussi faire varier cette inclinaison par une pièce de cuir que l'on place sous l'anneau, c'est-à-dire entre l'anneau et la monture.

Il est encore à observer qu'on fauche beaucoup plus facilement avec une lame un peu convexe qu'avec une lame plate, et que le tranchant de la faux doit décrire une courbe telle que si la faux est placée verticalement sur une surface plane qu'elle touche par la pointe et par le talon, il doit y avoir au milieu un vide de la hauteur de trois doigts. Enfin, à longueur égale, une faux légère est préférable à une faux lourde et épaisse.

CODE

DES IRRIGATIONS,

Par M. BERTIN,

AVOCAT A LA COUR D'APPEL DE PARIS.

SOMMAIRES.

CODE

DES

IRRIGATIONS.

————◦◉◦————

CHAPITRE PREMIER.

Historique et Législation.

1. Plusieurs nations étrangères, comprenant l'utilité et l'importance des irrigations, ont cru devoir réglementer complétement cette partie de leur législation : ainsi le Code sarde contient, sur cette matière, un système utile à consulter. Le Parlement anglais a adopté en **1843** un bill où se trouve consignée une série de dispositions relatives aux irrigations. La Prusse, le Wurtemberg, la Lombardie, le duché de Hesse, la Suède et la Norwége ont consacré, par des lois spéciales, les règles applicables aux irrigations.

2. La législation française est loin d'être complète en ce qui concerne les irrigations. Le Code civil s'est borné à poser des principes généraux sur le droit à la jouissance des eaux.

Les lois des **29 avril 1845** et **11 juillet 1847** ont seulement réglementé deux cas particuliers, de sorte qu'il est nécessaire de recourir à la doctrine des auteurs et aux règles tracées par la jurisprudence pour trouver des solutions aux nombreuses difficultés que soulèvent les irrigations.

3. Les eaux devant servir à l'irrigation peuvent être possédées à différents titres. On peut en disposer soit à titre de propriétaire, soit à titre d'usager, soit à titre de concessionnaire.

4. *Propriétaire.* Appartiennent en toute propriété à celui sur le sol duquel elles jaillissent ou tombent, les eaux de source ou de puits artésiens; celles d'étangs, les eaux de pluies, les eaux recueillies par des moyens artificiels dans des réservoirs.

5. Des motifs d'intérêt public ont dû faire admettre, à titre d'exception à cette règle, que le propriétaire d'une source ne peut en changer le cours lorsqu'elle fournit aux habitants d'une commune, village ou hameau, l'eau qui leur est nécessaire.

Code civil, art. 643.

6. Dans ce cas, si les habitants n'ont pas acquis ou prescrit l'usage de l'eau, le propriétaire de la source peut réclamer une indemnité, laquelle est réglée par expert.

Ib.

7. Les eaux des canaux d'irrigations sont l'objet d'une propriété privée.

V. n. 208 et *suivants.*

8. *Usager.* Les eaux des rivières qui ne sont ni navigables ni flottables donnent lieu seulement à des droits d'usage et non à une propriété absolue.

Ainsi, celui dont la propriété borde une eau courante, autre que celle qui est déclarée dépendance du domaine public, peut s'en servir à son passage pour l'irrigation de ses propriétés.

Celui dont cette eau traverse l'héritage peut même en user dans l'intervalle qu'elle y parcourt, mais à la charge de la rendre, à la sortie de son fonds, à son cours ordinaire.

Code civil, art. 644. *V.* n. 44 et *suivants.*

9. S'il s'élève une contestation entre les propriétaires auxquels ces eaux peuvent être utiles, les tribunaux, en prononçant, doivent concilier l'intérêt de l'agriculture avec le respect dû à la propriété.

V. n. 151 et *suivants.*

Dans tous les cas, les règlements particuliers et locaux sur le cours et l'usage des eaux doivent être observés.

Code civil, art. 645. *V.* n. 159 et *suivants.*

10. *Concessionnaire.* Les eaux dont on ne peut jouir qu'autant qu'on en a obtenu la concession sont celles des fleuves ou des rivières navigables et flottables qui appartiennent au domaine public.

Code civil, art. 538.

C'est à l'administration qu'il faut s'adresser pour obtenir cette concession.

11. Les eaux des rivières navigables et flottables ont été considérées par notre ancien droit comme une dépendance du domaine public et sont devenues l'objet de dispositions législatives qui ont sévèrement réprimé les usurpations dont ces eaux pouvaient devenir l'objet de la part des riverains.

12. Ainsi une ordonnance de Philippe-le-Bel de 1292

défend « qu'on ait marre et fosses qui boivent en rivières. »

13. L'ordonnance de 1669, titre 27, art. 44, portait qu'il était défendu à toute personne de détourner l'eau des rivières navigables et flottables ou d'en affaiblir et altérer le cours par tranchées, fossés, canaux, à peine, contre les contrevenants, d'être punis comme usurpateurs, et les choses réparées à leurs dépens.

14. La loi des 28 septembre — 6 octobre 1791, tout en consacrant le principe que les eaux des rivières navigables et flottables ne sont pas susceptibles d'une propriété privée, ajoute cependant à l'art. 4 de sa section 1re : « Tout propriétaire riverain peut, en vertu du droit commun, y faire des prises d'eau, sans néanmoins en détourner ni embarrasser le cours d'une manière nuisible au bien général de la navigation. »

15. Le droit reconnu aux riverains de faire des prises d'eau dans les rivières navigables et flottables devait avoir des conséquences fâcheuses pour la navigation et les intérêts généraux que le législateur doit avant tout sauvegarder.

16. Ces conséquences ne tardèrent pas à se manifester, et l'on comprit la nécessité de faire retour aux anciens principes qui, depuis, ont été constamment maintenus.

17. En conséquence, un arrêté du gouvernement du 19 ventose an VI, enjoignit par son art. 10, aux autorités locales, de veiller à ce que nul ne détournât les eaux des rivières et canaux navigables et flottables et n'y fît des prises d'eau ou saignées pour l'irrigation des terres, qu'après y avoir été autorisé par l'administration

centrale et sans pouvoir excéder le niveau qui aura été déterminé.

18. Les irrigations que le législateur du Code civil avait voulu encourager et faciliter, rencontrèrent dans la loi elle-même des obstacles à leur développement et durent être fréquemment abandonnées en présence des nombreuses difficultés qu'elle faisait surgir.

19. Ainsi l'abaissement du sol des cours d'eau, la circonstance qu'il existait des fonds intermédiaires entre les terrains riverains du ruisseau et d'autres terrains appartenant au même porpriétaire, créaient des obstacles invincibles à l'irrigation.

20. D'ailleurs, le droit accordé par l'art. 640 du Code civil au propriétaire du fonds inférieur de ne recevoir les eaux du fonds supérieur qu'à la condition que ces eaux en découleraient *naturellement et sans que la main de l'homme y ait contribué,* rendaient, dans la plupart des cas, illusoires les dispositions faites en vue des irrigations.

21. Dans le but de faire cesser un pareil état de choses et d'affranchir les irrigations d'une partie des entraves qu'elles rencontraient, M. d'Angeville soumit, en **1843,** à la Chambre des Députés, une proposition ainsi conçue :

« Les travaux d'irrigation des propriétés rurales entrepris soit collectivement, soit individuellement, pourront être déclarés d'utilité publique. Cette utilité sera reconnue dans les formes voulues par la loi du **3** mai **1841.** »

22. Cette proposition a été et devait être repoussée par le motif que l'expropriation pour cause d'utilité publique ne pouvait jamais être étendue au delà des cas qui permettent de faire fléchir le droit de propriété, devant une utilité publique constatée.

23. Le rapport qui concluait au rejet de la proposition de M. d'Angeville, s'exprimait, au surplus, en ces termes : « Il ne faut pas oublier que c'est à l'État seul, ou aux délégataires de sa puissance que notre droit public a réservé le privilége de l'expropriation pour cause d'utilité publique. Quoique l'intérêt particulier doive jusqu'à un certain point être ici considéré comme l'agent de l'intérêt général avec lequel il semble se confondre, ce serait peut-être heurter l'idée qu'on a de l'indépendance de la propriété et courir risque d'affaiblir le respect qui lui est dû que d'instituer une nouvelle cause d'expropriation dont un intérêt privé serait le mobile. »

Rapport de M. Dalloz à la Chambre des Députés. — Séance du 29 juin 1843. — *Moniteur* du 3 juillet.

24. La formule de M. d'Angeville pouvait être vicieuse, mais elle n'en constatait pas moins de fâcheuses lacunes dans la législation en ce qui concernait les irrigations et la nécessité de pourvoir aux nouveaux besoins qui s'étaient manifestés.

25. Les lois des **29** avril **1845** et **11** juillet **1847** ont pourvu aux besoins les plus urgents en facilitant la conduite et l'écoulement des eaux destinées à l'irrigation et en autorisant l'établissement de barrages nécessaires pour l'élévation des eaux.

26. La loi du **29** avril **1845** contient les dispositions suivantes :

« Tout propriétaire qui veut se servir, pour l'irrigation de ses propriétés, des eaux naturelles ou artificielles dont il a le droit de disposer, peut obtenir le passage de ces eaux sur les fonds intermédiaires à la charge d'une juste et préalable indemnité. » Art. 1er.

V. n. 261 et *suivants.*

27. « Sont exceptés de cette servitude les maisons, cours, jardins et enclos attenant aux habitations. » Art. 1er.

V. n. 319 et *suivants.*

28. « Les propriétaires des fonds inférieurs doivent recevoir les eaux qui s'écoulent des terrains ainsi arrosés, sauf l'indemnité qui pourra leur être due. » Art. 2.

V. n. 243 et *suivants.*

29. « Sont également exceptés de cette servitude les maisons, cours, jardins, parcs, enclos attenant aux habitations. » Art. 2.

30. « La même faculté de passage sur les fonds intermédiaires peut être accordée au propriétaire d'un terrain submergé en tout ou en partie, à l'effet de procurer aux eaux nuisibles leur écoulement. » Art. 3.

V. n. 356.

31. « Les contestations auxquelles peuvent donner lieu l'établissement de la servitude; la fixation du parcours de la conduite d'eau, de ses dimensions et de sa forme et les indemnités dues, soit au propriétaire du fonds traversé, soit à celui du fonds qui reçoit l'écoulement des eaux, sont portées devant les tribunaux qui, en prononçant, doivent concilier l'intérêt de l'opération avec le respect dû à la propriété. » Art. 4.

V. n. 358 et *suivants.*

32. La loi du 11 juillet 1847 dispose que « tout propriétaire qui veut se servir, pour l'irrigation de ses propriétés, des eaux naturelles et artificielles dont il a le

19.

droit de disposer, peut obtenir la faculté d'appuyer, sur la propriété du riverain opposé, les ouvrages d'art nécessaires à la prise d'eau, à la charge d'une juste et préalable indemnité. » Art. 1er.

V. n. 379 et suivants.

33. « Sont exceptés de cette servitude les bâtiments, cours et jardins attenant aux habitations. » Art. 1er.

V. n. 408 et suivants.

34. « Le riverain sur le fonds duquel l'appui est réclamé, peut toujours demander l'usage commun du barrage, en contribuant pour moitié aux frais d'établissement et d'entretien ; aucune indemnité n'est respectivement due dans ce cas, et celle qui aurait été payée doit être rendue. » Art. 2.

V. n. 412 et suivants.

35. « Lorsque cet usage commun n'est réclamé qu'après le commencement ou la confection des travaux, celui qui le demande doit supporter seul l'excédant de dépense auquel donnent lieu les changements à faire au barrage pour le rendre propre à l'irrigation des deux rives. » Art. 2.

36. « Les contestations auxquelles peuvent donner lieu les art. **1** et **2** de la loi du **11** juillet **1847**, sont portées devant les tribunaux. » Art. 3.

37. Les lois des **29** avril **1845** et **11** juillet **1847** contiennent une disposition commune ainsi conçue :

« Il sera procédé devant les tribunaux comme en matière sommaire, et, s'il y a lieu à une expertise, il pourra n'être nommé qu'un seul expert. » Art. 4 et 3.

38. Ces deux lois n'ont pas eu pour but d'introduire dans la législation des principes nouveaux.

Le rapporteur de la loi de **1845** s'est exprimé formellement à cet égard en disant que le projet de loi « respectait profondément toutes les règles du Code civil qui déterminent les limites dans lesquelles un propriétaire peut disposer des eaux ; qu'il n'ajoutait rien au volume d'eau qui lui appartenait aux termes du Code civil ; qu'il lui faisait la simple concession d'une servitude de passage sur le fonds d'autrui pour faire arriver les eaux sur le sol que ce propriétaire veut irriguer. »

Séance du 12 fév. 1845. — *Moniteur* du 13.

39. La loi, au surplus, s'est expliquée catégoriquement à ce sujet en disposant qu'il n'est aucunement dérogé par la loi nouvelle aux dispositions qui règlent la police des eaux.

Loi 29 avril 1845, art. 5. Loi 11 juillet 1847, art. 4.

CHAPITRE II.

Exercice du droit d'Irrigation.

§ Ier. Rivières navigables et flottables. — Sources. — Cours d'eau.

40. *Rivières navigables et flottables.* L'art. 538 du Code civil dispose que les fleuves et rivières navigables et flottables doivent être considérés comme des dépendances du domaine public.

41. Les conséquences de cette disposition sont faciles à déduire. Il en résulte qu'il ne peut être fait usage des eaux des fleuves et rivières navigables et flottables que lorsque *la concession* en a été faite par les dépositaires de l'autorité publique.

V. n. 11 et *suivants.*

42. *Sources.* Les eaux de source ne peuvent non plus donner lieu, quant à leur usage et à leur propriété, à de graves difficultés, en ce qui concerne le propriétaire de l'héritage sur lequel elles jaillissent.

L'art. 641 attribue en effet à ce propriétaire la jouissance exclusive des eaux de cette source en l'autorisant à *en user à sa volonté.*

La jurisprudence a, de plus, reconnu à son profit un véritable droit de propriété sur ces eaux.

43. Ce droit de propriété n'existe que lorsque les eaux se trouvent sur le fonds d'où elles jaillissent.

En conséquence, le propriétaire de deux héritages non contigus dans l'un desquels une source prend naissance, n'a pas dans chacun de ces héritages, sur les eaux de la source, un droit égal ou indivisible.

Si comme propriétaire du fonds où naît la source, il peut y exercer tous les droits que lui confère l'article 641 du Code civil, il n'a plus, comme propriétaire de l'héritage inférieur, que les droits d'un simple riverain, et par suite il ne peut, dans ce dernier cas, détourner les eaux au préjudice des riverains inférieurs.

Cass., 28 mars 1849, de Belleval, C. Lamarre (*Journal du Palais,* t. I, 1849, pag. 582).

44. *Cours d'eau.* Les solutions aux difficultés qui se présentent, alors qu'il s'agit de cours d'eau qui bordent ou traversent des propriétés, sont loin d'être aussi faciles.

Le silence gardé par le législateur en ce qui concerne

l'étendue et les limites des droits de l'administration publique, a laissé dans le vague et l'incertitude de nombreuses questions se rattachant à la jouissance de ces eaux.

45. Dans notre ancien droit, aucune règle n'existait relativement à la propriété et à la jouissance des eaux des petites rivières. Mais en vertu des droits féodaux, les seigneurs disposaient, d'une manière souveraine et absolue, de ces eaux.

46. Ils en disposaient tantôt en accordant à des riverains le droit de prise d'eau pour l'irrigation de leurs héritages, tantôt en concédant la disposition du cours d'eau à celui qui voulait bâtir un moulin ou une usine.

47. Par suite, les riverains ne pouvaient se servir de l'eau pour l'irrigation de leurs propriétés, qu'autant que la prise d'eau ne nuisait en rien au roulement de l'usine dont le propriétaire était devenu concessionnaire.

Proudhon, *Domaine public*, t. III, n. 1073.

48. Les concessions de jouissance des cours d'eau faites par les anciens seigneurs font-elles obstacle à l'exercice des droits conférés aux riverains par les art. 644 et 645 du Code civil?

49. M. Merlin a soutenu que ces concessions, se rattachant à des droits féodaux abolis par les lois de 1790 et de 1791, avaient dû disparaître avec ces droits eux-mêmes.

Merlin, *Questions de droit. V. Cours d'eau*, § 1.

50. Un arrêt de cassation a consacré cette doctrine.

V. Cass., 21 juillet 1834, Lombard de Quincieux, C. Chazel.

51. Mais la jurisprudence contraire a prévalu.

V. Cass. 23 vent. an x, commune de Greisembach, C. Presseler; — 19 juillet 1830, Buger et Michel, C. Dormoy; — 10 avril 1838.

Arrosants de Caramany, C. de Rivesaltes (*Journal du Palais*, t. II. 1838, pag. 232); 9 août 1843, Amai et Drulhon, C. Cavalier (*Journal du Palais*, t. I, 1844, pag. 295).

52. Nous pensons avec Merlin, et conformément à l'arrêt de cassation du **21 juillet 1834**, que les concessions de jouissance des rivières faites par les anciens seigneurs se sont évanouies avec les droits féodaux, en vertu desquels ces concessions avaient été accordées.

53. Sans doute, les usines établies par suite de ces concessions doivent être prises en sérieuse considération dans la répartition à faire des eaux; mais elles ne peuvent, suivant nous, donner lieu à un monopole que la loi repousse et qui ne saurait trouver de base utile dans des titres viciés à leur origine et frappés de stérilité par la législation nouvelle.

V. Proudhon, *Domaine public*, t. III, n. 1073 et 1074.

54. L'art. 644 dispose : que celui dont la propriété borde une eau courante autre que celle qui est déclarée dépendance du domaine public, *peut s'en servir* à son passage pour l'irrigation de sa propriété;

Que celui dont cette eau traverse l'héritage peut même en user dans l'intervalle qu'elle y parcourt, mais à la charge de la rendre, à la sortie de son fonds, à son cours ordinaire.

55. Il est constant que, dans ce cas, le propriétaire riverain du cours d'eau n'a aucun droit de propriété sur les eaux qui bordent ou traversent son héritage.

L'art. 644 ne lui concède qu'un droit d'usage.

56. Ce droit d'usage est loin d'être absolu, et si l'exercice en est contesté par les riverains inférieurs ou supérieurs, les tribunaux déterminent dans quelle mesure et avec quelles restrictions il doit recevoir son exécution.

57. *Dans tous les cas*, les règlements particuliers et locaux sur le cours et l'*usage* des eaux *doivent être observés* Code civil, art. 645.

V. n. 159 et *suivants*.

58. L'autorité administrative ne se borne donc pas à exercer, sur l'usage des eaux, un droit de surveillance ; elle peut, en dehors des usages locaux, des conventions des parties, des décisions judiciaires elles-mêmes, et avec une omnipotence qui semble sans limite, régler le mode et l'étendue de la jouissance de chaque propriétaire riverain du cours d'eau.

59. Cependant il est constant que l'État n'a pas, dans ce cas, un droit absolu, puisque les riverains ont, de leur côté, un droit d'usage sur les cours d'eau et qu'ils ne peuvent, en aucun cas, être complétement dépouillés de l'exercice de ce droit.

60. De la combinaison des art. 644 et 645 du Code civil, il résulte donc un certain vague et une fâcheuse incertitude sur les limites des droits de l'État et des riverains des cours d'eau.

61. Les propriétaires riverains des cours d'eau ont des droits égaux à l'usage des eaux, bien qu'à raison de leur position topographique les propriétaires des fonds supérieurs exercent leur droit avant les propriétaires des fonds inférieurs.

Les premiers ne peuvent, en conséquence, rien faire qui empêche les seconds de jouir des eaux à leur tour.

Cass., 21 août 1844, Baric et Letanneur, C. Combes et Depins (*Journal du Palais*, t. II, 1847, pag. 706).

62. L'art. 644 dispose que ceux-là seuls dont les propriétés sont bordées ou traversées par des eaux courantes peuvent se servir de ces eaux pour l'irrigation de leurs fonds.

63. Celui dont le fonds est séparé du cours d'eau par un chemin public ne peut donc être considéré comme riverain.

> Toulouse, 26 nov. 1832, Santons, C. Garin ; Daviel, *des Cours d'eau,* t. II, n. 598.

Jugé de même que lorsqu'un cours d'eau a son lit au milieu d'un chemin public, mais sans se répandre dans toute sa largeur, le propriétaire dont le fonds touche le chemin ne peut revendiquer le droit accordé au riverain de se servir de l'eau à son passage pour l'irrigation de sa propriété.

> Angers, 28 janvier 1847, Ragot, C. Semier (*Journal du Palais,* t. II, 1847, pag. 453).

64. Les mots *à son passage* de l'art. 644 du Code civil ont donné lieu à la question de savoir si un terrain riverain du cours d'eau pouvait être arrosé à l'aide d'une saignée pratiquée sur un terrain supérieur.

65. La question s'est présentée dans les circonstances suivantes :

Un sieur Giraud Agnel, possédant le long du cours d'eau de la Drouille un terrain de trois hectares, ne pouvait se servir du cours d'eau pour l'irrigation de ce terrain à raison de l'élévation du sol; pour obtenir le bénéfice de l'irrigation, il fit l'acquisition d'une parcelle de terrain placée en amont et de niveau avec le cours d'eau, puis il pratiqua sur ce terrain séparé du premier par un chemin, une saignée à l'aide de laquelle il conduisit l'eau sur son fonds de trois hectares.

Procès intenté par un co-riverain qui prétendait que

la prise d'eau pratiquée sur la parcelle de terrain ne pouvait être utilisée que pour cette parcelle et que l'eau ne devait pas être amenée sur les trois hectares qui, par leur disposition, ne pouvaient participer à l'irrigation, puisqu'il était impossible de les mettre en communication avec le cours d'eau par les rives qui en bordaient le cours.

La Cour d'Aix accueillit cette prétention en décidant que, si l'art. 644 confère à celui dont la propriété borde une eau courante la faculté d'en user pour l'irrigation de ses propriétés, c'est à la condition qu'il se servira de cette eau à son passage ; qu'ainsi le droit d'user de l'eau n'appartient au riverain qu'au moment où elle passe le long de sa propriété ; que si un riverain établit sa prise d'eau en amont et hors de la propriété qu'il veut arroser, il use d'une eau dont il n'a pas le droit de disposer ; il usurpe le droit et la chose d'autrui.

> Aix, 30 juin 1845, Giraud Agnel, C. de Brunet (*Journal du Palais,* t. I, 1846, pag. 327).

66. Cet arrêt repose sur une fausse interprétation de l'art. 644 du Code civil. Cet article, en effet, dispose d'une manière absolue que celui dont la propriété borde une eau courante, peut s'en servir à son passage pour l'irrigation de ses propriétés. Le droit de se servir d'un cours d'eau pour l'irrigation existe donc au profit de tous ceux dont les propriétés bordent le cours d'eau. La loi ne s'occupe, en aucune manière, du mode à l'aide duquel ce droit pourra être exercé ; ainsi peu importe que l'eau arrive sur le terrain riverain par une saignée pratiquée directement ou bien qu'elle y soit conduite à l'aide d'un canal qui va prendre l'eau à un point supérieur du cours d'eau ; dans l'un et l'autre cas, les conditions de la loi se trouvent accomplies, l'eau est prise à son passage et elle arrose des propriétés riveraines du ruisseau.

67. Cette doctrine, au surplus, avait déjà été consacrée par un arrêt de la Cour de Bourges et un arrêt de cassation. La Cour de cassation motivait ainsi sa décision : « Attendu que l'arrêt attaqué a décidé que les propriétaires riverains du cours d'eau dont il s'agit avaient droit d'en user à son passage devant leurs propriétés, quand même ils auraient besoin, pour faciliter cet usage, de se servir, à raison de l'escarpement de leurs héritages, de la prise d'eau pratiquée sur le fonds riverain supérieur et de la prolonger jusque sur leur terrain, à la charge de rendre les eaux à leur cours ordinaire; qu'en le jugeant ainsi, l'arrêt attaqué n'a fait qu'appliquer l'art. 644 du Code civil d'après son véritable esprit et d'après sa combinaison avec l'art. 645.

Cass., 11 avril 1837, Blain, C. Alexandre (*Journal du Palais*, t. I, 1837, pag. 271).

68. L'arrêt de la Cour d'Aix, dont nous venons de parler, soumis à la Cour de cassation, a été cassé par cette Cour qui a statué en ces termes sur la question :

« Attendu que le droit accordé par l'art. 644 du Code civil au propriétaire de se servir de l'eau courante pour irriguer le terrain dont elle touche les bords, repose sur un principe d'équité en ce que ce droit est l'indemnité naturelle des inconvénients inséparables du voisinage du cours d'eau, en même temps qu'il a pour but de favoriser les travaux de l'agriculture;

« Que la conséquence nécessaire est que l'arrosement est permis sans distinction entre le cas où la prise d'eau est praticable dans la propriété même qu'on veut irriguer et le cas où elle ne peut y être établie ;

« Que le moyen de dérivation est tout à fait étranger à la volonté de l'art. 644, le propriétaire tenant toujours de cet article un droit de jouissance sur les eaux à leur passage, abstraction faite du procédé dont il usera pour l'exercice de ce droit. »

Cass., 14 mars 1849, Giraud Agnel, C. de Brunet (*Journal du Palais*, t. II, 1849, pag. 143).

69. Après cette double décision de la Cour de cassation, la question doit être considérée comme souverainement jugée dans le sens de ces deux arrêts.

70. Le riverain peut user des eaux courantes qui bordent ou traversent sa propriété, non-seulement pour l'irrigation des fonds, au profit desquels ce droit se trouve consacré par la possession et l'usage, mais encore pour l'irrigation des terrains dont il fait l'acquisition ultérieurement, et encore que ces terrains ne fussent pas antérieurement arrosés.

71. Vainement opposerait-on qu'un propriétaire pourrait, par des acquisitions successives, absorber, au détriment des héritages inférieurs, un volume d'eau considérable.

72. L'art. 644 du Code civil accorde à chaque riverain, d'une manière générale et absolue, le droit d'user des eaux courantes pour l'irrigation *de leurs propriétés* sans distinguer les propriétés nouvelles des anciennes.

73. D'ailleurs, comment établir la distinction et déterminer la portion de propriété qui devrait bénéficier de l'irrigation ?

74. Au surplus, l'art. 645 donne aux tribunaux le

droit de réprimer les abus de jouissance s'il vient à s'en manifester.

V. n. 151 et *suivants*.

75. Les juges devront, dans ce cas, en facilitant les tentatives d'amélioration faites par le propriétaire qui a agrandi son domaine, accorder toutes les garanties possibles aux autres riverains.

Daviel. *des Cours d'eau*. t. II, n. 587.

76. De son côté, l'autorité peut, par des règlements d'administration publique, restreindre dans de justes limites la jouissance de l'eau.

V. n. 159 et *suivants*.

77. Par les raisons que nous venons d'indiquer, le fonds qui a profité de l'irrigation au moyen de sa réunion avec le fonds riverain du cours d'eau, doit cesser d'avoir la jouissance des eaux, s'il cesse d'appartenir au même propriétaire.

78. Il en serait de même de la parcelle du fonds ayant profité de l'irrigation et qui, par un motif quelconque, viendrait à en être détachée par le propriétaire du terrain riverain du cours d'eau.

§ **II.** — **Droit à l'usage des eaux par convention ou prescription.** — **Perte de ce droit.**

79. *Abstention de l'usage des eaux.* L'usage des eaux pour l'irrigation est, par sa nature, imprescriptible par le non-usage.

Bourges, 8 janvier 1836, Gestat, C. Gourjon ; Daviel, *des Cours d'eau*, t. II, n. 581 ; Proudhon, *Domaine public*, t. IV, n. 1435 ; Valserres, *Manuel du droit rural*, pag. 425.

80. Proudhon fait avec raison observer que le droit

d'irrigation qui appartient à tous les propriétaires riverains des cours d'eau n'est pas un droit de servitude qu'ils exercent sur les fonds les uns des autres, et qu'en conséquence aucun d'eux ne peut dire que son héritage demeure affranchi de la servitude par le non-usage pendant trente ans.

Proudhon, *Domaine public*, t. III, n. 1095.

81. Ainsi, le propriétaire riverain dont l'héritage est en nature de labour, pourra toujours le convertir en prairie et y amener l'eau nécessaire aux irrigations, alors même que le propriétaire opposé aurait été, de temps immémorial, en possession de profiter seul des eaux pour l'irrigation de ses propriétés.

Vazeille, *des Prescriptions*, t. II, n. 407.

82. Jugé de même que la possession exclusive des eaux par un des riverains ne fait pas cesser, au préjudice des fonds supérieurs, la faculté d'irrigation résultant de la riveraineté.

Grenoble, 24 novembre 1843, Christophe, C. Michel (*Journal du Palais*, t. 2, 1846, pag. 235).

83. Cependant le droit à l'usage des eaux peut cesser soit par l'effet de conventions, soit par des circonstances desquelles résulte l'abandon de ce droit.

84. Les propriétaires riverains qui ont ainsi abandonné leurs droits doivent alors être considérés comme ayant imposé sur leurs fonds une servitude négative en faveur de leurs voisins.

Proudhon, *Domaine public*, t. III, n. 1096.

85. *Convention expresse.* Le droit cesse par l'effet des conventions lorsque l'un des riverains stipule dans un acte qu'il renonce à se servir des eaux.

86. *Convention tacite et prescription.* Il cesse par suite de l'abandon qui en a été fait, lorsque le riverain a obtempéré à la défense à lui faite d'exercer le droit d'irrigation et si depuis la prescription a été acquise.

L'acquiescement tacite, donné dans ce cas à la prétention contraire à l'exercice de ce droit, forme entre les parties une convention tacite de renonciation.

87. Ces principes ont été consacrés par un arrêt de la Cour de cassation qui décide que *les facultés*, bien qu'imprescriptibles par leur nature, peuvent cependant se perdre par la prescription *lorsqu'il y a eu contradiction*.

Cass., 4 avril 1842, Aguel, C. Brunet (*Journal du Palais*, t. I, 1842, pag. 555).

88. Si donc un propriétaire riverain d'un ruisseau, s'étant préparé à convertir son champ labourable en prairie et ayant creusé une rigole pour l'arroser, le propriétaire d'une autre prairie ou d'une usine lui a fait défense de continuer ce travail, il s'exposerait à voir périr, par la prescription, son droit de pure faculté en s'arrêtant devant une pareille défense, parce qu'à partir de ce moment le non-usage de son droit semblerait un acquiescement à la prétention de son voisin.

Daviel, *des Cours d'eau*, t. II, n. 582.

89. Il a été de même jugé avec raison que les dérogations à un règlement local peuvent, alors que ces dérogations ont continué pendant plus de trente ans, avoir pour résultat de modifier les droits d'usage garantis par ce règlement.

90. Ainsi, lorsqu'en présence d'un règlement qui attribuait à l'un des riverains d'un cours d'eau le droit de prendre l'eau à une heure déterminée, il est arrivé qu'une fois par semaine les domestiques d'un meunier,

dont l'usine était inférieure, sont venus précisément à
cette heure arrêter la prise d'eau pour rejeter l'eau dans
le canal qui la conduisait au moulin, et lorsque cet état
de choses s'est perpétué pendant trente années sans
contestation de la part du propriétaire dont les eaux
ont été ainsi détournées contrairement au règlement,
la prescription est acquise et le meunier ne saurait être
dépouillé du droit qui lui appartient de disposer des
eaux.

> Grenoble, 17 août 1842. Buissonnet, C. de Barrin (*Journal du Palais.*
> t. II, 1846, pag. 238).

La Cour de Paris a jugé le contraire, mais sans donner de motifs.

> Paris, 30 avril 1844, Benard, C. Georgeon (*Journal du Palais.* t. II
> 1846, pag. 234).

91. Plusieurs auteurs ont pensé que la perte du droit
à l'usage des eaux pouvait, en outre, résulter de l'établissement, sur le fonds supérieur, de travaux ayant
pour objet et pour résultat de conduire la totalité de ces
eaux sur les fonds inférieurs.

> Dubreuil, *Législation des eaux*, liv. III, n°ˢ 128 et 129 ; Proudhon,
> *Domaine public*, t. IV, n. 1435.

92. Nul doute que la prescription ne puisse exister
lorsqu'il s'agit des eaux d'une source et lorsque les travaux ont été exécutés sur l'héritage où cette source
prend naissance.

93. Les art. 641 et 642 du Code civil, qui disposent
qu'il y a lieu dans ce cas à prescription et que la prescription peut s'acquérir par une jouissance non interrompue pendant trente années, à compter du moment
où le propriétaire du fonds inférieur a fait et terminé
des ouvrages apparents destinés à faciliter la chute et

le cours de l'eau dans sa propriété, ne peuvent laisser aucun doute à cet égard.

94. La Cour de cassation a fait application de cette doctrine dans une espèce qui présentait les circonstances suivantes : Un riverain d'un cours d'eau avait établi, au travers de ce cours d'eau, un barrage destiné à élever le niveau de l'eau et à la faire parvenir sur son terrain. Ce barrage avait été appuyé sur le terrain voisin. Pendant plusieurs années, le propriétaire qui avait établi le barrage avait eu seul la jouissance des eaux. Son co-riverain, ayant fait une prise d'eau sur le ruisseau, fut actionné devant le juge de paix par son voisin qui prétendit que sa jouissance plus qu'annale de l'intégralité des eaux lui donnait le droit d'interdire, aux propriétaires des fonds supérieurs, tout usage de ce cours d'eau.

95. Cette prétention, repoussée par le juge de paix, fut admise sur l'appel par le tribunal de première instance.

96. La Cour de cassation, saisie par un pourvoi, a statué en ces termes :

« Considérant qu'il est établi en fait par le tribunal de première instance, que les travaux ont été établis sur le terrain du demandeur en cassation par le défendeur éventuel; que ces travaux destinés à la conduite et au détournement des eaux, étaient une déclaration manifeste que ledit défendeur entendait s'attribuer la jouissance desdites eaux au préjudice d'Agnel;

« Que dès lors la faculté qu'avait eue antérieurement Agnel de profiter des eaux, se trouvait légalement paralysée par la possession annale contraire du défendeur éventuel, lequel a pu et dû être maintenu dans cette possession qui réunissait tous les caractères voulus par la loi.»

> Cass., 4 avril 1842, Agnel, C. Brunet (*Journal du Palais*, t. I, 1842, pag. 556).

97. Jugé également qu'un mode de jouissance des eaux d'une rivière peut constituer une servitude continue et s'acquérir par prescription lorsqu'il existe des ouvrages apparents pour recevoir les eaux avec continuité, bien que cette jouissance n'ait lieu qu'à des intervalles périodiques fixés par un règlement administratif.

> Grenoble, 17 août 1842, Buissonnet, C. Barrin (*Journal du Palais*, t. II, 1846, pag. 238).

98. La prescription acquise par suite de l'établissement sur un des fonds riverains du cours d'eau, d'ouvrages apparents et de la jouissance des eaux pendant le temps nécessaire pour prescrire, constitue-t-elle un droit absolu à la jouissance des eaux? Cette prescription peut-elle être opposée à tous les riverains indistinctement?

Nous ne le pensons pas.

Nul doute, en présence de la jurisprudence, que la prescription ne soit opposable à celui sur le fonds duquel les ouvrages ont été construits. Mais l'existence de ces ouvrages, étrangers aux autres riverains, et qui n'ont pu en rien modifier leurs droits, ne saurait leur être opposée.

Ils peuvent donc, suivant nous, soutenir que la prescription n'existe pas vis-à-vis d'eux et demander que l'usage des eaux soit réglé conformément aux dispositions de la loi.

99. Il importe d'observer que la prescription ne saurait exister qu'alors que les travaux qui tendent à attri-

20.

buer à l'un des riverains l'usage exclusif des eaux, ont été établis *sur le fonds même de celui au préjudice duquel cette prescription peut être opposée.*

100. En conséquence, il n'existe aucune prescription et aucun droit acquis au profit du propriétaire **d'un** moulin établi sur un cours d'eau, bien que pendant plus de trente années ce moulin ait absorbé la totalité **du** volume d'eau.

Les riverains de ce cours d'eau ne sauraient être réputés avoir renoncé à leurs droits, par cela seul qu'ils n'auraient pas réclamé contre l'établissement ou l'exploitation de cette usine.

> Cass., 25 août 1812, Besnard, C. Mannoir ; Cass., 6 juillet 1825, Lalouel, C. Polinière ; Grenoble, 17 juillet 1830, Chazel, C. Lombard ; Cass., 21 juillet 1834 ; Cass., 7 juillet 1837, Lignières, C. Guibert (*Journal du Palais*, t. II, 1837, pag. 246 ; Daviel, *des Cours d'eau*, t. II, n. 583).

101. Le même principe est applicable en matière d'action possessoire ; l'action possessoire ne pouvant être exercée que lorsque la possession réclamée a le caractère nécessaire pour fonder la prescription.

> *V.* n. 94, 95 et 96.

102. Il a été en conséquence jugé que pour que la possession d'un cours d'eau soit prescriptible et puisse donner lieu à l'action possessoire, il faut qu'il soit constant que les ouvrages ont été établis sur le fonds supérieur et par le propriétaire du fonds inférieur.

> Cass., 6 juillet 1825, Lalouel, C. Polinière.

103. Cette doctrine est combattue par **M.** de Valserres qui, invoquant les dispositions de l'art. **2229** du Code civil, soutient qu'il suffit, pour que la prescription puisse exister, que la possession ait été continue, paisible, publique, non équivoque et à titre de propriétaire ; que la loi n'exige pas d'autres conditions pour prescrire, et qu'il est contraire à son esprit de vouloir que les travaux aient été faits sur les fonds supérieurs; qu'il suffit qu'ils aient été exécutés sur le fonds inférieur pourvu qu'ils soient visibles.

M. de Valserres cite à l'appui de son système un arrêt de cassation, du 4 février 1829, Barbet, C. Gombert.

De Valserres, *Manuel de Droit rural*, pag. 424.

104. Cet arrêt est complétement étranger à la question discutée par M. de Valserres, puisque dans l'espèce soumise à la Cour de cassation il s'agissait uniquement de la question de savoir si le juge de paix, saisi d'une question possessoire, avait pu, pour apprécier les caractères de la possession, examiner et apprécier les titres de celui qui avait formé l'action.

105. La disposition de l'art. 2229 du Code civil ne saurait évidemment s'appliquer au cas qui nous occupe, par la raison que les propriétaires, soit inférieurs, soit supérieurs, n'ont aucun moyen de s'opposer à l'établissement des travaux que leur co-riverain fait sur son propre fonds, et que dès lors il est impossible de faire courir contre eux une prescription à laquelle ils ne peuvent s'opposer par aucune voie légale.

106. Il a même été jugé que celui qui vend une usine située dans la partie inférieure de son domaine avec les écluses, eau, cours d'eau servant à la mettre en mouvement, ne perd pas pour cela la faculté de se servir des eaux pour l'irrigation de la partie supérieure du domaine par lui conservée.

Cass., 6 janvier 1824, Colvray et Rivet, C. Déjoux.

107. Il est bon toutefois de faire observer que l'arrêt

ajoute : *pourvu qu'il n'en résulte aucun dommage pour les propriétaires de l'usine.*

En effet si le vendeur, dans le cas que nous venons de signaler, conserve, nonobstant la vente par lui faite, le droit de se servir des eaux conformément à l'art. 644 du Code civil, il ne peut user de ce droit qu'en donnant à son acquéreur la quantité d'eau nécessaire pour l'exploitation de l'usine qu'il lui a cédée et dont il lui a garanti la jouissance.

108. Jugé que celui qui a acquis par prescription la servitude d'aqueduc, au moyen d'un canal pratiqué depuis plus de trente ans, sur le fonds voisin, ne peut être considéré comme ayant aggravé abusivement la servitude parce qu'il aurait utilisé la prise d'eau pour faire fonctionner une usine, tandis qu'il ne s'en servait antérieurement que pour l'arrosage de ses prairies.

Grenoble, 17 juillet 1847, de Mortillet, C. Guinet (*Journal du Palais*, t. I, 1848, pag. 436). Cass., 6 mars 1849, de Mortillet, C. Guinet (*Journal du Palais*, t. II, 1849, pag. 49).

§ III. — Eaux rendues à leur cour naturel.

109. Si les riverains du cours d'eau ont le droit d'user des eaux pour l'irrigation de leurs propriétés, ce droit ne leur a été accordé qu'à la condition par eux d'en jouir de manière à permettre aux riverains inférieurs de profiter aussi de ces eaux, c'est dans ce but que l'art. 645 du Code civil exige que lorsqu'il a été fait usage des eaux elles soient rendues à la sortie des fonds à leur cours ordinaire.

110. La faculté, dit à ce sujet M. Pardessus, qui est donnée par l'art. 644, ne doit pas dégénérer dans une occupation tellement exclusive que les riverains infé-

rieurs en soient privés. L'eau est pour tous un don de la nature, que chacun de ceux à qui elle peut être utile a le droit de réclamer. La seule différence consiste en ce que la disposition des lieux la donne à l'un avant les autres. Mais ce n'est là qu'une sorte de dépôt dont il ne peut tirer parti qu'autant qu'il ne prive pas ces derniers du même droit. La loi ne lui permet que l'usage, elle lui interdit l'abus.

Pardessus, *des Servitudes*, t. I, n. 106.

111. Il existe donc, en ce qui concerne la jouissance des cours d'eau, des obligations corrélatives, une servitude réciproque entre les propriétaires supérieurs et les propriétaires inférieurs, de sorte que leurs fonds sont, respectivement les uns aux autres, dominants ou assujettis, suivant qu'il s'agit de transmettre ou de recevoir les eaux.

Daviel, *des Cours d'eau*, t. II, n. 701.

112. Jugé conformément à ces principes que celui dont un ruisseau traverse l'héritage ne peut en absorber les eaux de manière à en priver, dans les sécheresses, les propriétaires inférieurs et qu'il ne suffit pas qu'il rende, à la sortie de son fonds, le ruisseau à son cours ordinaire.

Cass., 7 avril 1807, Bollet, C. Chevillard.

113. Jugé également que, bien que le propriétaire des deux rives d'un cours d'eau ait un droit de jouissance plus étendu que celui du simple riverain, en ce sens qu'il peut détourner, dans son domaine, le lit du cours d'eau, à la charge de rendre les eaux à leur cours ordinaire à la sortie de ses propriétés, il ne peut cependant absorber, même pour ses besoins, la totalité des eaux, et il est tenu de n'user de son droit que de manière à ménager, dans une juste mesure, aux propriétaires des fonds inférieurs, l'exercice, la même faculté sur les eaux.

Cass., 21 août 1811 et 8 juillet 1846; Baric et Letanneur, C. Combes et Depins. (*Journal du Palais*, t. II, 1847, pag. 706).

114. Les eaux doivent donc être rendues à leur cours ordinaire, sans avoir été trop considérablement diminuées.

Daviel, *des Cours d'eau*, t. II, n. 701.

115. Le 15 juillet 1807 la Cour de cassation a cependant rejeté le pourvoi formé contre un arrêt de la Cour royale de Paris, qui se bornait à décider que le propriétaire supérieur avait satisfait aux prescriptions de l'art. 644 du Code civil en rendant l'eau à son cours ordinaire alors qu'il était constant, en fait, que dans les temps de sécheresse la totalité des eaux, ou à peu près, se trouvait absorbée par les irrigations du propriétaire supérieur.

Cass., 15 juillet 1807, Berthelin, C. Provence.

116. Mais il est utile de remarquer que l'arrêt de la Cour de Paris, déféré à la Cour de cassation, est muet sur la question de l'absorption des eaux, et qu'il se borne à constater en fait que les eaux étaient rendues à leur cours ordinaire, ce qui rendait impossible la cassation.

117. Il est constant que celui qui use d'une eau courante, à son passage sur ses fonds, n'est pas obligé de rendre le même volume d'eau; s'il en était autrement, la faculté d'irrigation, qui absorbe nécessairement une quantité plus ou moins grande d'eau, deviendrait complétement illusoire.

Besançon, 24 mai 1828, Tugnot, C. Accarier.

118. D'un autre côté il est également constant que les propriétaires des fonds inférieurs ne doivent pas être réduits à n'avoir que la surabondance des fonds supérieurs.

119. Cette proposition est incontestable alors surtout qu'il est évident que c'est pour nuire à son voisin, et sans utilité pour lui-même, que le riverain supérieur absorbe dans son fonds tout ou la plus grande partie du volume d'eau.

Daviel, *des Cours d'eau*, t. II, n. 706.

120. M. Daviel ajoute, sous le même numéro, que celui dont un cours d'eau traverse l'héritage ne peut changer la pente ou le mode de construction du canal, s'il résulte de l'innovation diminution dans le volume des eaux qui arrivent au propriétaire inférieur.

121. Cette proposition nous semble trop absolue. Il peut être en effet, dans certains cas, nécessaire que le propriétaire riverain, pour jouir du droit d'irrigation, que la loi lui concède, modifie la pente et la largeur du cours d'eau.

122. Dans ce cas s'est-il renfermé dans les limites de son droit? a-t-il respecté celui de ses co-riverains? a-t-il, par les travaux qu'il a exécutés, porté préjudice à ceux-ci? Ces questions sont du domaine des tribunaux, qui auront à les examiner et à fixer les droits de chacun.

Besançon, 24 mai 1828, Tugnot, C. Accarier. *V.* n. 151 et *suivants.*

123. Il est incontestable que lorsque les eaux, par leur abondance, peuvent permettre l'extension du simple usage sans porter aucun préjudice à personne, les moyens qu'emploieraient les riverains pour arroser plus complétement leurs fonds devraient être tolérés. Ce qui est profitable à l'un et ne nuit à personne doit être permis.

Prodesse enim sibi quisque dum alii non nocet. non prohibetur, liv. 1, § 11, *de aquâ et aquæ*.

Proudhon, *Domaine public*, t. IV, n. 1421.

124. Les eaux ne doivent pas être corrompues ou transmises avec des intermittences nuisibles pour les riverains inférieurs.

Daviel, *des Cours d'eau*, t. II, n. 701.

125. En conséquence, le riverain d'un cours d'eau qui s'en sert à son passage pour les besoins de son usine, sans prendre les précautions nécessaires pour qu'elles arrivent aux propriétaires inférieurs dans un état convenable est passible de dommages-intérêts envers ceux-ci.

Bordeaux, 12 avril 1848, Dupuy, C. Dumas (*Journal du Palais*, t. II, 1848, pag. 141).

126. Les tribunaux sont investis par l'art. 645 d'un pouvoir discrétionnaire en ce qui concerne l'étendue de l'usage du cours d'eau par les riverains.

Cass., 21 août 1844 et 8 juillet 1846, Baric et Letanneur, C. Combes et Depins (*Journal du Palais*, t. II, 1847, pag. 706).

127. Cet article dispose en effet que, s'il s'élève des contestations entre les propriétaires auxquels les eaux peuvent être utiles, les tribunaux, en prononçant, doivent concilier l'intérêt de l'agriculture avec le respect dû à la propriété, et que dans tous les cas, les règlements particuliers et locaux sur le cours et l'usage des eaux doivent être observés.

V. n. 151 et *suivants*.

128. L'obligation de rendre les eaux à leur cours naturel est une condition indispensable de la prise d'eau.

129. En conséquence, le riverain qui dérive les eaux

pour l'irrigation de son fonds, doit disposer ses rigoles de réversion de manière à ramener dans le lit du cours d'eau toute l'eau que sa prairie n'a pas absorbée.

Daviel, *des Cours d'eau*, t. II, n. 588.

130. Il ne peut jeter cette eau dans des bétaires, ou la perdre dans des marécages trop bas pour qu'elle puisse être rendue à son cours ordinaire.

Daviel, *des Cours d'eau*, t. II, n. 588.

131. Partout où, par la disposition des lieux, cette condition de la restitution de l'eau à son cours ordinaire ne pourrait être accomplie, le droit ne saurait être exercé, et toute disposition qui consommerait les eaux en pure perte, doit être sévèrement prohibée.

Daviel, *des Cours d'eau*, t. II, n. 588.

132. Jugé cependant que les tribunaux doivent ordonner l'exécution de conventions intervenues entre deux riverains, bien qu'il en résulte pour l'une des parties la dispense de rendre à leur cours naturel les eaux détournées.

Cass., 18 novembre 1845, Benoît-Lacombe, C. veuve et héritiers Dusordet. (*Journal du Palais*, t. I, 1846, pag. 518).

133. Ce serait à tort que l'on tirerait de cet arrêt la conséquence qu'il a été jugé en principe que, lorsqu'il est intervenu entre plusieurs riverains d'un cours d'eau des conventions aux termes desquelles l'un d'eux est dispensé de rendre à leur cours naturel les eaux qu'il a détournées, la dispense existe d'une manière absolue.

134. L'arrêt du **18** novembre **1845** ne décide rien autre chose, si ce n'est que celui qui accorde cette dispense ne peut critiquer l'exécution de conventions qu'il a lui-même consenties.

135. La décision serait nécessairement tout autre, si

l'un des riverains autre que ceux qui ont participé à cette convention, venait réclamer l'exécution des prescriptions de l'art. 645 du Code civil, et demandait la restitution des eaux à leur cours ordinaire.

136. Mais les tribunaux doivent ordonner l'exécution des conventions par lesquelles les propriétaires riverains ont réglé entre eux l'usage des eaux.

> Besançon, 24 mai 1828, Tugnot, C. Accarier; Cass., 18 nov. 1845, Benoît-Lacombe, C. veuve et héritiers Busordet (*Journal du Palais*, t. I, 1846, pag. 518).

137. En conséquence, le propriétaire d'une des rives du cours d'eau pourrait, avec le consentement du propriétaire de la rive opposée, dériver entièrement le cours d'eau au travers de son fonds, pourvu qu'à sa sortie il fût rendu à son cours ordinaire.

> Daviel, *des Cours d'eau*, t. II, n. 592.

138. Les tribunaux sont compétents pour apprécier les droits à la jouissance des eaux, déterminés par les règlements administratifs.

> *V.* n. 153.

139. Ils peuvent, en l'absence de règlements et d'usages locaux, fixer ce mode de jouissance.

> *V.* n. 157.

§ IV. — Droit à la jouissance des eaux au profit des propriétaires non riverains.

140. L'art. 644 du Code civil semble n'admettre à la jouissance des eaux que les seuls riverains des cours d'eau.

141. Cependant l'art. 645, en disposant qu'en cas de contestation entre les propriétaires *auxquels les eaux* *peuvent être utiles,* les règlements particuliers et locaux doivent être observés, indique que d'autres que les riverains des cours d'eau peuvent avoir des droits d'irrigation à exercer.

142. Nul doute, en effet, en présence de cette disposition, que le propriétaire d'un fonds inférieur non riverain du cours d'eau n'ait, dans certains cas, droit de réclamer l'exécution des règlements qui lui garantissent l'usage de l'eau.

143. Ainsi, depuis et avant le Code civil il existait dans certains cas, pour quelques-uns de ces propriétaires, des droits à la jouissance des eaux.

144. Ces droits résultaient non-seulement des règlements locaux, mais encore de la destination du père de famille, de concessions faites par les riverains et de la prescription.

145. *Destination du père de famille.* La jurisprudence reconnaît le droit du non riverain à la jouissance des eaux, dans le cas de servitude établie par destination du père de famille.

146. Ainsi, il a été jugé qu'un non riverain pouvait être reconnu avoir un droit acquis à l'irrigation, alors qu'il était établi que son fonds avait autrefois fait partie d'un domaine traversé par le cours d'eau; qu'à cette époque il était en possession de jouir de l'arrosage et que le cours d'eau avait été séparé du domaine par échange entre co-héritiers et sans que le droit à l'usage des eaux ait subi d'interversion.

Besançon, 4 juillet 1840. Lebrun, C. Verne; cet arrêt se trouve rapporté avant l'arrêt de cassation du 9 janvier 1843 (*Journal du Palais*, t. I, 1843, pag. 492).

147. Les auteurs qui ont écrit sur la matière ont

aussi reconnu le droit résultant de la destination du père de famille, notamment lorsqu'il existait des rigoles sur toute l'étendue de l'héritage, depuis divisé, mais antérieurement réuni dans la même main et lorsqu'aucune réserve formelle n'avait été faite dans les actes de vente ou de partage.

<blockquote>Duranton, t. V, n. 231; Proudhon, Domaine public, t. IV, n. 1334 et 1364; Daviel, des Cours d'eau, t. II, n. 590; —Contra, Pardessus, des Servitudes, t. I, n. 106.</blockquote>

148. Les droits résultant de la destination du père de famille n'existent que relativement aux héritages pour lesquels ils ont été créés.

En conséquence, il a été jugé que lorsqu'un propriétaire en vendant deux prés à deux acquéreurs différents a réglé entre eux la distribution des eaux, servant à l'irrigation commune, cette stipulation n'oblige les parties que respectivement aux héritages vendus; si donc l'une d'elles se rend plus tard acquéreur d'un héritage supérieur appartenant à un tiers, elle a le droit d'intercepter au profit de sa nouvelle propriété les eaux pluviales sans qu'on puisse lui opposer la précédente convention.

<blockquote>Limoges, 16 juin 1846, Audin, C. Mismes (Journal du Palais, t. II, 1846, pag. 607).</blockquote>

149. *Concessions.* **M. Dubreuil** pense que les concessions faites par les propriétaires riverains ne peuvent par elles-mêmes créer un droit au profit du concessionnaire, mais que lorsque ces concessions n'ont pas été critiquées par les autres riverains et lorsque la jouissance des eaux qui en était la conséquence a eu lieu, sans contestation, pendant le temps nécessaire pour prescrire, elles constituent de véritables droits au profit de ceux qui les ont obtenus.

Législation des eaux, t. II, n. 121.

150. Nous admettons volontiers cette proposition, mais dans le cas seulement où les conditions en matière de prescription de l'usage des eaux auront été accomplies, c'est-à-dire s'il existe sur le fonds de celui contre lequel on prétend user du droit résultant de la prescription des ouvrages qui auront averti celui-ci des droits qu'on prétend acquérir contre lui.

V. n. 94 et *suivants.*

§ V. — Contestations à l'occasion de l'exercice du droit d'Irrigation.

151. Les tribunaux doivent statuer sur les contestations qui surviennent entre les propriétaires auxquels les eaux peuvent être utiles.

C. civ., art. 645.

152. Les décisions émanées des tribunaux, en ce qui concerne l'usage des eaux, n'ont d'effet qu'entre les parties qui leur ont soumis leurs différents.

153. Les tribunaux sont chargés de l'interprétation des actes administratifs, en ce qui concerne la jouissance des eaux ; en conséquence, dans les contestations élevées entre particuliers sur la jouissance des eaux courantes, les tribunaux ordinaires ont le droit d'apprécier le sens des règlements administratifs qui ont déterminé le mode de jouissance de ces eaux.

Cass., 25 novembre 1845, de Rohan Rochefort, C. de Dauvet ; et 20 mars 1848, mêmes parties (*Journal du Palais*, t. I, 1848, pag. 556).

154. S'il n'existe ni règlement ni titres particuliers,

les usages locaux doivent être consultés pour la solution des difficultés soumises aux tribunaux.

155. Jugé que lorsqu'un jugement entre plusieurs riverains, passé en force de chose jugée, a ordonné la confection de certains ouvrages sur un cours d'eau, si l'une des parties se plaint de l'inexécution du jugement, cette demande est de la compétence de l'autorité judiciaire.

Conseil d'État, 21 mai 1823, Vannois, C. Delon.

156. Conformément à ce principe il a été jugé que lorsqu'il s'agit de l'interprétation d'un titre privé par lequel les parties se sont respectivement interdit le droit de changer la direction d'une rigole destinée à l'irrigation de leurs prairies, c'est aux tribunaux ordinaires qu'il appartient de prononcer.

Conseil d'État, 19 décembre 1821, de Combredet, C. Roufflet.

Dans tous les cas, les tribunaux doivent conformer leurs décisions aux règlements particuliers et locaux sur le cours et l'usage des eaux. Code civil, art. **645.**

V. n. 159 et *suivants.*

157. Les juges qui ont à déterminer entre les parties contestantes la jouissance des eaux, peuvent décider que les deux riverains jouiront alternativement des eaux et que le partage en sera fait au moyen d'un régulateur et d'une vanne construits à frais communs.

Besançon, 27 nov. 1844, Thibodet, C. Chappuis (*Journal du Palais,*
t. II, 1845, pag. 402).

158. Ils doivent en prononçant, concilier l'intérêt de l'agriculture avec le respect dû à la propriété. Code civil, art. **645.**

CHAPITRE III.

Règlements relatifs aux Irrigations.

159. *Le droit* d'irrigation, alors qu'il s'agit d'un cours d'eau non navigable ni flottable, n'est point soumis à une permission de l'autorité administrative.

> Daviel, *des Cours d'eau*, t. II, n. 580; Dufour, *Droit administratif*. n. 1206. *V.* n. 59.

160. L'autorité administrative ne saurait non plus ordonner la suppression de l'exercice de ce droit.

> Paris, 30 Avril 1844; Besnard, C. Georgeon (*Journal du Palais*. t. II, 1846, pag. 234).

161. Ce droit, en effet, est formellement attribué aux propriétaires riverains par l'art. 644 du Code civil.

> *V.* n. 54 et *suivants*.

162. L'autorité administrative ne peut, par les mêmes motifs, priver les riverains des eaux qui servent à l'irrigation de leurs héritages, en détournant le cours des ruisseaux.

163. Cependant, si l'intérêt public exige que le ruisseau soit détourné de son cours naturel, il pourra en être ainsi, mais à la condition que l'expropriation ait lieu pour cause d'utilité publique, dans les formes indiquées par la loi et moyennant une juste et préalable indemnité au profit des propriétaires expropriés de la jouissance des eaux.

164. En cas de contestation sur le chiffre de l'indemnité, c'est l'autorité judiciaire qui doit en connaître.

> Conseil d'État, 7 août 1843; Blanc.

165. Il n'en est pas de même de *l'usage* de ce droit qui a été soumis par des motifs d'intérêt général à certaines restrictions.

166. Jugé que le règlement qui prohibe toutes saignées ou ouvertures de berges *sans autorisation préalable* est régulier, ce règlement ne méconnaissant pas les droits des riverains à la jouissance de l'eau qui borde leur propriété, mais se bornant à en soumettre l'exercice à une surveillance nécessaire à l'intérêt général.

> Cass., 9 mai 1843; Ansiaume, C. Teston (*Journal du Palais*, t. II, 1843, pag. 566).

167. Tous les auteurs qui ont écrit sur la matière se sont accordés à reconnaître le principe que nous venons d'indiquer, à savoir, que si le riverain d'un cours d'eau non navigable ni flottable a le droit d'en user pour l'irrigation de ses terres, sans aucune permission, il doit cependant se conformer dans l'exercice de son droit aux usages établis et aux règlements légalement intervenus.

> Dubreuil, *Législation des eaux,* t. II, pag. 34 et suiv.; Dumay sur Proudhon, *Domaine public*, t III, n. 1187.

168. Une instruction de l'Assemblée nationale des 12-20 août 1790, dans son chapitre 6, a chargé spécialement l'autorité administrative de « rechercher et indiquer les moyens d'assurer le libre cours des eaux et de la diriger vers un but d'intérêt général, d'après les principes de l'irrigation. »

169. L'art. 645 du Code civil a donné le droit aux tribunaux de statuer sur les contestations qui peuvent s'élever entre particuliers au sujet de l'usage des eaux, et a disposé que dans tous les cas les règlements particuliers et locaux sur le cours ou l'usage de ses eaux devaient être observés.

170. L'autorité administrative puise donc dans l'instruction des **12-20** août **1790** et dans l'art. **645** du Code civil le droit de réglementer l'usage des cours d'eau.

171. L'autorité administrative est représentée dans cette circonstance par les préfets, qui rendent les règlements d'irrigation après avoir pris l'avis des ingénieurs par eux désignés à cet effet.

172. Ceux qui croiraient avoir à se plaindre des règlements relatifs aux irrigations, peuvent en demander la réformation au ministre de l'intérieur.

Proudhon, *Domaine public*, t. IV, n. 1456.

173. Le ministre de l'intérieur peut même, sans l'intervention du préfet, rendre de pareils règlements.

174. Les règlements d'irrigation sont de la compétence des préfets et du ministre de l'intérieur, lorsqu'ils ont seulement pour objet de déterminer le mode d'irrigation.

Mais si ces règlements devaient entraîner des frais de construction ou d'autres dépenses à répartir entre tous les intéressés au moyen d'un rôle exécutoire, ils devraient être rendus dans la forme des règlements d'administration publique, c'est-à-dire par décret du pouvoir exécutif délibéré en conseil d'État.

175. Les conseils de préfecture sont dans tous les cas incompétents pour déclarer qu'il y a lieu de supprimer les anciens règlements, leur en substituer de nouveaux et pour créer des dispositions nouvelles relatives aux irrigations.

Conseil d'État, 2 novembre 1832, Arrosants de S. Chamas, C. Gabriac.

21.

176. La limite qui sépare les attributions de l'administration de la compétence des tribunaux, en ce qui concerne la jouissance des eaux, a été fixée par l'art. 645 du Code civil.

177. *Tribunaux.* Les tribunaux ne doivent se prononcer sur la jouissance des eaux qu'autant qu'il existe *une contestation* entre les propriétaires auxquels ces eaux peuvent être utiles.

Code civil, art. 645. *V.* n. 151 et *suivants.*

178. *Administration.* Les actes de l'administration devant être déterminés, non par des intérêts individuels, mais par l'intérêt général, il n'est pas nécessaire qu'une contestation existe pour qu'elle intervienne et prescrive les mesures que l'utilité publique réclame.

En conséquence, elle peut agir spontanément.

179. Aucune entrave n'est apportée à l'exercice de ses droits, elle peut en conséquence réformer les anciens règlements, abroger les usages locaux.

180. Elle peut anéantir les conventions particulières et les décisions judiciaires intervenues qui n'ont de valeur qu'en l'absence des règlements administratifs et qui doivent disparaître alors que l'administration en demande le sacrifice au nom de l'intérêt général.

Cass., 9 mai 1843; Ansiaume, C. Teston (*Journal du Palais*, t. II, 1843, pag. 566).

181. Jugé également que les décisions judiciaires ne font pas obstacle à ce que, dans l'intérêt commun des habitants ou des propriétaires riverains, il soit fait un règlement d'administration publique sur un meilleur mode d'écoulement des eaux.

Conseil d'État, 19 décembre 1821, de Combredet, C. Roufflet; 21 mai 1823, Vannois, C. Delon; 19 mai 1835, Cacheux, C. Baril;

Proudhon, *Domaine public,* t IV, n. 1521 ; Cormenin, *Droit admi-nistratif. V. Cours d'eau,* t. I , pag. 547, 555. 556 et 558 ; Cotelle, *Cours de droit administratif,* t. III, pag. 619.

182. A plus forte raison, l'administration peut-elle ordonner la suppression d'un barrage destiné à élever les eaux consacrées à l'irrigation, alors que ce barrage a pour résultat de troubler l'économie générale du cours d'eau et d'occasionner des stagnations d'eau nuisible ou des inondations.

Proudhon, *Domaine public,* t. IV, n. 1261 ; Daviel, *Des cours d'eau,* t. II , n. 593.

183. L'autorité administrative doit faire la répartition de la jouissance des eaux entre tous les intéressés.

184. On a soulevé la question de savoir si, dans cette répartition de l'usage des eaux, on devait accorder la préférence aux moulins et aux usines, plutôt qu'aux irrigations.

185. Les uns, prétendant que l'eau appartenait aux moulins et aux usines, soutenaient que là où le droit d'irrigation n'est pas autorisé par les usages locaux, les propriétaires d'usines peuvent s'opposer à toute prise d'eau pour l'irrigation.

Houard, *Dictionnaire de droit normand. V. prise d'eau.*

186. On ajoutait, à l'appui de ce système, que les eaux courantes constituent la force motrice des usines, qu'elles en sont une partie tellement vitale, que, sans leur concours, elles ne peuvent exister ; que les eaux doivent donc être entièrement aux usines et qu'en conséquence les propriétaires riverains doivent être exclus de la faculté d'opérer des prises d'eau toutes les fois que ces prises d'eau peuvent nuire aux établissements industriels.

Proudhon, *Domaine public,* t. III, n. 1072.

187. Dans le système contraire, on disait que l'eau courante, n'étant dans le domaine exclusif de personne, son usage devait appartenir au premier occupant, soit d'après la loi naturelle, soit d'après la loi positive; que c'était conformément à ce principe que tout individu qui va puiser de l'eau dans une rivière s'en attribue légalement l'usage à l'exclusion de tous autres; qu'en conséquence, le riverain pouvait, en qualité de premier occupant, s'en servir pour la diriger sur son héritage comme principe vivifiant de la végétation.

Proudhon, *Domaine public*, t. III, n. 1072.

188. Les partisans de cette doctrine invoquaient d'ailleurs en leur faveur l'instruction de l'Assemblée constituante du 6 août 1790, qui ne parle que de l'*irrigation*, l'art. 645 du Code civil qui ne dispose qu'en vue des *intérêts de l'agriculture*, et ils concluaient de cette double disposition, que les irrigations et les intérêts de l'agriculture avaient exclusivement préoccupé le législateur dans l'attribution de la jouissance des eaux, et qu'il avait à dessein gardé le silence en ce qui concerne les moulins et les usines.

189. Nous pensons, avec M. Daviel, que ni l'un ni l'autre de ces deux systèmes absolus ne sauraient être admis; que les intérêts soit de l'industrie, soit de l'agriculture ne doivent pas être sacrifiés, et que c'est se conformer à l'équité et aux prescriptions de la loi que de placer ce double intérêt sur la même ligne et de lui donner une égale satisfaction.

190. L'art. 644 du Code civil accorde, en effet, la jouissance des eaux à tous les riverains sans distinction et sans exception. Il suffit donc d'être riverain pour avoir droit à cette jouissance.

191. Le propriétaire dont une eau courante traverse les héritages, dit à ce sujet M. Daviel, peut en user suivant son génie et ses convenances : agriculteurs, industriels sont également sous la protection du droit commun ; appelés à profiter de cette richesse naturelle, leur titre est le droit de propriété sur l'héritage dont le cours d'eau est l'accessoire ; leur industrie diffère, mais leur droit est le même ; leurs besoins diffèrent comme leur industrie, mais il est toujours possible de concilier leurs intérêts sans sacrifier les uns aux autres.

Daviel, *des Cours d'eau*, t. II, n. 585.

192. Dans la répartition des eaux entre les riverains pour l'arrosement de leurs fonds respectifs, on doit prendre en considération l'étendue du terrain, la nature du sol et le besoin qu'il peut avoir d'arrosement.

L. 17, § de *servit. praed. rust.* ; Daviel, *des Cours d'eau*, t. II, n. 586.

193. Les règlements administratifs peuvent fixer l'importance de la prise d'eau, les jours et heures où l'irrigation devra avoir lieu.

194. Aux jours et heures indiqués pour l'irrigation, les ayants droit à l'usage des eaux doivent arroser leurs prairies, de manière qu'à l'expiration du temps fixé l'eau soit partout rendue à la rivière, et que les propriétaires d'usines, sachant sur quoi compter, puissent organiser régulièrement leurs travaux.

Daviel, *des Cours d'eau*, t. II, n. 585.

195. Pendant les jours réservés aux propriétaires de prairies, si le cours d'eau est assez abondant, tous les riverains peuvent ouvrir leurs prises d'eau durant tout le temps fixé pour l'irrigation.

Daviel, *des Cours d'eau*, t. II, n. 585.

196. Si, au contraire, le volume d'eau est insuffisant pour tous concourremment, il est nécessaire que le règlement indique l'heure et le temps pendant lesquels chacun à son tour pourra prendre le volume d'eau tout entier.

Tel est, en effet, l'usage partout où l'insuffisance de l'eau se fait sentir.

Daviel, des Cours d'eau, t. II, n. 585.

197. Toute entreprise des riverains ayant pour but de les soustraire à l'exécution des règlements par lesquels il leur serait interdit de prendre les eaux à des jours et heures autres que les jours et heures déterminés, doit être rigoureusement réprimée.

198. Ainsi il y aurait violation des règlements s'il était creusé, parallèlement au cours d'eau, des fossés dans lesquels l'eau s'introduirait par infiltration, ou encore lorsqu'on détournerait une portion du volume de la rivière dans des réservoirs, de manière à l'utiliser pendant les jours prohibés.

199. On ne saurait considérer, comme une contravention aux règlements qui fixent les jours et les heures des irrigations, le fait de ceux qui, à des jours ou à des heures prohibées, puiseraient de l'eau à l'aide de pompes à la main, de seaux ou d'autres moyens de cette espèce.

Daviel, des Cours d'eau, t. II, n. 601.

200. Cependant, si l'eau était puisée avec excès et de manière à en diminuer notablement le volume au préjudice des usines et des fonds inférieurs, les propriétaires de ces usines et de ces fonds auraient une action répressive, mais cette action ne devrait pas être fondée sur la violation des règlements de l'usage des eaux, puisqu'il n'y aurait pas le genre d'irrigation prévu par ces règlements. La demande devrait donc être motivée, dans ce cas, sur les termes de l'art. 1382 du Code civil, qui dispose que tout fait de l'homme qui porte préjudice à autrui oblige celui, par la faute duquel il est arrivé, à le réparer.

Daviel, *des Cours d'eau,* t. II, n. 601.

201. Nous pensons, comme M. Daviel, que lorsque les règlements ne se sont pas expliqués sur la nature et l'étendue de l'interdiction des irrigations à certains jours et à certaines heures, ces règlements ne sont applicables qu'aux irrigations à l'aide d'écluses et de rigoles.

202. Cependant il pourrait en être autrement; le puisage à l'aide de pompes notamment peut avoir été prévu et défendu. Dans ce cas, le règlement qui contiendrait la prohibition serait régulier et obligatoire.

203. Dans plusieurs contrées où les irrigations ont pris un grand développement, il existe entre les différents riverains des cours d'eau des associations qui ont été formées sous la surveillance et le patronage de l'autorité.

204. Ces associations règlent le partage des eaux entre les arrosants; leurs statuts, approuvés par l'autorité, deviennent aussi des règlements d'administration publique dont l'exécution est confiée à des syndics.

205. Des associations semblables et en grand nombre existent en Sardaigne et en Lombardie.

206. Un décret du gouvernement lombard du 20 mai 1806 a donné une existence légale à ces associations.

207. Ce décret consacre dix-huit articles à déterminer la formation de ces associations, la nomination et
les attributions de leurs délégués.

CHAPITRE IV.

Canaux d'irrigation.

208. Sous ce titre : *Canaux d'irrigation,* nous nous
occuperons principalement de ces vastes réservoirs
d'eau qui ont pour objet de permettre l'arrosage sur une
grande étendue de terrain et de créer des établissements d'un intérêt général et public.

209. Les canaux d'irrigation peuvent être créés de
deux manières différentes.

210. Ils peuvent l'être par l'administration elle-même,
agissant dans le but et en vertu du principe de l'utilité
publique.

211. Ils peuvent aussi avoir pour objet une spéculation privée, organisée soit par un particulier, soit par
une collection d'individus qui font les frais de l'entreprise et qui concèdent ensuite aux propriétaires,
moyennant le payement d'une indemnité, l'eau dont
ils ont besoin.

212. Ces canaux absorbant une grande quantité d'eau
et pouvant dès lors nuire à la navigation ou à d'autres
services publics, ils doivent être autorisés soit par une
loi, soit par un décret.

213. C'est à tort qu'il a été dit que les préfets ont qualité pour donner de semblables autorisations.

214. La loi du 7 juillet **1833** sur l'expropriation pour cause d'utilité publique ne peut laisser le moindre doute à cet égard.

215. Cette loi dispose en effet que les canaux d'une étendue de plus de **20,000** mètres, entrepris par l'État ou par des compagnies particulières ne peuvent être exécutés qu'en vertu d'une loi rendue après une enquête administrative.

Loi 7 juillet 1833, art. 3.

216. Une ordonnance royale (aujourd'hui un décret) suffit pour autoriser l'exécution des canaux de moins de **20,000** mètres de longueur.

Le décret doit être également précédé d'une enquête.

Ibidem.

217. Ces enquêtes doivent avoir lieu dans les formes déterminées par un règlement d'administration publique.

Ibidem.

218. *Canaux construits par l'État.* Quand le canal a été construit par l'État ou par des concessionnaires qui procèdent en son nom, les portions de terrain nécessaires à l'établissement de ce canal, peuvent être expropriées dans la forme ordinaire, moyennant une juste et préalable indemnité.

219. Les particuliers qui profitent de l'irrigation sont tenus de payer une contribution annuelle, qui est fixée par l'administration, dans la proportion de l'avantage que chacun retire des eaux.

220. En cas de contestation sur cette fixation, c'est

le conseil de préfecture qui statue en première instance et en cas de recours, le conseil d'État.

221. Les rôles de répartition des sommes qui doivent être payées par chaque arrosant sont dressés sous la surveillance du préfet, rendus exécutoires par lui, et le recouvrement s'en opère de la même manière que celui des contributions publiques.

> L. 24 flor. an xi, art. 3 ; *Conseil d'État*, 23 oct. 1816 , Cavagé ; — 29 oct. 1823, Garriga, C. Arnaud, Cormenin, *Droit administratif*, *V. Cours d'eau*, t. I , pag. 541, 542 et 552. Chevalier, *Jurisprudence administrative*, *V. Cours d'eau*, t. I, pag. 333 ; Daviel, *Cours d'eau* , t. III, n. 830.

222. Toutes les contestations relatives au recouvrement de ces rôles de répartition sont portées devant le conseil de préfecture.

> *Conseil d'État*, 31 mars 1819, Villiard, C. Association de V. Andiol ; 13 août 1823, Gabriau ; Cormenin, *Droit administratif*. *V. Cours d'eau*, t. I , pag. 554.

223. Les canaux d'irrigation exécutés par l'État sont régis par les anciens règlements ou d'après les usages locaux.

> Loi 14 flor. an xi, art. 1.

224. Lorsque l'application des règlements ou l'exécution du mode consacré par l'usage éprouve des difficultés ou lorsque des changements survenus exigent des dispositions nouvelles, il y est pourvu par le gouvernement, par un règlement d'administration publique, rendu sur la proposition du préfet du département.

> Loi 14 floréal, an xi, art. 2.

225. L'administration des canaux d'irrigation construits par l'État lui appartenant exclusivement, c'est l'autorité administrative qui doit ordonner les mesures de police relatives à ces canaux.

> *V. cass.* 4 fév. 1807 , Lenos et Leday.

226. *Canaux appartenant à des particuliers concession-naires.* Le droit d'établir un canal d'irrigation est concédé à des particuliers, soit par une loi, soit par un décret du pouvoir exécutif, selon que le canal doit avoir plus ou moins de **20,000** mètres d'étendue.

> Loi 7 juillet 1833, art 3.

227. Les concessionnaires des canaux d'irrigation, agissant en leur nom personnel et dans un intérêt privé, ne peuvent procéder à l'expropriation pour cause d'utilité publique. Ils sont donc obligés de traiter de gré à gré avec les propriétaires pour l'acquisition des terrains nécessaires à l'établissement du canal.

> Proudhon, *Domaine public*, t. IV, n. 1533 et 1534; *Encyclopédie du droit*, V. *Canal*, n. 72 et 78.

228. Le canal, dans ce cas, est la propriété de ceux qui l'ont construit.

> Loi 23 pluv. an xii, art. 3, Proudhon, *Domaine public*, t. IV, n. 1538.

229. Les propriétaires des canaux d'irrigation ont le droit de se pourvoir en justice pour obtenir la destruction des plantations et des constructions nuisibles à l'écoulement des eaux.

> Arrêté du Directoire, 19 ventôse, an vi, art. 11.

230. Le droit de pêche dans les canaux d'irrigation appartient exclusivement aux propriétaires de ces canaux.

> Proudhon, *Domaine public*, t. IV, n. 1538.

231. Les propriétaires des canaux d'irrigation doivent exécuter les conditions de leur concession, à peine de voir prononcer contre eux la déchéance :

Cette déchéance est ordonnée par le gouvernement.

> Cormenin, *Droit administratif, Cours d'eau*, t. I, pag. 536; Solon, *Répertoire des juridictions*, V. *Canaux*, t. II, n. 20: Dubreuil, *Législation sur les eaux*, t. II pag. 70.

232. Au gouvernement seul appartient de décider si les arrosants ont encouru la déchéance de leurs droits par l'inexécution des conditions qui leur étaient imposées.

Conseil d'État, 15 août 1821, Arrosans de la Craie d'Arles, C. Arrosants de Salon.

233. C'est à tort qu'il a été soutenu que dans tous les cas un décret du pouvoir exécutif suffisait.

Cette opinion est manifestement contraire aux termes de l'art. 3 de la loi du 7 juillet 1833, qui dispose formellement que les canaux d'une étendue de plus de 20,000 mètres, entrepris soit par l'État, soit *par des compagnies* particulières, ne peuvent être exécutés qu'en vertu d'une Loi.

234. Chaque fonds appelé à profiter de l'irrigation a, moyennant la rétribution fixée, droit à la prise d'eau, c'est là un droit de servitude active qui lui est dû sur le canal d'irrigation.

Proudhon, *Domaine public*, t. IV, n. 1541.

235. Ce droit de servitude n'existe évidemment, qu'autant que le canal sur lequel on prétend l'exercer est un canal d'irrigation, s'il a une autre destination la prise d'eau ne peut pas être imposée.

236. Les canaux d'irrigation sont soumis à la contribution foncière à raison du terrain qu'ils occupent et sur le pied des terres qui les bordent.

Conseil d'État, 5 mai 1831, Moiroux.

237. Jugé que lorsque la jouissance d'un canal d'irrigation a été cédée aux riverains moyennant indemnité et que, par un règlement approuvé par l'administration qui a fixé le temps et le mode de distribution des eaux entre les divers intéressés, il a été nommé un

syndic auquel ceux-ci ont attribué la police des eaux
et les actions en répression des contraventions au règlement, le droit de poursuivre ces contraventions appartient au syndic seul à l'exclusion des propriétaires
du canal.

Cass. 27 août 1828, Charleval, C. Pontié.

238. Les contestations qui s'élèvent entre les propriétaires du canal et ceux qui ont contracté des obligations à raison des irrigations, sont de la compétence
des tribunaux ordinaires.

339. Lors donc qu'il s'agit d'une contestation entre
une association d'arrosants et un propriétaire qui prétend ne pas faire partie de l'association et que la solution de cette question dépend de l'examen des contrats
de société, des faits d'exécution ou d'actes d'acquiescement qui n'intéressent pas l'ordre public, les tribunaux
ordinaires sont seuls compétents.

Conseil d'État, 6 février 1822, Loubier, C. Pascalis.

240. *Canaux d'irrigation particuliers.* Ces canaux sont
ceux que les propriétaires établissent sur leur propre
terrain pour l'irrigation de leurs propriétés.

241. Un canal destiné depuis longtemps à l'irrigation
d'une propriété et toujours entretenu par le maître du
fonds, doit être présumé jusqu'à preuve contraire avoir
été creusé par ses auteurs.

Pau, 11 juin 1838, Pebay, C. Lay (*Journal du Palais*, t. I, 1840,
pag. 602).

242. Aucune autorisation spéciale n'est nécessaire
pour l'établissement de ces canaux.

243. Ils sont la propriété de ceux qui les ont établis.
En conséquence, celui dont le terrain joint un canal

créé par le propriétaire voisin, ne peut y pratiquer des prises d'eau.

Cass., 5 juin 1832, Curé, C. Laugère; Nancy, 18 décembre 1835, Germigney, C. Muel.

244. Jugé de même que la disposition de l'art. **644** du Code civil qui autorise celui dont l'héritage borde une eau courante à s'en servir pour l'irrigation de ses propriétés, n'est pas applicable au cas où l'eau courante passe dans un canal ou bief servant à l'usage d'un moulin.

Cass., 28 nov. 1815, Bernard, C. Chauliac.

245. De même le propriétaire dont l'héritage borde un canal appartenant à son voisin, ne peut faire des constructions sur ce canal pour prendre une partie des eaux qui y coulent, lors même qu'il n'en résulterait aucun préjudice pour les usines que ce canal est destiné à alimenter.

Cass., 9 décembre 1818, Bodin, C. Regnault.

246. Ces principes, qui sont, suivant nous, les conséquences nécessaires du droit de propriété, après avoir été sanctionnés par la Cour de cassation dans les trois arrêts que nous venons d'indiquer, ont été gravement méconnus par cette Cour elle-même dans une décision de 1827.

247. La question de savoir si celui dont l'héritage borde un canal établi par le propriétaire voisin peut user des eaux de ce canal, s'est de nouveau présentée à l'occasion d'une contestation soulevée par un sieur Criteau, qui réclamait l'exercice du droit de lavage, de puisage et d'abreuvage dans le bief d'un moulin, lequel bief était la propriété d'un sieur Chottard.

248. Le tribunal de Jonzac, puis la Cour de Poitiers,

saisis de la contestation, accueillirent la prétention de Criteau, par le motif que, quant aux lavage, puisage et abreuvage réclamés, ces droits rentraient dans la faculté naturelle que tout propriétaire riverain d'une eau courante a de s'en servir à son passage, pourvu que l'exercice ne nuise en rien aux droits des tiers.

249. La Cour de cassation, tout en reconnaissant en fait que le canal dont s'agissait était *la propriété* de Chottard, a cependant décidé que le droit de propriété de celui-ci n'allait pas jusqu'à interdire à son voisin la faculté de satisfaire aux besoins naturels de l'homme, lorsque, comme dans l'espèce, l'exercice des lavage, puisage et abreuvage par le propriétaire voisin ne portait aucun préjudice à l'usine.

Cass , 13 juin 1827, Chottard, C. Criteau.

250. Cet arrêt, sans reconnaître explicitement au profit de Criteau le droit qu'il réclamait, a eu pour conséquence nécessaire de lui conférer ce droit.

251. Cependant aucun droit ne saurait, sous peine de violation du principe le plus sacré et le plus indispensable à l'intérêt social, exister sur une propriété privée qu'à la condition d'avoir été consenti par le propriétaire du fonds sur lequel on prétend l'exercer, ou établi par la loi; or, il était constant, dans l'espèce, que Chottard n'avait nullement accordé à son voisin les droits de lavage, de puisage et d'abreuvage réclamés par celui-ci. Il n'était pas moins constant, ainsi que l'atteste la jurisprudence antérieure à l'arrêt de 1827, non démentie par cet arrêt, que la servitude légale de l'art. 644 du Code civil qui autorise celui dont l'héritage borde une eau courante à s'en servir, n'existe pas alors qu'il s'agit, comme dans l'espèce, des eaux d'un canal constituant une propriété privée.

252. Aucun droit n'existant en conséquence au profit du réclamant, pouvait-on lui accorder ce qu'il demandait uniquement par le motif que l'exercice des avantages qu'il sollicitait ne devait entraîner aucun préjudice pour le propriétaire du canal? Évidemment non; lorsqu'à la réclamation d'un droit d'usage on oppose le droit de propriété, la question de savoir si cet usage doit ou non avoir des résultats désavantageux pour celui contre lequel on le réclame, ne doit avoir aucune influence sur la solution de la question, ainsi que l'a jugé péremptoirement l'arrêt de cassation du 9 décembre 1818; autrement il faudrait reconnaître qu'il est loisible à un tiers de s'emparer d'une récolte délaissée par le propriétaire et que le droit d'abuser qui est un des éléments essentiels de la propriété n'existe plus désormais.

253. Il a été jugé, avec raison, que l'arrêt qui décide que les riverains n'avaient pas le droit d'opérer une prise d'eau sur un canal artificiel n'emportait pas l'autorité de la chose jugée sur la question de savoir si la propriété de ce canal avait droit à la totalité des eaux du ruisseau qui l'alimente.

Cass., 22 avril 1840, Germigney, C. Muel (*Journal du Palais,* t. II, 1840, pag. 100).

CHAPITRE V.

Servitude de conduite d'eau.

§ I. Historique de la servitude de conduite d'eau.

254. La servitude de conduite d'eau est loin d'être sans précédent dans notre ancien droit.

255. Un édit de Henry II, du 26 mai 1547, avait décrété l'établissement de cette servitude pour la Provence.

256. Le parlement d'Aix a eu plusieurs fois occasion de faire application de cet édit et notamment dans un arrêt du 30 mai 1778.

Janety, *Journal* de 1778, pag. 358.

257. Un arrêt du parlement de Paris du 7 septembre 1696, porte qu'un propriétaire a droit de conduire l'eau nécessaire pour arroser son pré et de la faire passer sur l'héritage de ses voisins sans avoir besoin de titre.

258. Cet arrêt décide que le droit de conduire l'eau sur le terrain a pour conséquence de créer une servitude naturelle pour l'établissement de laquelle les titres ne sont pas nécessaires, parce que sans le secours de l'irrigation les prés seraient stériles.

259. Les jurisconsultes anciens reconnaissaient généralement à ceux qui établissaient des canaux d'irrigation le droit de faire passer ces canaux sur le terrain d'autrui.

260. Lors de la rédaction du Code civil les cours

22.

d'Aix et de Montpellier avaient proposé d'ajouter à l'art. 682, relatif au passage, en cas d'enclave, le paragraphe suivant : « Le propriétaire dont les fonds sont enclavés peut également, et aux mêmes conditions, réclamer un passage pour la conduite des eaux nécessaires à l'irrigation de son fonds ».

§ II. Conditions de l'exercice de la servitude de conduite d'eau.

261. L'art. 1er de la loi du **29** avril **1845** dispose que *tout propriétaire* qui veut se servir *pour l'irrigation* de ses propriétés *des eaux naturelles ou artificielles, dont il a le droit de disposer*, peut obtenir le passage de ses eaux *sur les fonds intermédiaires, à la charge d'une juste et préalable indemnité.*

262. Par ces mots *tout propriétaire*, on doit entendre non-seulement ceux qui ont la pleine propriété des terrains à irriguer, mais encore ceux qui ont une fraction de la propriété de ces terrains tels que les co-propriétaires, les usufruitiers et ceux qui possèdent en vertu d'un bail emphytéotique.

263. Le fermier dont le droit d'usage est complétement étranger à la propriété ne saurait évidemment réclamer l'application de l'art. 1er de la loi du 29 avril 1845.

264. *Irrigation.* Le droit de réclamer la servitude de conduite d'eau n'existe qu'alors qu'il est établi que les eaux doivent servir *à l'irrigation.*

Les termes de l'art. 1er de la loi du 29 avril 1845 ne peuvent laisser aucun doute à cet égard.

265. Ainsi on ne pourrait réclamer l'exercice de la servitude de conduite d'eau dans l'intérêt d'une usine ou d'une habitation, à plus forte raison pour un usage d'agrément ou d'ornement.

266. Le rapporteur de la loi devant la Chambre des Députés s'est au surplus nettement exprimé à cet égard.

« Dans la pensée, disait-il, qui a inspiré la disposition, la propriété ne doit céder *qu'à un intérêt d'irrigation* sérieux et parfaitement justifié. Il ne suffira donc pas d'alléguer une irrigation imaginaire ou d'invoquer un simulacre d'irrigation pour obtenir du juge le droit de diriger sur la propriété voisine des eaux réellement destinées à l'exploitation d'une usine, à la commodité d'une maison de campagne, ou à l'embellissement d'un parc. Il ne suffira pas davantage à un propriétaire d'avoir un volume d'eau quelconque à sa disposition, si le niveau des terres ne permet pas l'irrigation, ou si le volume d'eau est évidemment insuffisant pour l'arrosement d'une simple parcelle ; car encore une fois, la propriété privée ne peut être asservie que dans un intérêt général qui ne peut exister que là où l'opération est réelle et utile. Tel est le sens dans lequel la disposition a été conçue, et les tribunaux sont armés d'un pouvoir discrétionnaire propre à faire respecter la pensée de la loi. »

Chambre des Députés, Séance du 29 juin 1843. *Moniteur* du 3 juillet.

267. La loi n'ayant pas restreint à un mode spécial d'irrigation l'application de l'art. 1er, il en résulte que l'exercice de la servitude peut être demandé toutes les fois qu'il y a lieu à une irrigation quelconque.

268. Ainsi cet article peut être utilement invoqué lorsqu'il s'agit de favoriser par l'irrigation toute espèce de culture; telle par exemple que celle des céréales, des oseraies, des plantations d'arbres et des jardins maraîchers.

269. M. Dumay a soutenu que dans les localités où il est d'usage de convertir en étang, pendant une ou plusieurs années, les terrains cultivés pour leur faire produire d'abondantes récoltes, on pouvait dans ce but réclamer la servitude de conduite d'eau.

Dumay sur Proudhon, Domaine public, t. IV, n. 1452, pag. 366.

270. Nous pensons que M. Dumay est dans l'erreur, la loi de 1845 est applicable seulement alors qu'il s'agit *d'irrigation*. Or, transporter des eaux sur un terrain pour le convertir en étang, laisser ces eaux séjourner pendant plusieurs années pour qu'elles y déposent un limon qui doit servir d'engrais, cela peut constituer un moyen de culture avantageux, mais il est évident que ce n'est pas de l'irrigation.

271. *Eaux dont le propriétaire a le droit de disposer.* — Les eaux pour lesquelles le passage peut être demandé sont toutes celles dont le propriétaire qui veut irriguer *a le droit de disposer* à un titre quelconque.

272. En conséquence le passage peut être réclamé pour les eaux dont un individu est propriétaire soit qu'il s'agisse des eaux d'une source qui jaillit de son fonds, soit que des eaux pluviales ou autres aient été recueillies par lui.

273. L'expression eaux *naturelles* et *artificielles* employées par l'art. 1er indique suffisamment que la loi n'a entendu faire aucune distinction entre les eaux qui coulent naturellement et celles qui sont amassées au moyen de travaux d'art.

274. Le passage des eaux peut être demandé alors

qu'il n'existe qu'un droit d'usage sur ces eaux et qu'on ne les obtient qu'à titre de concession soit de l'autorité, soit des particuliers.

275. Le propriétaire dont le terrain borde un cours d'eau et qui a le droit de se servir de cette eau à son passage à la charge, après s'en être servi pour l'irrigation de son fonds, de la rendre à son cours naturel, a-t-il le droit de réclamer la servitude de conduite d'eau sur les fonds qui séparent son terrain riverain du cours d'eau, d'autres terrains qui lui appartiennent?

276. Cette question a donné lieu, lors de la discussion de la loi, à de longs débats tant dans la Chambre des Députés que dans celle des Pairs.

277. M. Bethmont s'exprimait à ce sujet de la manière suivante : « Les cours d'eau traversant les propriétés deviennent un accessoire passager de la propriété qu'on peut utiliser au moment du passage à la condition de rendre les eaux. Vous créez un droit nouveau, car vous dites: « Les eaux dont on a le droit de disposer; » ici je m'effraie de la multitude de procès que cela va faire naître. Comment! l'eau passait sur moi, et après avoir passé sur moi elle passait sur mon voisin ; pendant qu'elle passait sur moi, aux termes du Code civil, j'avais le droit d'en disposer; par conséquent, le projet de loi m'est applicable. Mais est-ce que j'avais le droit d'en disposer autrement que pour le champ que je possède, d'en disposer pour l'aller transporter dans un champ qui est beaucoup plus loin et que j'achèterai en vue de celui-là?

« Si j'en dispose ainsi, celui qui vient après moi n'en pourra plus disposer, si vous admettez qu'en même temps qu'on l'emploie, on la consomme sinon pour le tout, au moins pour partie, en telle sorte qu'il est manifeste que cet usage que vous allez développer, que ce droit de disposer des eaux dans des conditions nouvelles va être une source de procès. »

Chambre des Députés, Séance du 11 février, *Moniteur* du 12.

278. M. Fillon ajoutait dans le même sens lors de la discussion de cette question :

« Un propriétaire qui tient de l'art. 644 du Code civil le droit de prendre dans le courant une quantité d'eau déterminée pour arroser son héritage riverain qui est de médiocre étendue veut aussi arroser un autre héritage beaucoup plus considérable qui lui appartient à trois cents mètres plus avant dans les terres et qui est séparé du premier par plusieurs propriétés intermédiaires, il fait condamner les maîtres de celles-ci à recevoir les ouvrages de la conduite d'eau.

« Mais quelle quantité d'eau pourra-t-il prendre? Evidemment celle seulement à laquelle il avait droit pour son petit terrain riverain ; car on a répété jusqu'à satiété que la loi ne créait pas de droits nouveaux, n'attribuait pas de facultés nouvelles ; c'est-à-dire que pour arroser son héritage plus éloigné le propriétaire sera contraint de négliger l'irrigation de sa terre riveraine du cours d'eau. »

Chambre des Députés, Séance du 13 février 1845, *Moniteur* du 14.

279. M. Dalloz, rapporteur de la commission, interpellé de s'expliquer sur la nature et l'étendue des droits conférés par la loi nouvelle, a dit: « Je m'efforcerai d'être clair. — Dans le cas que le préopinant a posé, c'est-à-dire dans l'hypothèse d'un propriétaire riverain qui veut faire passer les eaux sur une parcelle intermédiaire afin d'irriguer une autre propriété inférieure qui lui appartient, le propriétaire ne pourra obtenir de l'administration au détriment du propriétaire inférieur le droit de dériver une quantité d'eau plus considérable que celle qui lui sera afférente à raison de sa propriété qui borde la rivière. »

Chambre des Députés, Séance du 13 février 1845, *Moniteur* du 14.

280. Devant la Chambre des Pairs les orateurs qui ont soutenu le projet de loi ont déclaré que l'état de chose déterminé par le Code civil n'était pas modifié par la loi nouvelle.

V. Discours de MM. Barthelemy et Passy ; *Séance* du 19 avril 1845, *Moniteur* du 20.

281. Au surplus les art. 1 et 4 de la loi du 29 avril 1845 ne peuvent laisser aucun doute sur la volonté de maintenir dans leur intégralité les principes du Code civil en matière d'irrigation.

282. L'art. 1er porte en effet que les eaux dont on indique l'emploi sont celles dont le propriétaire *a le droit de disposer*.

L'art. 4 est encore plus formel, car on y lit : « qu'il n'est *aucunement dérogé* par les précédentes dispositions aux lois qui règlent la police des eaux. »

283. Nul doute donc, en présence de la loi du 29 avril 1845 et des discussions qui l'ont précédée, que les propriétaires d'un terrain riverain du cours d'eau ne puissent disposer d'une plus grande quantité d'eau que celle afférente à leur terrain riverain.

284. C'est là singulièrement limiter, ainsi qu'on l'a fait observer dans la Chambre des Députés et dans celle des Pairs, les avantages qui devaient résulter de la loi nouvelle.

285. Nous pensons, quant à nous, que l'on a beaucoup exagéré les inconvénients qui résulteraient du droit accordé aux riverains d'arroser leurs propriétés contiguës ou non au cours d'eau.

286. On a soutenu, sans être démenti, que si ce droit était consacré il en résulterait que les eaux seraient absorbées par les propriétaires supérieurs au préjudice des propriétaires inférieurs.

287. C'est là, suivant nous, une erreur; les propriétaires riverains n'ont pas un droit complet et absolu sur les eaux du ruisseau *même pour l'irrigation du fonds contigu au cours d'eau*, ce droit doit se combiner et se limiter par les droits des autres riverains, et si le cours d'eau est insuffisant pour l'usage qu'en veulent faire les ayants-droit, il est procédé, soit par les tribunaux, soit par l'autorité administrative, à un règlement de l'usage des eaux. Ce réglement fixe, non pas à raison des besoins, mais des droits de chacun la portion d'eau dont il pourra disposer.

Tels sont les principes constamment consacrés par la jurisprudence.

V. n. 60 et 75.

288. Le grave inconvénient résultant, disait-on, de l'absorption des eaux par quelques-uns, si les droits à l'irrigation étaient étendus, ne devait donc pas exister en présence des pouvoirs reconnus à l'autorité judiciaire et à l'administration de déterminer, *dans tous les cas,* la jouissance des eaux.

289. Il est donc à regretter que la loi du **29 avril 1845** ait été renfermée dans des limites si étroites qu'il est difficile de supposer que les irrigations, qui devraient être largement protégées, en reçoivent de notables améliorations.

290. Une autre question a été soulevée lors de la discussion de la loi, on a demandé si le propriétaire pouvait utiliser au profit de son fonds non riverain la portion d'eau afférente à son fonds riverain?

291. M. le président Boullet s'exprimait à ce sujet en ces termes, devant la Chambre des Pairs :

« Quelles sont les eaux que le riverain peut conduire dans une propriété éloignée, à travers la propriété riveraine? Ce sont celles afférentes seulement à la propriété riveraine ; car, remarquez que les termes de l'article sont bien formels; cela ressort, d'ailleurs, de la discussion qui a eu lieu dans l'autre enceinte, du rapport qui a été présenté ; ce sont les eaux dont il a actuellement le droit de disposer.

« Ainsi, le propriétaire riverain qui a une propriété éloignée à arroser, ne peut cependant conduire sur cette propriété que les eaux dont il aurait le droit de disposer, relativement à la propriété riveraine ; de sorte qu'un propriétaire qui a deux hectares sur le bord d'une rivière et qui veut arroser cent hectares qui sont à cinq ou six cents mètres, ne peut y conduire que la quantité d'eau afférente à la petite quantité de terre qu'il possède sur le bord de la rivière.

« Voilà comment la question a été comprise dans la discussion qui a eu lieu à l'autre Chambre. »

Chambre des Pairs. Séance du 19 avril 1845, *Moniteur* du 20.

292. M. Passy s'expliquait à ce sujet dans des termes non moins formels, dans son rapport présenté à la Chambre des Pairs, le 26 mars 1845.

293. M. Dalloz, rapporteur de la loi à la Chambre des Députés, avait en effet dit : « Lorsque les eaux, *dans* *le cas de l'art.* **644** *du Code civil,* auront servi à l'irrigation, et qu'on sera obligé de leur faire traverser les héritages inférieurs, il y aura lieu à indemnité. »

Chambre des Députés, Séance du 13 février 1845, *Moniteur* du 14.

294. L'opinion des orateurs qui se sont expliqués sur cette question à la Chambre des Députés, n'a pas été unanime dans le sens indiqué par M. le président Boullet, car M. Jolly, lors de la discussion, a dit : « Dans le cas des eaux de passage, qui ne font que border la propriété, comme vous ne pouvez en disposer qu'à la charge de les rendre au fonds inférieur, comme vous ne pouvez faire au delà de ce que la loi et le droit naturel ont réglé, il est hors de doute que la servitude qu'il s'agit d'établir ne doit pas s'appliquer ici. »

Chambre des Députés, Séance du 12 février 1845, *Moniteur* du 13.

295. M. Henri Pellault déclare qu'il n'hésite pas à penser que l'eau afférente au fonds riverain ne peut être employée que sur ce fonds, et que le propriétaire ne peut prétendre au droit d'aqueduc pour la conduire sur un fonds non riverain.

Commentaire de la loi du 29 avril 1845, n. 43.

296. M. Pellault, à l'appui de son opinion, donne cette seule raison que la loi nouvelle n'accorde pas formellement le droit, au propriétaire riverain, de transporter les eaux sur un fonds autre que le fonds contigu au cours d'eau.

297. Nous allons répondre en quelques mots à l'objection soulevée par M. Pellault, et à celle que M. Jolly a produite devant la Chambre des Députés.

298. Il nous paraît constant que l'art. 1er de la loi du 29 avril 1845 accorde positivement le droit que l'on conteste au propriétaire riverain. Cet article dispose en effet que la servitude de conduite d'eau pourra être réclamée pour les eaux naturelles ou artificielles dont le propriétaire a droit de disposer. La généralité de ces expressions : *eaux naturelles et artificielles*, indique suffisamment que toute espèce d'eau peut donner lieu à l'exercice du droit d'aqueduc. La seule condition imposée par la loi est celle d'avoir la disposition des eaux qu'il s'agit de transporter au moyen de la conduite d'eau. Or, il est constant que le propriétaire riverain a droit de disposer de l'eau nécessaire à l'irrigation de son fonds riverain, et qu'il en dispose en effet en vertu du droit que lui donne l'art. 644 du Code civil. Ces eaux, dont la loi lui garantit ainsi la libre disposition, peuvent évidemment, aux termes de l'art. 1er de la loi du 29 avril 1845, donner droit à l'exercice de la servitude d'aqueduc.

299. Quant à l'objection de M. Jolly, il peut se présenter des cas dans lesquels cette objection n'aurait aucune portée. Il arrive, en effet, dans certaines circontances, que, nonobstant les termes de l'art. 645 du Code civil, les eaux ne sont pas restituées à leur cours naturel.

300. D'ailleurs, nous ne voyons aucune difficulté à admettre que le propriétaire puisse réclamer le droit d'aqueduc, non-seulement pour conduire les eaux sur un terrain éloigné, mais aussi pour les en faire sortir et les restituer à leur cours naturel.

301. Au surplus, ainsi que l'a déclaré M. le président Boullet, on s'est accordé dans les deux Chambres à reconnaître que le droit de conduite d'eau existait aussi bien pour les propriétaires riverains des cours d'eau

que pour les propriétaires ayant des droits absolus sur les eaux qui jaillissent ou sont recueillies sur leurs fonds.

M. Dalloz, ainsi que nous l'avons fait remarquer, s'est exprimé à ce sujet dans les termes les plus formels.

V. n. 279 et 293.

302. Ainsi, nul doute, en présence de la discussion et des termes de la loi, que le propriétaire riverain a le droit de disposer de la portion d'eau afférente à son fonds riverain, au profit d'autres fonds qui lui appartiennent.

303. Si tel ne devait pas être le sens de la loi, il faudrait reconnaître qu'elle n'a apporté aucune amélioration à l'ancien état de chose, et qu'elle ne présenterait aucune utilité.

304. *Indemnité.* L'indemnité due au propriétaire, sur le fonds duquel la conduite d'eau sera établie, doit être *juste* et *préalable*.

L. 29 avril 1845, art. 1.

305. L'indemnité doit être *juste*, c'est-à-dire qu'elle doit être proportionnée au préjudice éprouvé par le propriétaire soumis à la servitude.

306. Le dommage ne résulte pas seulement de la privation du terrain sur lequel la conduite d'eau doit être établie, mais aussi du préjudice causé par l'établissement de cette conduite d'eau et de la dépréciation qui en est la conséquence pour le fonds grevé.

307. L'indemnité doit être *préalable*, c'est-à-dire qu'elle doit être payée avant le commencement des travaux et la prise de possession provisoire.

Rapport à la Chambre des Députés. Séance du 29 juin 1843, *Moniteur* du 3 juillet suivant.

308. M. Dumay pense que les tribunaux au lieu d'ordonner le payement immédiat de l'indemnité pourraient régler cette indemnité en rentes ou annuités payables par année et d'avance.

Dumay sur Proudhon, *Domaine public,* t. IV, n. 1452, pag. 408.

309. Nous ne saurions partager l'opinion de M. Dumay ; ce n'est pas une portion de l'indemnité, mais l'indemnité tout entière qui doit être payée au propriétaire grevé de la servitude. Telle est en effet la disposition de l'art. 1er de la loi du 29 avril 1845.

On comprend, d'ailleurs, les motifs de cette disposition ; il faut qu'au moment où le fonds est soumis à la servitude le propriétaire reçoive tout ce qui lui est dû et qu'il ne soit pas exposé, après avoir complétement exécuté les obligations qui lui ont été imposées, à subir les lenteurs et les débats qui pourraient être suscités, alors qu'il s'agirait d'accomplir celles qui ont été contractées vis-à-vis de lui.

310. L'indemnité accordée aux termes de l'art. 1er est indépendante de celle qui peut être accidentellement due pour les dégradations que la propriété grevée peut éprouver par suite de l'irruption des eaux qui serait le résultat de la négligence que le propriétaire du fond dominant aurait apportée dans le curage et l'entretien de l'aqueduc.

Chambre des Députés, Rapport du 29 juin 1843. *Moniteur* du 3 juillet suivant.

311. M. Daviel ne restreint pas la responsabilité du propriétaire qui a fait établir le canal au cas où le préjudice résulterait d'une négligence ou d'une faute imputable à celui-ci ; il soutient en conséquence que *tout dommage* survenant à l'occasion de la conduite d'eau oblige le propriétaire du canal à le réparer. Il donne pour motif à son opinion que celui qui profite de la servitude doit nécessairement répondre des résultats fâcheux dont cette servitude a été la cause.

Daviel, *des Cours d'eau*, t. III, n. 848 quater.

312. L'opinion de M. Daviel bien qu'elle paraisse contraire au principe de l'art. 1382 du Code civil qui exige, pour que la responsabilité soit admise, que celui qu'on prétend y soumettre ait agi par imprudence, négligence et que le fait soit arrivé *par sa faute,* doit cependant être admise à raison de la situation toute spéciale dans laquelle se trouve le propriétaire du canal et celui dont le fonds est grevé par la servitude.

Cette servitude, ainsi que le fait judicieusement observer M. Daviel, existe dans l'intérêt unique de celui qui en a demandé l'établissement; lui seul en profite. Donc tous les inconvénients et tous les préjudices volontaires ou non qui peuvent en résulter doivent être réparés par celui-ci.

313. M. Dumay pense que s'il existait un dommage *probable* susceptible d'avoir des suites graves, par exemple, si l'aqueduc devait passer sous un canal, celui qui aurait à redouter ce dommage pourrait, avant qu'il fût arrivé, demander une garantie, telle qu'une caution, pour sûreté de la réparation du préjudice.

Dumay sur Proudhon, *Domaine public*, t. IV, n. 1452, pag. 413.

314. Nous n'admettons pas le *dommage probable* dont parle M. Dumay. Les travaux doivent être établis de manière à rendre improbable tout dommage par suite de leur exécution. D'ailleurs, il nous paraît impossible de soumettre à un cautionnement à raison d'un préjudice éventuel et qui peut fort bien ne jamais se réaliser.

315. Lorsque, après le règlement de l'indemnité et l'établissement de la conduite d'eau, des travaux nouveaux deviennent nécessaires par suite de l'augmentation du volume des eaux dérivées s'il faut, par exemple, élargir ou creuser le canal, il y a lieu dans ce cas à un supplément d'indemnité.

Dumay sur Proudhon, *Domaine public*, t. IV, pag 411.

316. Le Code sarde contient à ce sujet une disposition qui peut servir de règle à nos tribunaux. L'art. **629** est ainsi conçu : « Lorsque celui qui a établi un canal sur la propriété d'autrui veut s'en servir pour y introduire une plus grande quantité d'eau, il ne peut l'y faire venir qu'après qu'il aura été vérifié que l'aqueduc peut la contenir, et qu'on aura reconnu qu'il n'en peut résulter aucun préjudice pour le fonds servant. Si l'introduction d'une plus grande quantité d'eau exige la construction de nouveaux ouvrages, cette construction ne peut avoir lieu que lorsqu'on aura préalablement déterminé la nature et la quantité de ces ouvrages et qu'on aura payé la somme pour le sol à occuper et pour les dommages.

317. Il y aurait également lieu à un supplément d'indemnité dans le cas d'une aggravation quelconque de la servitude. »

318. L'indemnité doit être payée au propriétaire du fonds assujetti; peu importe que ce fonds soit ou non grevé d'hypothèques.

§ III. Exception à l'exercice de la servitude.

319. Sont exceptés de la servitude de conduite d'eau, les maisons, cours, jardins, parcs et enclos attenant aux habitations.

L. 29 avril 1845, art. 1er.

320. Par le mot *maison* il faut entendre toute construction non-seulement destinée au logement des hommes et des animaux, mais aussi ayant pour destination des magasins, des ateliers, des fabriques, des entrepôts, etc., et quelle que soit d'ailleurs l'importance de ces constructions, la nature des matériaux, leur état de conservation et d'entretien.

Dumay sur Proudhon. *Domaine public*, t. IV, n. 1452, pag. 420.

321. Pour que les jardins et les parcs soient affranchis de la servitude de conduite d'eau il faut nécessairement que ces parcs et jardins soient *attenant aux habitations.* En effet, le mot attenant aux habitations de l'art. 1er de la loi du 29 avril 1845 s'applique non-seulement aux enclos, mais encore aux parcs et jardins qui précèdent le mot enclos.

Dumay sur Proudhon, *Domaine public*, t. IV, n. 1452, pag. 421.

322. Il n'est pas indispensable que les cours, parcs et jardins dont parle l'art. 1er soient clos, il suffit qu'ils soient attenants à une habitation.

323. La clôture n'est nécessaire, pour l'affranchissement de la servitude, que pour les terrains autres que ceux qui sont cultivés en jardins ou en parcs.

324. L'exception de l'art. 1er de la loi du 29 avril 1845 ne saurait être étendue ; en conséquence, toutes les pro-

priétés autres que celles désignées par cet article peuvent être soumises à l'exercice de la servitude de conduite d'eau.

325. Dès lors, les propriétés de l'État, des communes
et des établissements publics sont, comme celles des particuliers, soumises à cette servitude.

326. Mais à l'égard des propriétés dépendantes du
domaine public, telles que les grandes routes, les chemins de fer, les canaux de navigation, etc., la conduite
des eaux ne peut être obtenue qu'avec l'agrément de
l'autorité administrative, qui a seule qualité pour ré-
soudre les questions qui se rattachent à la conservation
du domaine public.

327. Il doit en être de même en ce qui concerne les
routes départementales et même les chemins vicinaux,
qui font aussi partie du domaine public.

§ IV. Obligations et droits du propriétaire grevé à l'occasion
de la conduite d'eau.

328. Un membre de la Chambre des Députés avait,
lors de la discussion de la loi d'avril 1845, proposé un
amendement aux termes duquel le propriétaire du fonds
traversé par la conduite d'eau, aurait eu la faculté de se
servir des eaux, pour l'irrigation de son propre fonds,
jusqu'à concurrence de la moitié du volume d'eau.

329. Cet amendement devait être et a été en effet
rejeté.

Chambre des Députés. Séance du 13 février 1845, Moniteur du 14.

330. Le propriétaire du fonds assujetti ne peut, sous
aucun prétexte, pratiquer des rigoles et des saignées

23.

sur la conduite d'eau, ni établir sur le canal aucun barrage destiné à faire déverser les eaux sur son fonds.

V. n. 243, 244 et 245.

331. Il ne peut, non plus, creuser près de la conduite d'eau des fossés ou excavations quelconques, pour y amener les eaux par infiltration.

V. n. 198.

332. Il ne saurait aussi puiser de l'eau dans l'aqueduc à l'aide de pompes à la main ou de seaux.

V. n. 247 et *suivants*.

333. Il ne pourrait non plus se servir des eaux pour ses besoins personnels ou ceux de sa famille.

V. n. 247 et *suivants*.

334. Le terrain sur lequel est établie la conduite d'eau, quoique grevé de servitude, n'en continue pas moins à appartenir au propriétaire du fonds ; en conséquence, si la partie du sol consacrée à la conduite d'eau, est susceptible de quelques produits, ces produits doivent appartenir au propriétaire du terrain grevé de la servitude.

335. En conséquence, les herbes, les oseraies et les plantations qui peuvent exister sur les berges de la conduite d'eau, appartiennent à ce propriétaire.

336. Mais il doit, en jouissant des avantages que ces productions peuvent lui procurer, faire en sorte que la conduite d'eau soit respectée et qu'il ne soit pas porté atteinte à l'exercice du droit de celui auquel cette conduite d'eau doit profiter.

Dumay sur Proudhon, *Domaine public*, t. IV, n. 1452, pag. 381.

337. M. Dumay pense même que le propriétaire du

fonds assujetti, a le droit de pêche sur tout le parcours de la conduite d'eau.

Ibidem.

338. Celui qui a fait établir la conduite d'eau a le droit d'y pénétrer pour en faire le curage et les réparations qui peuvent être nécessaires.

339. L'art. 701 du Code civil dispose, en ce qui concerne en général les servitudes, que si l'assignation primitive est devenue plus onéreuse au propriétaire, il peut offrir au propriétaire du fonds dominant un endroit aussi commode pour l'exercice de ses droits, et que, dans ce cas, celui-ci ne peut refuser la substitution proposée.

340. Nul doute que cette disposition ne soit applicable en matière de servitude de conduite d'eau.

341. Dans ce cas, il est constant que le propriétaire du fonds assujetti, qui demande l'établissement de la conduite d'eau sur une autre portion de son terrain, doit supporter tous les frais auxquels le déplacement doit donner lieu.

342. Le droit reconnu dans cette circonstance au profit du propriétaire du fonds assujetti, ne saurait évidemment appartenir à celui qui exerce la servitude de conduite d'eau.

§ **V. Écoulement des eaux du fonds sur lequel elles ont été conduites.**

343. Les propriétaires des fonds inférieurs doivent recevoir les eaux qui s'écoulent des terrains arrosés au moyen de la servitude d'aqueduc; sauf l'indemnité qui pourrait leur être due.

L. 29 avril 1845, art. 2.

344. Cet article a étendu la disposition de l'art. 640 du Code civil, au cas d'écoulement des eaux artificielles, mais comme ces eaux n'arrivent pas naturellement sur les fonds inférieurs et qu'elles peuvent porter préjudice à ces fonds; comme il s'agit d'ailleurs de l'établissement d'une servitude qui constitue toujours une charge pour les fonds qui s'y trouvent assujettis, la loi a exigé à bon droit qu'une indemnité soit payée, s'il y avait lieu, au propriétaire du fonds grevé.

345. Le rapporteur s'exprimait en ces termes, à ce sujet, devant la Chambre des Députés : « Il ne suffit pas de régler les conditions auxquelles les eaux, destinées à l'irrigation d'une propriété, peuvent y être conduites à travers les fonds intermédiaires qui l'en séparent ; il faut s'occuper encore des conséquences de l'irrigation pour les héritages inférieurs qui touchent aux terrains arrosés, et se trouvent ainsi exposés à recevoir l'écoulement des eaux que la terre n'absorbe pas en totalité.

« L'art. 640 du Code civil dispose que les fonds inférieurs sont assujettis envers ceux qui sont plus élevés, à recevoir les eaux qui en découlent naturellement et sans que la main de l'homme y ait contribué. C'est dire clairement que cette servitude n'existe pas pour les eaux naturelles ou artificielles qu'un propriétaire dirige sur sa propriété au moyen d'un aqueduc, et cela, soit que cet aqueduc traverse le fonds d'autrui, soit qu'il parcoure exclusivement l'héritage du propriétaire qui se livre à l'irrigation.

« Votre commission a été unanimement frappée de

la nécessité d'étendre à ces eaux la servitude établie par l'article **640**, et d'obliger le propriétaire inférieur à en recevoir l'écoulement, qui, d'ailleurs, sera le plus souvent un avantage pour lui ; mais, en même temps, comme il peut arriver que, dans certains cas, cette aggravation de servitude lui devienne dommageable, votre commission a dû lui assurer la réparation du préjudice qu'il peut avoir à souffrir. »

> *Chambre des Députés, Rapport. Séance* du 29 juin 1843, *Moniteur* du 3 juillet suivant.

346. L'expression : *fonds inférieurs,* de l'art. **2** de la loi de **1845**, indique suffisamment que l'obligation de recevoir les eaux n'est pas restreinte au propriétaire de l'héritage qui touche le fonds arrosé à l'aide de la conduite d'eau ; que l'obligation de recevoir ces eaux et d'en faciliter l'écoulement peut exister aussi au préjudice d'autres propriétaires.

Mais il est constant que si la servitude leur est imposée, ils ont aussi droit à la réparation du préjudice que la servitude peut leur occasionner.

> *Chambre des Députés, Rapport supplémentaire. Séance* du 30 mars 1844, *Moniteur* du 9 avril suivant.

347. Le propriétaire du fonds inférieur a le droit de disposer des eaux qui lui sont transmises pour leur écoulement.

> Dumay sur Proudhon, *Domaine public,* t. IV, n. 1452, pag. 427.

348. Il n'en saurait cependant être ainsi alors que les eaux servant à l'irrigation ne sont pas la propriété de celui qui les transmet, et qu'il n'a le droit d'en jouir qu'à la condition de les restituer au cours d'eau auquel il les a empruntées.

> *V.* n. 109 et *suivants.*

Dans ce cas, le propriétaire du fonds que les eaux d'écoulement traversent, ne saurait en détourner une partie quelconque.

349. La circonstance que le propriétaire qui reçoit les eaux d'écoulement peut s'en servir pour son propre usage, doit être prise en considération dans la fixation de l'indemnité à lui accorder.

V. n. 243 et *suivants.*

350. Il peut même se faire qu'à raison des avantages qu'il doit retirer de ces eaux, aucun préjudice ne lui soit occasionné ; dans ce cas, aucune indemnité ne lui est due.

351. De ce que les eaux, au lieu de lui être nuisibles, lui sont favorables et déterminent pour lui un avantage réel, il ne saurait en résulter que les tribunaux doivent lui imposer des obligations quelconques vis-à-vis du propriétaire, par le fait duquel les eaux lui sont transmises.

352. La loi de 1845 n'autorise en aucune manière le payement d'une indemnité de la part du propriétaire qui reçoit les eaux. D'ailleurs, les avantages, s'ils existent, sont la conséquence nécessaire de la disposition des lieux, et sont indépendants de la volonté de celui qui pourrait en réclamer le bénéfice.

353. M. Dumay pense que de cette expression : *fonds inférieurs,* de l'art. **2** de la loi du 29 avril 1845, il ne faut pas nécessairement conclure que l'écoulement des eaux, après l'irrigation, doit avoir lieu toujours par les fonds les plus bas, et que les tribunaux n'aient, dans aucun cas, le droit de déterminer un autre mode d'écoulement, et d'ordonner que la conduite d'eau soit placée sur d'autres fonds.

Dumay sur Proudhon, *Domaine public*, t. IV, n. 1452, pag. 427.

354. Nous sommes complétement de l'avis de M. Dumay ; si l'art. 2 parle, en effet, des fonds inférieurs, l'art. 3, qui règle les pouvoirs dont les tribunaux sont investis, en ce qui concerne la fixation du parcours de la conduite d'eau, de ses dimensions et de sa forme, n'impose en aucune manière à ces tribunaux l'obligation de placer le canal d'écoulement sur les fonds inférieurs.

Cet art. 3 dispose seulement que les tribunaux doivent, en prononçant, concilier l'intérêt de l'opération avec le respect dû à la propriété. Or, l'intérêt de l'opération ainsi que le respect dû à la propriété peuvent, dans certains cas, exiger que l'écoulement des eaux ait lieu autrement que par les fonds inférieurs.

355. La faculté de passage pour les eaux sur les fonds intermédiaires peut être accordée au propriétaire d'un terrain submergé en tout ou en partie, à l'effet de procurer aux eaux nuisibles leur écoulement.

L. 29 avril 1845, art. 3.

356. Cette disposition est empruntée à l'art. 630 du Code sarde, dans lequel on lit : « Les dispositions énoncées dans les articles précédents, concernant le passage des eaux, sont applicables aux cas où le possesseur d'un fonds marécageux veut le bonifier ou le dessécher par *colmats* ou attérissements, ou en creusant un ou plusieurs canaux d'écoulement. »

357. Sont exceptés de la servitude d'écoulement les maisons, cours, jardins, parcs et enclos attenant aux habitations.

L. 29 avril 1845. art. 2 *V.* n. 319 et *suivants*.

358. Les contestations auxquelles peuvent donner lieu l'établissement de la servitude, la fixation du parcours de la conduite d'eau, de ses dimensions, de sa forme et des indemnités dues soit au propriétaire qui recevra l'écoulement des eaux, sont portées devant les tribunaux qui, en prononçant, doivent concilier l'intérêt de l'opération avec le respect dû à la propriété.

L. 29 avril 1845, art. 4.

359. Il est procédé devant les tribunaux comme en matière sommaire, et, s'il y a lieu, à expertise, il peut n'être nommé qu'un expert.

L. 29 avril 1845, art. 4.

360. La servitude de conduite d'eau doit-elle être concédée toutes les fois que le propriétaire, qui a le droit de disposer des eaux, le demande? Ce droit est-il absolu et doit-il être accordé toutes les fois qu'on en réclame l'exercice?

361. Ce droit semblait devoir être absolu par les termes du projet de loi présenté à la Chambre des Députés; on y lisait, en effet, à l'art. 1ᵉʳ : « Tout propriétaire *pourra réclamer* le passage des eaux, etc. »

362. M. Pascalis, lors de la discussion de la loi, proposa de substituer à ces mots : *pourra réclamer,* ceux-ci : *pourra obtenir.*

363. M. Pascalis expliquait en ces termes l'objet de la substitution par lui proposée : « Il résulte de la rédaction de la commission, que le propriétaire qui a la disposition d'eaux naturelles ou d'eaux produites par des ouvrages d'art, aura le droit de réclamer le passage sur les fonds intermédiaires, à la charge par lui de payer une juste et préalable indemnité. Si le propriétaire qui veut arroser son fonds, demande le passage, cette servitude lui sera nécessairement accordée.

« Mon amendement a pour objet de reconnaître aux tribunaux le pouvoir de décider, suivant les circonstances, si la servitude doit ou non être concédée. Pour qu'il en soit ainsi, il faut que les tribunaux aient toute latitude, et qu'ils puissent, conformément à l'art. 645 du Code civil, concilier les intérêts de l'agriculture avec le respect dû à la propriété.

« Ils examineront, en conséquence, s'il y a vraiment utilité pour l'agriculture, et s'il ne résultera pas, relativement, un trop grand dommage pour la propriété, de l'établissement de la servitude.

« La rédaction de la commission, si elle était adoptée, ne laisserait pas cette latitude aux tribunaux. Et c'est pour faire disparaître tout doute à cet égard, que je veux placer la faculté, non dans la réclamation, mais dans l'obtention ou la concession du droit.

« Ainsi, les tribunaux examineront, par exemple, si, relativement à la propriété qu'il s'agit d'arroser, la servitude ne serait pas trop onéreuse. S'il était question d'un jardin ou d'une autre étendue très-réduite, et que, pour arriver à ce résultat si restreint, si peu avantageux à l'agriculture, il fallût traverser un grand nombre de propriétés, comme cela peut arriver dans l'état de l'extrême division de la propriété ; il est utile et juste que dans ce cas, les tribunaux soient armés du droit de refuser l'établissement de la servitude. »

Chambre des Députés, Séance du 13 février, *Moniteur* du 14.

364. La commission adhéra au changement de rédaction proposé par M. Pascalis. Le rapporteur de cette commission s'exprimait ainsi à ce sujet : « L'art. 682 du Code civil qui a établi la servitude de l'enclave, veut que le propriétaire qui la réclame soit obligé de s'adresser aux tribunaux. Eh bien ! ce que cet article a établi pour l'enclave, nous l'instituons pour le passage des eaux, avec cette différence seulement que, ce qui est absolu pour l'enclave, nous l'établissons ici comme facultatif pour le pouvoir judiciaire, qui pourra, suivant les cas, accorder ou refuser la servitude, selon qu'elle sera ou qu'elle ne sera pas justifiée par un intérêt d'irrigation réel et sérieux. »

365. L'amendement de M. Pascalis a été adopté ; il en résulte donc que le droit conféré par l'art. 1ᵉʳ de la loi du 29 avril 1845, n'est pas absolu, et que les tribunaux peuvent en refuser l'exercice lorsqu'ils croient convenable de le faire, et alors surtout qu'il leur apparaît que le droit d'irrigation réclamé n'a pas un objet sérieux, important et de nature à justifier la création de servitudes qui n'ont été admises par la loi qu'en vue des intérêts légitimes de l'agriculture.

366. Les tribunaux doivent déterminer le parcours de la conduite d'eau. « La fixation du parcours, disait à ce sujet le rapporteur à la Chambre des Députés, a pour objet de permettre à l'autorité judiciaire de choisir dans les terrains soumis à la servitude, l'endroit où cette servitude devra être établie. C'est quelque chose de pareil au droit de passage qui est donné au propriétaire enclavé sur les propriétés qui l'entourent. Les tribunaux choisissent le lieu du passage. »

367. Ainsi, les dispositions relatives à l'enclave s'appliquent au cas de réclamation de la servitude de conduite d'eau, toutes les fois que ces dispositions sont conciliables avec la loi du 29 avril 1845 et avec le nouveau droit que cette loi consacre.

368. La conduite des eaux devra donc être établie du côté où le trajet est le plus court du fonds à irriguer au point où l'eau peut être dérivée avec avantage.

V. Code civil, art. 683.

369. Néanmoins, la conduite d'eau doit être placée dans l'endroit le moins dommageable à celui sur le fonds duquel la servitude est accordée.

V. Code civil, art. 684.

370. Le propriétaire qui peut faire passer les eaux sur son propre fonds, ne doit pas être admis à exercer la servitude de conduite d'eau, bien qu'il éprouverait plus de facilité et moins de dépense en établissant la conduite d'eau sur le terrain de son voisin.

La servitude n'existe qu'autant qu'il y a pour le propriétaire *impossibilité* de transmettre les eaux par son propre fonds.

371. Il est nécessaire aussi d'admettre que, lorsque celui qui a obtenu sur un terrain intermédiaire le droit de conduite d'eau, vient à acquérir un fonds voisin par lequel le passage de l'eau peut s'effectuer, le propriétaire de l'héritage assujetti peut obtenir la décharge de la servitude ; mais, dans ce cas, l'indemnité qui a été payée doit être restituée en partie au moins.

372. C'est aux tribunaux qu'il appartient de déterminer les dimensions et la forme de la conduite d'eau.

373. Lors de la discussion de la loi, le ministre des travaux publics a proposé un amendement aux termes duquel la fixation des dimensions et de la forme des conduites d'eau devait être faite par l'autorité administrative.

374. Cet amendement fut repoussé par le motif que le système proposé entraînait deux procès, l'un auprès des tribunaux, pour l'établissement de la servitude, l'autre auprès de l'administration, pour la fixation des dimensions et de la forme de la conduite d'eau; que les tribunaux, juges des questions de propriété, étaient compétents pour prononcer sur l'existence de la servitude et sur son mode d'exécution; que la conduite d'eau établie en vertu de l'art. 1er de la loi du 29 avril 1845 ne devait exercer aucune influence sur le cours d'eau, puisqu'à l'aide de l'aqueduc on ne pouvait transporter que les eaux afférentes au terrain riverain; que dès lors le mode d'établissement de la servitude de conduite d'eau ne devait pas nécessairement rentrer dans les attributions de l'autorité administrative.

375. Les tribunaux ordinaires ont donc été maintenus comme juges des questions que la dimension et la forme de la conduite d'eau peuvent soulever.

L. 29 avril 1845, art. 4.

376. On ne saurait autoriser la conduite des eaux au moyen d'un canal déjà établi et qui a une autre destination. On comprend, en effet, qu'il résulterait du mélange des eaux des difficultés qui rendraient l'appréciation des droits de chacun souvent impossible.

377. Mais on pourrait autoriser l'établissement d'un aqueduc qui pourrait être placé, soit au-dessous, soit au-dessus du canal.

> Dubreuil, *Législation sur les eaux*, t. I, pag. 288, n. 160.

378. Le Code sarde contient à cet égard une disposition formelle. On lit en effet à l'art. 624, ce qui suit : « On devra également permettre le passage des eaux à travers les canaux et aqueducs de la manière la plus convenable et la mieux adoptée aux localités et à l'état de ces canaux et aqueducs, pourvu que le cours de leurs eaux ne soit ni gêné, ni retardé, et qu'il n'en résulte aucun changement dans le cours de ces mêmes eaux. »

CHAPITRE VI.

Barrage. — Servitude d'appui.

379. Sous l'empire de l'ancienne législation il était admis que celui dont la propriété était *traversée* par un cours d'eau, avait le droit d'établir sur ce cours d'eau un barrage pour élever les eaux et les faire servir à l'irrigation.

> Arrêt du parlement de Rouen du 15 juillet 1755 ; Barnage, sur l'art.
> 210 *de la coutume de Normandie*.

380. Ce droit, depuis le Code civil, a été reconnu au profit des propriétaires qui se trouvaient dans les mêmes conditions.

> Daviel, *des Cours d'eau*, t. II, n. 593.

381. Un arrêt de la Cour de cassation semblerait indiquer que, dans certains cas et notamment lorsqu'il y a abus de jouissance, le propriétaire dont l'héritage se trouve *traversé* par le cours d'eau peut être contraint à détruire le barrage qu'il a établi.

382. Dans l'espèce soumise à la Cour de cassation, la question du procès était celle de savoir si le propriétaire des deux rives avait le droit d'absorber la totalité des eaux pour l'irrigation de sa propriété.

383. La Cour suprême a décidé, avec raison, qu'il n'avait pas ce droit; que si le propriétaire des deux rives pouvait user plus largement des eaux que le simple riverain, il ne devait pas être admis à les absorber complétement, même pour les besoins de son héritage; que les riverains inférieurs avaient aussi des droits qu'il fallait respecter.

384. Le barrage établi par le propriétaire auquel on reprochait une jouissance abusive des eaux, n'a pas été sérieusement contesté, et c'est à tort que plusieurs arrêtistes ont vu la contestation du droit de barrage dans le considérant de l'arrêt de la Cour de cassation qui est ainsi conçu :

« Attendu qu'il n'est pas exact de dire, comme le fait l'arrêt attaqué, qu'il n'y a lieu à la destruction des ouvrages pratiqués par les propriétaires supérieurs que lorsqu'ils les ont fait faire méchamment et sans utilité pour eux. »

Cass., 27 août 1844, Barric et Letanneur, C. Combes (*Journal du Palais*, t. II, 1847; pag. 706).

385. Ce considérant, ainsi qu'on le voit par la généralité des termes qu'il emploie, n'a pas pour but de s'expliquer spécialement sur le barrage et encore moins de poser en principe que le propriétaire du fonds traversé par un cours d'eau n'a pas le droit d'y établir un barrage ; il a pour unique objet de combattre une proposition qui, dans les termes où elle était formulée, était, en effet, inexacte.

386. Au surplus, l'affaire a reparu devant la Cour de cassation par suite d'un nouveau pourvoi, et le rapporteur s'est expliqué dans des termes qui ne peuvent laisser aucune incertitude sur la question du droit de barrage ; il a dit, en effet : « L'arrêt attaqué, tout en décidant que les sieurs Depins et Combes *n'ont fait qu'user de leur droit en facilitant, par des constructions et barrages, le cours des eaux sur leurs propriétés,* a ordonné cependant qu'il sera fait un règlement entre le demandeur et les propriétaires supérieurs ; en cela ne fait-il pas taire toutes les plaintes du demandeur et ne s'est-il pas conformé à tout ce que prescrivait la loi ? »

(*Journal du Palais,* t. II, 1847, pag. 710).

387. Cette doctrine a été consacrée par la Cour de cassation, qui cette fois a rejeté le pourvoi.

Cass., 8 juillet 1846, Barric et Letanneur, C. Combes et Depins (*Journal du Palais,* t. II, 1847, pag. 709).

388. Le droit, pour le propriétaire dont le terrain est traversé par un cours d'eau, d'y placer un barrage n'a donc pas été méconnu, ainsi qu'on l'a dit, par l'arrêt dont nous venons de parler.

389. Le droit d'établir un barrage sur le cours d'eau pouvait-il être exercé, avant la loi du 11 juillet 1847, par le propriétaire de l'une des rives de ce cours d'eau ?

390. M. Proudhon pensait que ce droit existait au profit de ce propriétaire, par le motif que celui auquel

24

une servitude est due peut faire tous les ouvrages nécessaires pour en user et la conserver.

Proudhon, *Domaine public,* t. IV, n. 1443.

391. M. Pardessus, sans admettre une opinion aussi absolue, soutenait que le riverain du cours d'eau pouvait y établir un barrage mobile, venant s'appuyer momentanément sur le fonds du riverain opposé.

Pardessus, *des servitudes,* t. I, n. 105.

392. La doctrine de M. Proudhon et celle plus restreinte de M. Pardessus n'ont pas été admises par la jurisprudence.

393. Il a été constamment jugé, avant la loi du **11** juillet **1847,** que le propriétaire riverain d'un cours d'eau ne pouvait pas appuyer un barrage sur un terrain qui ne lui appartenait pas.

Metz, 28 avril 1824, Hallet, C. Houchard; Rouen, 6 mai 1828, Lebas, C. Bruneteau; Besançon, 27 nov. 1844, Thiboudet, C. Chappuis et Grappin (*Journal du Palais,* t. II, 1845, pag. 402); *V.* Duranton, t. 2, n. 213; Daviel, *des Cours d'eau,* t. II, n. 596.

394. Jugé de même que le droit d'appuyer un barrage sur une propriété étrangère n'existait pas alors même que le barrage était mobile et ne devait porter sur la rive opposée que momentanément.

Cass., 12 mai 1840, Godard, C. Godard - Poussignol (*Journal du Palais,* t. II, 1840, pag. 417).

395. L'appui du barrage sur une propriété voisine ne pouvait, en effet, avoir lieu, qu'en vertu d'un droit de servitude qui, avant la loi du **11** juillet **1847,** n'existait pas.

396. La loi du **11** juillet **1847** a eu pour objet de compléter la loi de 1845, en accordant aux propriétaires riverains le droit d'établir, moyennant une juste et préalable indemnité, un barrage sur la propriété voisine.

397. Lors de la discussion de la loi du 29 avril 1845, un des orateurs avait proposé de compléter cette loi, en y introduisant une disposition relative à la servitude d'appui du barrage.

398. Cette proposition était ainsi conçue : « Celui dont la propriété borde une eau courante, et qui a le droit de s'en servir pour l'irrigation de ses propriétés, pourra, dans le but d'établir ses barrages et d'élever les eaux, obtenir la servitude d'appui sur la rive opposée, si elle ne lui appartenait pas, à la charge d'une juste et préalable indemnité. »

399. Sans contester l'utilité de cette disposition, on fit observer que le droit de barrage se rattachait à l'endiguement des rivières et que les conseils généraux n'avaient pas été consultés à cet égard, comme ils l'avaient été pour la servitude de conduite d'eau.

400. Cette observation détermina la Chambre des Députés à repousser l'amendement.

401. Les conseils généraux, consultés sur l'utilité et l'opportunité de la servitude d'appui des barrages, accueillirent favorablement la proposition, qui en conséquence reparut en 1847 devant la Chambre des Députés.

402. Le 11 juillet 1847 intervint la loi portant que tout propriétaire qui voudra se servir, pour l'irrigation de ses propriétés, des eaux naturelles ou artificielles dont il a le droit de disposer, pourra obtenir la faculté d'appuyer sur la propriété du riverain opposé les ouvrages d'art nécessaires à sa prise d'eau, à la charge d'une juste et préalable indemnité.

Art. 1er, *V.* n. 261 et *suivants.*

403. La loi du 11 juillet 1847 en disposant, comme
24.

celle du 29 avril 1845, que les eaux retenues par le barrage seraient celles dont le propriétaire a le droit de disposer, n'a pas entendu, ainsi que cette dernière loi, créer des droits nouveaux, mais seulement donner un moyen particulier d'exercer ceux que la législation antérieure avait consacrés.

V. n. 275 et *suivants.*

404. Cette intention, indépendamment des termes de la loi, résulte aussi des paroles prononcées à ce sujet par le rapporteur du projet de loi qui s'est exprimé en ces termes :« Ici, comme dans la loi de 1845, les auteurs de la proposition se sont sévèrement abstenus de toucher à la législation existante sur le régime et la police des eaux ; la servitude d'appui, de même que celle d'aqueduc, n'est demandée que pour les eaux dont on a le droit de disposer ; et pour qu'aucun doute ne pût s'élever sur leur intention de respecter religieusement les dispositions du Code civil sur la propriété et la jouissance des eaux, et celles des lois spéciales qui en confèrent la police à l'autorité administrative, ils ont pris soin de s'en expliquer nettement, en rappelant l'art. 5, de la loi du 29 avril 1845, qui est très-formelle à cet égard. »

405. La proposition originairement faite et celle de M. Farelle, soumise en 1847 à la Chambre des Députés avait pour objet de créer une servitude légale existant de plein droit.

406. La commission de la Chambre des Députés a cru devoir repousser une disposition aussi absolue et substituer au droit qui eût existé, par le seul effet de la loi, une faculté que les tribunaux sont toujours maîtres d'accorder ou de refuser suivant les circonstances.

407. « Il n'est resté aucun doute, a dit **M.** le rapporteur, dans l'esprit de la commission sur la nécessité d'admettre la servitude d'appui que les honorables auteurs de la proposition demandent à inscrire au nombre des servitudes légales que renferment déjà nos lois civiles, et qui semble l'indispensable corollaire de la servitude d'aqueduc précédemment votée. Mais, en même temps, il lui a paru sage d'environner l'exercice de ce droit de toutes les garanties propres à empêcher qu'il ne devienne abusivement le moyen de satisfaire un caprice, ou de tracasser un voisin, sans offrir aucun résultat sensiblement profitable à l'agriculture. »

V. n. 360 et *suivants.*

408. Sont exceptés de la servitude d'appui du barrage, les bâtiments, cours et jardins attenant aux habitations.

L. 11 juillet 1847, art. 1er. *V.* n. 319 et *suivants.*

409. La proposition de MM. d'Angeville et Farelle reproduisait exactement les termes de l'exception de la loi du 29 avril 1845. En conséquence, elle affranchissait de la servitude, indépendamment des maisons, cours et jardins, les *parcs* et *enclos.*

410. La commission a pensé que l'exception devait être restreinte aux maisons, aux cours et aux jardins et qu'il n'y avait aucun inconvénient à soumettre les parcs et enclos à la règle commune, alors surtout que les tribunaux avaient le droit de les soustraire à l'exercice de la servitude lorsqu'il pouvait en résulter des inconvénients graves.

411. Le mot *bâtiment* a été dans la loi de juillet 1847 substitué, sur la demande de M. Gillon, au mot *maison,* qui se trouve dans celle du **29 avril 1845**. Cette substitution a eu lieu pour éviter toute difficulté et pour qu'il fût bien entendu que la servitude ne pouvait être réclamée lorsqu'il s'agirait d'une construction quelconque.

V. n. 320.

412. Le riverain sur le fonds duquel l'appui est réclamé peut toujours demander l'usage commun du barrage, en contribuant pour moitié aux frais d'établissement et d'entretien.

Aucune indemnité n'est respectivement due dans ce cas et celle qui aurait été payée doit être rendue.

L. 11 juillet 1847. art. 2.

413. Lorsque cet usage commun n'est réclamé qu'après le commencement ou la confection des travaux, celui qui le demande, doit supporter seul l'excédant de dépense, auquel doivent donner lieu les changements à faire au barrage pour le rendre propre à l'irrigation des deux rives.

L. 11 juillet 1847, art. 2.

414. La rédaction primitive de l'art. 2 de la loi du **11** juillet **1847** a subi une modification qui sert à préciser le sens et la portée de la rédaction définitive.

415. L'article proposé par la commission était ainsi conçu : « Le riverain sur le fonds duquel l'appui sera réclamé, pourra toujours demander *à profiter du barrage pour employer les eaux, dont il a le droit de jouir, à l'irrigation de ses propriétés, à la charge de contribuer pour moitié*, etc. »

416. M. Creton a proposé de substituer à cette rédaction celle-ci : « Le riverain sur le fonds duquel l'appui sera réclamé, pourra toujours *demander l'usage commun du barrage en contribuant pour moitié*, etc. »

417. M. Creton a dit que cette rédaction lui paraissait préférable, parce qu'elle indiquait nettement que la contribution aux frais de barrage ne devait exister qu'autant que l'usage même du barrage était réclamé et non au cas où le riverain jouirait seulement de l'élévation des eaux.

418. « J'ai craint, a-t-il dit, que la rédaction de la commission ne donnât lieu à des contestations sérieuses entre les riverains; j'ai pensé que les riverains qui n'avaient pas demandé le barrage, qui ne l'avaient pas provoqué, et qui l'avaient purement et simplement laissé faire par des voisins, pouvaient toujours user de leur droit facultatif, et profiter de la surélévation des eaux, et qu'ils n'étaient tenus pour cela à aucune indemnité. »

419. La rédaction proposée par M. Creton fut accueillie par la commission ainsi que par M. le ministre des travaux publics et votée sans contestation aucune.

420. Il résulte donc du texte de l'art. **2**, rapproché des explications fournies par M. Creton, que non-seulement les propriétaires supérieurs, mais aussi celui sur le fonds duquel le barrage est appuyé peuvent profiter de la surélévation des eaux, sans avoir à payer aucune indemnité.

421. L'art. **2** ainsi entendu, il doit nécessairement en résulter que l'indemnité dont parle cet article pourra très-rarement être réclamée.

422. Les contestations auxquelles peut donner lieu l'application des art. **1** et **2** de la loi du **11** juillet **1847**, sont portées devant les tribunaux.

L. 11 juillet 1847, art. 3. *V.* n. 358 et *suivants.*

423. Il est procédé comme en matière sommaire, et s'il y a lieu à expertise, le tribunal peut ne nommer qu'un seul expert.

L. 11 juillet 1847, art. 3.

424. Il n'est aucunement dérogé par les dispositions de la loi du 11 juillet 1847 aux lois qui règlent la police des eaux.

L. 11 juillet 1847, art. 4. *V.* n. 275 et *suivants.*

FIN.

TABLE DES MATIÈRES.

PARIS. — IMPRIMERIE DE W. REMQUET ET Cⁱᵉ.
Rue Garancière, 5, derrière St-Sulpice.